高等职业教育铁道工程技术专业"十四五"规划教材

钢筋混凝土结构与钢结构

王丽娟　徐光华◎主　编

闫　晶◎副主编

U0261213

中国铁道出版社有限公司

2021年·北京

内 容 简 介

本书内容包括钢筋混凝土结构总说明、材料的物理力学性能、钢筋混凝土结构的设计方法、受弯构件正截面承载力计算、受弯构件斜截面承载力计算、钢筋混凝土受压构件、钢筋混凝土构件的变形和裂缝宽度验算、预应力混凝土结构、钢结构概述、钢结构材料、钢结构的连接、钢结构的制造与防护、钢结构在桥梁中的应用。

本书可作为高等职业院校铁道工程技术、建筑工程技术、高速铁路工程技术等专业的专业基础课教材，也可用于职工培训。

图书在版编目（CIP）数据

钢筋混凝土结构与钢结构/王丽娟，徐光华主编 .—2 版 .—北京：
中国铁道出版社有限公司，2021.8
高等职业教育铁道工程技术专业"十四五"规划教材
ISBN 978-7-113-27865-6

Ⅰ.①钢… Ⅱ.①王…②徐… Ⅲ.①钢筋混凝土结构-高等职业教育-教材②钢结构-高等职业教育-教材 Ⅳ.①TU375②TU391

中国版本图书馆 CIP 数据核字（2021）第 059321 号

书　　名：**钢筋混凝土结构与钢结构**
作　　者：王丽娟　徐光华

策　　划：陈美玲
责任编辑：陈美玲　　　编辑部电话：（010）51873240　　　电子信箱：992462528@qq.com
封面设计：冯龙彬　崔丽芳
责任校对：孙　玫
责任印制：高春晓

出版发行：中国铁道出版社有限公司（100054，北京市西城区右安门西街 8 号）
网　　址：http://www.tdpress.com
印　　刷：三河市国英印务有限公司
版　　次：2012 年 8 月第 1 版　2021 年 8 月第 2 版　2021 年 8 月第 1 次印刷
开　　本：787 mm×1 092 mm 1/16　印张：14　字数：349 千
书　　号：ISBN 978-7-113-27865-6
定　　价：39.00 元

第二版前言

  高等职业教育的培养目标是高素质技能型人才，高职高专教材应当满足高等职业教育改革发展的需要，应当根据技术领域和岗位群的任职要求，参照相关的职业资格标准，改革理论体系和学习内容，突出职业能力培养的特色。本书正是依据上述要求，为铁道工程技术、建筑工程技术、高速铁路工程技术等专业编写的专业基础课程教材，是在第一版《钢筋混凝土结构与钢结构》的基础上，经过近十年的积累素材修订而成的。

  本书参照的我国国家标准和交通部颁布的规范有《混凝土结构设计规范》(GB 50010—2010)(2015年版)、《钢结构设计标准》(GB 50017—2017)、《公路桥涵设计通用规范》(JTG D60—2015)、《公路钢筋混凝土及预应力混凝土桥涵设计规范》(JTG 3362—2018)等。本书主要内容包括钢筋混凝土结构总说明、材料的物理力学性能、钢筋混凝土结构的设计方法、受弯构件正截面承载力计算、受弯构件斜截面承载力计算、钢筋混凝土受压构件、钢筋混凝土构件的变形和裂缝宽度验算、预应力混凝土结构、钢结构概述、钢结构材料、钢结构的连接、钢结构的制造与防护、钢结构在桥梁中的应用。

  本书在文字上尽量做到深入浅出，在内容上注意体现内在联系与知识性，以项目化教学模式来组织教学内容，通过项目描述、任务引入、目标制定、基本知识、小结、复习思考题等模块提高学生的职业技能，以达到胜任工作岗位的目的。

  本书对第一版教材的内容进行了调整，根据最新规范要求，根据各项目内容视情况分别进行了不同程度的修订。本书由吉林铁道职业技术学院王丽娟和徐光华任主编，吉林铁道职业技术学院闫晶任副主编。具体编写分工如下：项目1~项目6由王丽娟编写，项目7、项目8由吉林铁道职业技术学院杨哲编写，项目9、项目10由闫晶编写，项目11由徐光华编写，项目12、项目13由吉林铁道职业技术学院李可师编写。在此，由衷感谢所有参加本书第一版与此次新版编写与出版的工作人员。

  限于作者的水平和经验，本书难免存在缺点和错误，欢迎广大读者对本书多提宝贵意见。

编 者

2021年5月

第一版前言

　　本教材是根据"十二五"规划教材新专业目录，面向土木工程大类专业编写的，内容覆盖桥梁工程、隧道工程、铁道工程、建筑工程、道路工程和岩土工程等专业方向。

　　本书的编写以多年的教学和工程实践经验为依据，在内容的选取上，注重工程实际应用与专业岗位的需要，突出对学生实践技能的培养，注重学生综合素质的提高；力求做到内容精炼实用，文字叙述简练严谨，易于学习理解。根据岗位能力要求，本书分为两大部分：第一部分为钢筋混凝土结构，包括 9 个项目，主要介绍钢筋混凝土结构的基本概念及材料性质，钢筋混凝土构件的受弯、受压承载力计算及构造原理，受弯构件的裂缝与变形验算，预应力混凝土结构的基本概念和施工预制方法；第二部分为钢结构，包括 4 个项目，主要介绍钢结构的基本概念及材料性质，钢结构的连接，钢结构的制造与养护以及钢结构在桥梁中的应用。各个项目后均有各自的工作任务，以满足学生职业能力的要求。

　　本书由吉林铁道职业技术学院王丽娟和徐光华任主编，华东交通大学吴美琴任副主编。其中项目 1 由华东交通大学吴美琴编写，项目 2、项目 5、项目 9 由吉林铁道职业技术学院王丽娟编写，项目 3 由包头铁道职业技术学院惠青燕编写，项目 4 由辽宁铁道职业技术学院任莉莉编写，项目 6 由天津铁道职业技术学院周庆东编写，项目 7、项目 8、项目 12 由吉林铁道职业技术学院杨哲编写，项目 10、项目 11 由吉林铁道职业技术学院徐光华编写，项目 13 由吉林铁道职业技术学院李可师编写。

　　本书在编写过程中，得到了各兄弟院校同行们的大力支持与热情帮助，在此表示衷心的感谢。

　　限于作者的水平和经验，本书难免存在缺点和错误，欢迎广大读者对本书多提宝贵意见。

编　者

2011 年 12 月

MU LU 目录

项目 1　钢筋混凝土结构总说明

 项目描述

本项目为钢筋混凝土结构总说明。在土木工程中,用建筑材料筑成能承受荷载而起骨架作用的构架称为结构。从应用领域分,结构可分为建筑结构、桥梁结构、水电结构和其他特种结构等。钢筋混凝土结构部分主要是讨论工程结构基本构件的构造、受力性能和计算验算方法,是学习和掌握铁道工程、桥梁工程、房屋建筑、水工结构工程和其他道路人工构造物等工程的基础。

 学习目标

1. 能力目标

掌握好本门课程需要注意的问题及本课程所讲述的主要内容。

2. 知识目标

(1)掌握混凝土结构的分类及工程特点。

(2)了解混凝土结构的发展与应用概况。

3. 素质目标

使学生能把所学知识应用到工程实际中。

任务 1.1　理解钢筋混凝土结构的基本概念

1.1.1　任务目标

1. 能力目标

掌握钢筋混凝土结构的基本概念。

2. 知识目标

(1)掌握混凝土结构的分类。

(2)理解钢筋与混凝土这两种材料一起工作的原理。

(3)熟悉钢筋混凝土结构的优缺点。

3. 素质目标

养成严谨求实的工作作风,具备一定的协调组织能力,培养团队协作精神。

1.1.2　相关配套知识

以混凝土为主要材料支撑的结构称为混凝土结构,包括素混凝土结构、钢筋混凝土结构、预应力混凝土结构等。素混凝土结构是由无筋或不配置受力钢筋的混凝土制成的结构。由配置的普通钢筋、钢筋网或钢筋骨架的混凝土制成的结构称为钢筋混凝土结构。由配置受力的预应力钢筋通过张拉或其他方法建立预加应力的混凝土制成的结构称为预应力混凝土结构。

　　混凝土是一种人造石料，其抗压强度很高，而抗拉强度很低（约为抗压强度的 1/18～1/8）。图 1.1 分别表示了素混凝土简支梁和钢筋混凝土简支梁的受力和破坏形态。

　　图 1.1(a) 所示混凝土强度等级为 C20 的简支梁，作用集中荷载 P，对其进行破坏试验。试验表明，在梁的垂直截面（正截面）上受到弯矩作用，中性轴以上受压，以下受拉。当荷载达到某一数值时，梁的受拉区边缘混凝土的拉应变达到极限拉应变，即出现竖向弯曲裂缝，这时，裂缝截面处的受拉区混凝土退出工作，该截面处的受压区高度减小，即使荷载不增加，竖向弯曲裂缝也会急速向上发展，导致梁骤然断裂，这种破坏是很突然的。素混凝土梁受拉区出现裂缝时的荷载，一般称为素混凝土梁的抗裂荷载，也是素混凝土梁的破坏荷载。由此可见，素混凝土梁的承载能力是由混凝土的抗拉强度控制的，而受压区混凝土的抗压强度远未被充分利用。为了改变这种情况，在受拉一侧区域内配置适量的钢筋构成钢筋混凝土梁（图 1.1）。

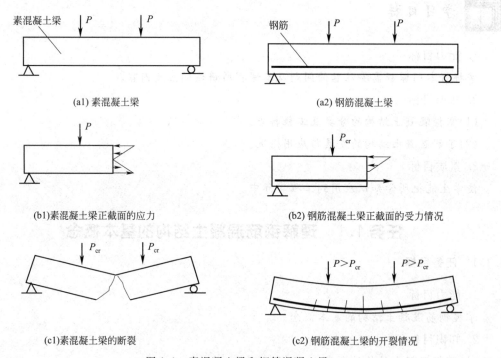

(a1) 素混凝土梁　　　　　　　　　　　(a2) 钢筋混凝土梁

(b1) 素混凝土梁正截面的应力　　　　(b2) 钢筋混凝土梁正截面的受力情况

(c1) 素混凝土梁的断裂　　　　　　　(c2) 钢筋混凝土梁的开裂情况

图 1.1　素混凝土梁和钢筋混凝土梁

　　试验表明，和素混凝土梁有相同截面尺寸的钢筋混凝土梁承受竖向荷载作用时，荷载略大于 P_{cr} 时梁的受拉区仍会出现裂缝。在出现裂缝的截面处，受拉区混凝土虽退出工作，但配置在受拉区的钢筋几乎承担了全部的拉力。这时，钢筋混凝土梁不会像素混凝土梁那样立即断裂，仍能继续承受荷载作用，直至受拉钢筋的应力达到屈服强度，继而受压区的混凝土也被压碎，这时梁才被破坏。因此，钢筋混凝土梁中混凝土的抗压强度和钢筋的抗拉强度都能得到充分的利用，承载能力比素混凝土梁提高很多。

　　综上所述可见，根据构件受力状况配置钢筋构成钢筋混凝土构件后，可以充分发挥钢筋和混凝土各自的材料力学特性,把它们有机地结合在一起共同工作,提高了构件的承载能力,改善了构件的受力性能。钢筋的作用是代替混凝土受拉(受拉区混凝土出现裂缝后)或协助混凝土受压。

钢筋和混凝土这两种力学性能不同的材料之所以能有效地结合在一起共同工作,主要机理是:

(1)混凝土和钢筋之间有良好的粘结力,使两者能可靠地结合成一个整体,在荷载作用下能够很好地共同变形,完成其结构功能。

(2)钢筋和混凝土的温度线膨胀系数也较为接近(钢筋为 1.2×10^{-5} ,混凝土为 $1.0 \times 10^{-5} \sim 1.5 \times 10^{-5}$),因此,当温度变化时,不致产生较大的温度应力而破坏两者之间的粘结。

(3)混凝土包裹在钢筋的外围,可以防止钢筋的锈蚀,保证钢筋与混凝土的共同作用。

钢筋混凝土除能合理地利用钢筋和混凝土两种材料的特性外,还有下述一些优点:

(1)在钢筋混凝土结构中,混凝土的强度是随时间而不断增长的,同时,钢筋被混凝土包裹而不致锈蚀,所以,钢筋混凝土结构的耐久性是较好的。

(2)钢筋混凝土结构的刚度较大,在使用荷载作用下的变形较小,故可有效地用于对变形要求较严格的建筑物中。钢筋混凝土结构既可以整体现浇也可以预制装配,并且可以根据需要浇制成各种形状和截面尺寸的构件。钢筋混凝土结构所用的原材料中,砂、石所占的比重较大,而砂、石易于就地取材,可以降低工程造价。

钢筋混凝土结构也存在一些缺点,如钢筋混凝土结构的截面尺寸一般较相应的钢结构大,因而自重较大,这对于大跨度结构是不利的;抗裂性能较差,在正常使用时往往是带裂缝工作的;施工受气候条件影响较大,并且施工中需耗用较多木材;修补或拆除较困难等。

钢筋混凝土结构虽有缺点,但毕竟有其独特的优点,所以广泛应用于桥梁工程、隧道工程、房屋建筑、铁路工程,以及水工结构工程、海洋结构工程等。随着钢筋混凝土结构的不断发展,上述缺点已经或正在逐步加以改善。

任务 1.2　理解预应力混凝土结构的基本概念

1.2.1　任务目标

1. 能力目标
掌握预应力混凝土结构的基本概念。

2. 知识目标
(1)掌握预应力混凝土结构的基本原理。

(2)了解预应力混凝土结构的优缺点。

3. 素质目标
养成严谨求实的工作作风,具备一定的协调组织能力,培养团队协作精神。

1.2.2　相关配套知识

1. 预应力混凝土的基本原理
钢筋混凝土构件虽然已广泛应用于各种工程结构,但它仍存在一些缺点。例如混凝土的极限抗拉应变,一般只有 $(0.1 \sim 0.15) \times 10^{-3}$ 左右,因此当钢筋中的应力为 $20 \sim 30$ MPa[相应的应变为$(0.1\sim0.15)\times10^{-3}$]时,混凝土就已开裂。根据规范规定,一般混凝土的裂缝宽度不得大于$0.2\sim0.3$ mm,此时相应的钢筋拉应力约为$100\sim250$ MPa(光面钢筋)或$150\sim300$ MPa(螺纹钢筋)。这就是说,在钢筋混凝土结构中,钢筋的应力无法再提高,使用高强钢筋是无法发挥作用的,相应的也无法使用高强度混凝土。

由于裂缝的产生,使构件的刚度降低。若要满足裂缝控制的要求,则需要加大构件的截面尺寸或增加钢筋的用量,这将导致结构自重过大,很难用于大跨度结构。

为解决这一矛盾,人们设想对在荷载作用下的受拉区混凝土预先施加一定的压应力,使其能够部分或全部抵消由荷载产生的拉应力。这实际上是利用混凝土较高的抗压能力来弥补其抗拉能力的不足。这是预应力混凝土的概念。

现以图1.2所示的简支梁为例,来说明预应力混凝土结构的基本原理。

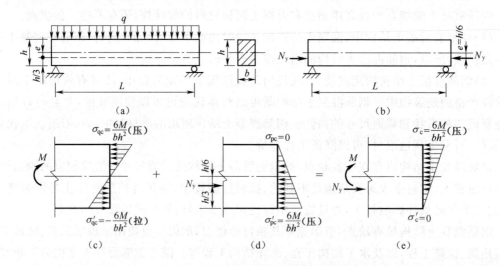

图 1.2　预应力混凝土构件原理

设该梁跨度为L,截面尺寸为$b\times h$,承受满布均布荷载q(含自重)。此时梁跨中弯矩为$M=\dfrac{ql^2}{8}$,相应的截面上下边缘的应力(以受压为正)[图1.2(c)]为

$$\sigma_{qc}=\frac{6M}{bh^2}(压),\quad \sigma_{qc}'=-\frac{6M}{bh^2}(拉)$$

假若预先在中性轴以下距离为$e=h/6$处设一高强钢丝束,并在两端张拉该钢丝束,然后将其锚固在梁端。设此时钢丝束中的拉力为N_y,则混凝土在钢丝束位置处受到一同样大小的压力N_y[图1.2(e)]。若令$N_y=3M/h$,则在N_y作用下,梁截面上下边缘产生的应力[图1.2(d)]为

$$\sigma_{pc}=0,\quad \sigma_{pc}'=\frac{6M}{bh^2}(压)$$

梁在荷载q和预应力N_y共同作用下,跨中截面上、下缘的应力[图1.2(e)]为

$$\sigma_c=\sigma_{qc}+\sigma_{pc}=\frac{6M}{bh^2}(压)$$

$$\sigma_c'=\sigma_{qc}'+\sigma_{pc}'=0$$

显然,预加应力将荷载在截面下缘处产生的拉应力全部抵消。

以上例子可以说明预应力混凝土构件的基本原理,并可初步得出如下几点结论:

(1)由于预加应力的作用,可使构件截面在荷载作用下不出现拉应力,因而可避免混凝土出现裂缝,混凝土梁可全截面参加工作,提高了构件的刚度。

(2)预应力钢筋和混凝土都处于高应力状态下,因此预应力混凝土结构必须采用高强度材料。也正由于这种高应力状态,所以对于预应力混凝土构件,除了要像钢筋混凝土构件那样计算承载力和变形以外,还要计算使用阶段的应力。

(3)预应力的效果不仅与预加力 N_y 的大小有关,还与 N_y 所施加的位置(即偏心距 e 的大小)有关。对于受弯构件的最大弯矩截面,要得到同样大小的预应力效果,应尽量加大偏心距 e,以减小预加力 N_y,从而减少预应力钢筋用量。但在弯矩较小的截面,应减小 N_y 或 e,以免因预加力产生过大的反弯矩而使梁上缘出现拉应力。

(4)钢筋混凝土中的钢筋是在受荷载后混凝土开裂的情况下代替混凝土承受拉力的,是一种"被动"的受力方式。而预应力混凝土中的预应力钢筋是预先给混凝土施加压应力,是一种"主动"的受力方式。

2. 预应力混凝土结构的主要优缺点

1)预应力混凝土结构的优点

提高了构件的抗裂度和刚度。对构件施加预应力后,使构件在使用荷载的作用下可不出现裂缝,或可使裂缝大大推迟出现,有效地改善了构件的使用性能,提高了构件的使用刚度,增加了结构的耐久性。

(1)可以节省材料,减少自重。预应力混凝土由于采用高强材料,因而可减少构件截面尺寸,节省钢材与混凝土用量,降低结构物的自重。对于自重比例很大的大跨径桥梁来说,有着显著的优越性。大跨度和重荷载结构采用预应力混凝土结构一般是经济合理的。

(2)可以减小混凝土梁的竖向剪力和主拉应力。预应力混凝土梁的曲线钢筋(束),可使梁中支座附近的竖向剪力减小;又由于混凝土截面上预应力的存在,使荷载作用下的主拉应力也相应减小。这有利于减小梁的腹板厚度,使预应力混凝土梁的自重可以进一步减小。

(3)结构质量安全可靠。施加预应力时,钢筋(束)与混凝土都同时经受了一次强度检验。预应力可作为结构构件的链接手段,促进了大跨度结构新体系与施工方法的发展。

此外,预应力还可以提高结构的耐疲劳性能。因为具有强大预应力的钢筋,在使用阶段由加荷或卸荷所引起的应力变化幅度相对较小,所以引起疲劳破坏的可能性也小,这对承受动荷载的桥梁结构来说是很有利的。

2)预应力混凝土结构的缺点

(1)工艺较复杂,对施工质量要求甚高,因而需要配备一支技术较熟练的专业队伍。

(2)需要有一定的专门设备,如张拉机具、灌浆设备等。先张法需要有张拉台座;后张法还要耗用数量较多、质量可靠的锚具等。

(3)预应力反拱度不易控制。它随混凝土徐变的增加而增大,造成桥面不平顺。

(4)预应力混凝土结构的开工费用较大,对于跨径小、构件数量少的工程,成本较高。

但是,以上缺点是可以设法克服的。例如应用于跨径较大的结构,或跨径虽不大,但构件数量很多时,采用预应力混凝土结构就比较经济了。总之,只要从实际出发,因地制宜的进行合理设计和妥善安排,预应力混凝土结构就能充分发挥其优越性。所以它在近数十年来得到了迅猛的发展,尤其对桥梁新体系的发展起了重要的推动作用。这是一种极有发展前途的工程结构。

任务1.3　了解钢筋混凝土结构的发展与应用概况

1.3.1　任务目标

1. 能力目标

了解钢筋混凝土结构的发展与应用情况。

2. 知识目标

(1)了解钢筋混凝土结构的发展情况。

(2)了解预应力混凝土结构的发展情况。

(3)学习钢筋混凝土结构应注意的问题。

3. 素质目标

联系工程实际,进一步熟悉混凝土结构的发展与应用。

1.3.2　相关配套知识

1. 钢筋混凝土结构的发展概况

19世纪中叶钢筋混凝土结构开始出现,但那时并没有什么专门的计算理论和方法。与砖、石木结构相比,它是一种较新的结构。直到19世纪末期,才有人提出配筋原则和钢筋混凝土的计算方法,使钢筋混凝土结构逐渐得到推广。

20世纪初,不少国家通过试验逐渐制定了以容许应力法为基础的钢筋混凝土结构设计规范。到20世纪30年代以后,钢筋混凝土结构得到迅速发展。苏联在1938年首先采用破坏阶段计算钢筋混凝土结构,20世纪50年代又改用更先进合理的极限状态法。近些年来,包括我国在内的许多国家都开始采用以概率论为基础,以可靠度指标度量构件可靠性的分析方法,使极限状态法更趋完善、合理。

在材料方面,目前常用的混凝土强度等级为C20~C50(极限抗压强度$f_{cu}=20\sim50$ MPa),近年来各国都在大力发展高强、轻质、高性能混凝土。现已有强度高达$f_{cu}=100$ MPa的混凝土。在轻质方面,现已有加气混凝土、陶粒混凝土等,其容重一般为14~18 kN/m³(普通混凝土容重为23~24 kN/m³)强度可达到50 MPa。为提高混凝土的耐磨性和抗裂性,还可在混凝土中加入金属纤维,如钢纤维、碳纤维,形成纤维混凝土。

随着对混凝土结构性能的深入研究、现在测试技术的发展以及计算机和有限元法的广泛应用,对钢筋混凝土构件的计算分析已逐步向全过程、非线性、三维化方向发展,设计规范也不断修订和增订,使钢筋混凝土结构设计更加日趋合理、经济、安全、可靠。

2. 预应力混凝土结构的发展概况

将预应力的概念用于混凝土结构是美国工程师杰克逊于1886年首先提出的,1928年法国工程师弗雷西内提出必须采用高强钢材和高强混凝土以减少混凝土收缩与徐变(蠕变)所造成的预应力损失,使混凝土构件长期保持预压应力之后,预应力混凝土才开始进入使用阶段。1939年奥地利的恩佩格提出对普通钢筋混凝土附加少量预应力高强钢丝以改善裂缝和挠度性状的部分预应力新概念。1940年,英国的埃伯利斯进一步提出预应力混凝土结构的预应力与非预应力配筋都可以采用高强钢丝的建议。

　　预应力混凝土的大量采用是在 1945 年第二次世界大战结束之后,当时西欧面临大量战后恢复工作。由于钢材奇缺,一些传统上采用钢结构的工程以预应力混凝土代替。开始用于公路桥梁和工业厂房,逐步扩大到公共建筑和其他工程领域。在 20 世纪 50 年代中国和苏联对采用冷处理钢筋的预应力混凝土,作出了容许开裂的规定。直到 1970 年,在第六届国际预应力混凝土会议上肯定了部分预应力混凝土的合理性和经济意义。认识到预应力混凝土与钢筋混凝土并不是截然不同的两种结构材料,而是同属于一个统一的加筋混凝土系列。在以全预应力混凝土与钢筋混凝土为两个边界之间的范围,则为容许混凝土出现拉应力或开裂的部分预应力混凝土范围。设计人员可以根据对结构功能的要求和所处的环境条件,合理选用预应力的大小,以寻求使用性能好、造价低的最优结构设计方案,是预应力混凝土结构设计思想上的重大发展。现在,预应力混凝土结构已在建筑结构、桥梁、核反应堆、海洋工程结构、蓄液池、压力管道等诸多方面应用,今后其应用范围会更加广泛。

　　3. 学习钢筋混凝土结构应注意的问题

　　(1)学习钢筋混凝土结构主要任务是要使学生掌握钢筋混凝土和预应力混凝土构件的设计计算原理、方法以及构造。通过学习,将具备工程结构的基本知识,掌握各种结构基本构件的受力性能、计算方法及构造要求,并能根据有关规范和设计资料进行一般构件的设计,正确识读桥梁结构施工图,为今后学习桥梁工程和其他课程奠定坚实的基础。

　　(2)本部分内容涉及数学、工程力学、工程材料等先修课程,同时又是学习桥梁工程和基础工程等课程的基础,因此学习本部分内容时应与相关知识相联系,必要时还要旧课重温,只有这样才能使新知识植根于旧知识,才能培养学生的综合分析能力和归纳能力,使新知识得到巩固和提高。

　　(3)混凝土的力学性能和强度理论非常复杂,目前钢筋混凝土结构的计算公式就是在理论分析和大量试验基础上建立起来的。因此,应用公式时要特别注意它的适用范围和限制条件。

　　(4)本内容重在讲原理,而不是讲规范条文,书中索引的规范条文和公式只是为了说明原理。但完全不涉及规范是不可能的,虽然基本原理都相近,但各规范的具体规定却各不相同。至于规范的使用,则应在掌握了原理的基础上通过习题、课程设计及毕业设计等来熟悉运用。

 项目小结

　　(1)钢筋和混凝土这两种力学性能不同的材料之所以能有效地结合在一起共同工作,其主要机理是:

　　①混凝土和钢筋之间有良好的粘结力,使两者能可靠地结合成一个整体,在荷载作用下能够很好地共同变形,完成其结构功能。

　　②钢筋和混凝土的温度线膨胀系数较为接近(钢筋为 1.2×10^{-5},混凝土为 $1.0 \times 10^{-5} \sim 1.5 \times 10^{-5}$),因此,当温度变化时,不致产生较大的温度应力而破坏两者之间的粘结。

　　③混凝土包裹在钢筋的外围,可以防止钢筋的锈蚀,保证了钢筋与混凝土的共同作用。

　　(2)钢筋混凝土除了能合理地利用钢筋和混凝土两种材料的特性外,还有下述一些优点:在钢筋混凝土结构中,混凝土的强度是随时间而不断增长的,同时,钢筋被混凝土所包裹而不致锈蚀,所以,钢筋混凝土结构的耐久性是较好的。

(3)预应力混凝土结构具有下列主要优点:

①可以节省材料,减少自重。

②可以减小混凝土梁的竖向剪力和主拉应力。

③结构质量安全可靠。

④可以提高结构的耐疲劳性能。

 复习思考题

1. 钢筋混凝土结构的特点有哪些?

2. 预应力混凝土结构的特点有哪些?

3. 学习本课程应注意哪些问题?

项目 2 材料的物理力学性能

项目描述

钢筋和混凝土的物理力学性能以及共同工作的特性直接影响混凝土结构和构件的性能，也是混凝土结构计算理论和设计方法的基础。本项目主要讲述钢筋和混凝土这两种材料的物理和力学性能以及混凝土与钢筋之间的粘结。

学习目标

1. 能力目标

(1)掌握钢筋和混凝土材料的物理、力学性能。

(2)能完成混凝土及钢筋强度的试验。

(3)掌握钢筋的加工要求。

2. 知识目标

(1)掌握混凝土的强度和变形。

(2)掌握钢筋的强度和变形。

(3)掌握钢筋与混凝土之间的粘结作用。

3. 素质目标

通过钢筋和混凝土各自的力学性能以及两者能够在一起共同工作的特性，培养学生积极探索工程中的新工艺、新材料的精神和善于思考问题的能力。

任务 2.1 学习混凝土的物理力学性能

2.1.1 任务目标

1. 能力目标

掌握混凝土材料的物理、力学性能；能完成混凝土强度的试验。

2. 知识目标

(1)掌握混凝土立方体抗压强度、轴心抗压强度、抗拉强度。

(2)了解混凝土在复合应力作用下的强度。

(3)了解混凝土的变形性质。

3. 素质目标

培养学生由最基本的基础知识学起，使学生由浅入深的逐步积累知识。

2.1.2 相关配套知识

钢筋混凝土是由钢筋和混凝土这两种力学性能不同的材料组成。为了正确合理地进行钢筋混凝土结构的设计,必须深入了解钢筋混凝土结构及其构件的受力性能和特点。混凝土的强度和变形是混凝土的重要力学性能指标,本任务主要是学习混凝土的强度和变形。

1. 混凝土的强度

在实际工程中,单向受力构件是极少见的,一般均处于复合应力状态,复合应力作用下的混凝土的强度应引起足够的重视。研究复合应力作用下混凝土的强度必须以单向应力作用下的强度为基础,复合应力作用下混凝土的强度试验需要复杂的设备,理论分析也较难,还处于研究之中。因此,单向受力状态下混凝土的强度指标是很重要的,它是结构构件分析、建立强度理论公式的重要依据。

1)立方体抗压强度 $f_{cu,k}$

(1)概念

混凝土的强度与水泥强度等级、水灰比有很大关系;骨料的性质、混凝土的级配、混凝土的成型方法、硬化时的环境条件及混凝土的龄期等也不同程度地影响混凝土的强度;试件的大小和形状、试验方法和加载速率也影响混凝土的强度的试验结果。因此各国对各种单向受力下的混凝土强度都规定了统一的标准试验方法。我国采用边长为 150 mm 的立方体作为混凝土抗压强度的标准尺寸试件,并以立方体抗压强度作为混凝土各种力学指标的代表值。规范规定以边长为 150 mm 的立方体,在(20±3)℃的温度和相对湿度在 90% 以上的潮湿空气中养护 28 d,依照标准试验方法测得的具有 95% 保证率的抗压强度(以 N/mm² 计,1 N/mm² = 1 MPa)作为混凝土的立方体抗压强度标准值,并用符号 $f_{cu,k}$ 表示。立方体抗压强度是在试验室条件下取得的抗压强度(标准养护试块)。

(2)强度等级的划分及有关规定

《混凝土结构设计规范》规定混凝土强度等级应按立方体抗压强度标准值 $f_{cu,k}$ 确定。公路桥涵受力构件的混凝土强度等级划分 C15、C20、C25、C30、C35、C40、C45、C50、C55、C60、C65、C70、C75 和 C80,共 14 个等级。例如,C30 表示立方体抗压强度标准值为 30 N/mm²。其中,C50 以下为普通混凝土,C50~C80 属于高强度混凝土。钢筋混凝土结构的混凝土强度等级不应低于 C20;当采用强度级别 400 MPa 以上的钢筋时,混凝土强度等级不应低于 C25;承受重复荷载的钢筋混凝土构件,混凝土强度等级不应低于 C30;预应力混凝土结构的混凝土强度等级不宜低于 C40,且不应低于 C30。

(3)试验方法对立方体抗压强度的影响

试件在试验机上受压时,纵向要压缩,横向要膨胀由于混凝土与压力机垫板弹性模量与横向变形的差异,压力机垫板横向变形明显小于混凝土的横向变形。当试件承压接触面上不涂润滑剂时,混凝土的横向变形受到摩擦力的约束,形成"箍套"的作用。在"箍套"的作用下,试件与垫板的接触面局部混凝土处于三向受压应力状态,试件破坏时形成两个对顶的角锥形破坏面,如图 2.1(a)所示。如果在试件承压面上涂一些润滑剂,这使试

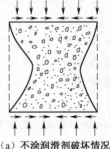
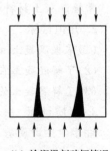

(a)不涂润滑剂破坏情况　　(b)涂润滑剂破坏情况

图 2.1　混凝土立方体的破坏情况

件与压力机垫板间的摩擦力大大减小,试件沿着力的作用方向平行地产生几条裂缝而破坏,所测得的抗压极限强度较低,如图 2.1(b)所示。《混凝土结构设计规范》规定的标准试验方法是不加润滑剂的。

（4）加载速度对立方体强度的影响

加载速度越快,测得的强度越高。通常规定加载速度为:混凝土强度等级低于 C30 时,取每秒钟 0.3~0.5 N/mm²;混凝土强度等级高于或等于 C30,取每秒钟 0.5~0.8 N/mm²。

（5）龄期对立方体强度的影响

混凝土的立方体抗压强度随着成型后混凝土的龄期逐渐增长,增长速度较快,后来逐渐缓慢,强度增长过程往往要延续几年,在潮湿环境中往往延续更长。

（6）尺寸效应

立方体尺寸愈小则试验测出的抗压强度愈高,对此现象有多种不同的原因分析和理论解释,但还没得出一致的结论。一种观点认为是材料自身的原因,认为试件内部的缺陷（裂纹）的分布,粗、细粒径的大小和分布,材料内摩擦角的不同和分布,试件表面与内部硬化程度有差异等因素有关。另一种观点认为是试验方法的原因,认为试块受压面与试验机之间摩擦力分布（四周较大,中央较小）、试验机垫板刚度有关。过去我国长期采用以 200 mm 边长的立方体作为标准试件,现在试验研究也采用 100 mm 的立方体试件。用这两种尺寸试件测得的强度与用 150 mm 立方体标准试件测得的强度有一定差距,这归结于尺寸效应的影响。所以非标准试件强度应乘以一个换算系数后,换算成标准试件强度。

2）轴心抗压强度 f_{ck}

由于实际结构和构件往往不是立方体,而是棱柱体,因为用棱柱体试件比用立方体试件能更好地反应混凝土的实际抗压能力。试验证实,轴心抗压钢筋混凝土短柱中的混凝土抗压强度基本上和棱柱体的抗压强度相同,可以用棱柱体测得的抗压强度作为轴心抗压强度,又称为棱柱体抗压强度。规范规定以 150 mm×150 mm×300 mm 的棱柱体试件试验测得的具有 95% 的保证率的抗压强度作为混凝土轴心抗压强度标准值,符号用 f_{ck} 表示。混凝土轴心抗压试验及破坏状况如图 2.2 所示。棱柱体试件与立方体试件的制作条件相同,试件上下表面不涂润滑

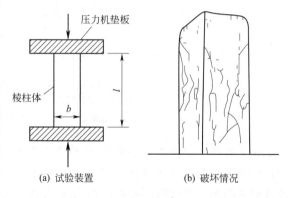

图 2.2　混凝土轴心抗压试验及破坏状况

剂。实测的棱柱体试件的抗压强度都比立方体的强度值低,并且棱柱体试件高宽比越大,强度越小。混凝土轴心抗压强度随着混凝土的强度等级提高而增加,总趋势是混凝土轴心抗压强度与混凝土强度成正比。

3）混凝土的抗拉强度 f_t

抗拉强度是混凝土的基本力学指标之一,也可用它间接的衡量混凝土的冲切强度等其他力学性能。轴心抗拉强度只有立方体抗压强度的 1/18~1/8,混凝土强度等级愈高,这个比值愈小。混凝土的抗拉强度取决于水泥石的强度和水泥石与骨料的粘结强度。采用表面粗糙的骨料和较好的养护条件可提高混凝土的抗拉强度。

但在混凝土结构强度计算时,认为受拉区混凝土开裂后退出工作,拉力全部由钢筋来承

受,此时研究混凝土的抗拉强度没有实际意义。但是对于不允许出现裂缝的结构,就应该考虑混凝土的抗拉能力,并以混凝土轴心抗拉极限强度作为混凝土抗裂强度的重要指标。

　　轴心抗拉强度可采用如图 2.3 所示的试验方法,试件尺寸为 100 mm×100 mm×500 mm的柱体,两端须埋有长度为 150 mm 的变形钢筋($d=16$ mm),钢筋位于试件轴线上。试验机夹紧两端伸出的钢筋,对试件施加拉力,破坏时裂缝产生在试件的中部,单位时间的平均破坏应力为轴心抗拉强度。由于混凝土内部的不均匀性,加之安装试件的偏差等原因,用这种方法准确测定抗拉强度是很困难的。所以,国内外也常用如图 2.4 所示的圆柱体或立方体的劈裂试验来间接测试混凝土的轴心抗拉强度。

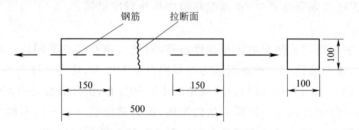

图 2.3　混凝土轴心抗拉强度直接测试试件(单位:mm)

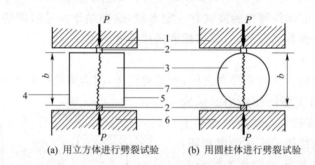

(a) 用立方体进行劈裂试验　　　(b) 用圆柱体进行劈裂试验

图 2.4　混凝土劈裂试验示意图

1—压力机上压板;2—垫条;3—试件;4—浇模顶面;

5—浇模底面;6—压力机下压板;7—试件破裂线

　　在立方体或圆柱体上加垫条,在垫条上施加一条压力线荷载,这样试件中间垂直界面除加力点附近很小的范围外,均有均匀分布的水平拉应力。当拉应力达到混凝土的抗拉强度时,试件被劈成两半。根据弹性理论,劈裂抗拉强度可按下式计算:

$$f_{t,s}=\frac{2p}{\pi dl} \tag{2.1}$$

式中　　p——破坏荷载;

　　　　d——圆柱直径或立方体边长;

　　　　l——试件的长度。

　　试验结果表明,混凝土的劈裂试验强度除与试件尺寸等因素有关外,还与垫条的宽度和材料特性有关。加大垫条可使实测劈裂强度提高,一般认为垫条的宽度不应小于立方体试件边长或圆柱体试件直径的 1/10。国内外的大多数试验资料表明,混凝土的劈裂强度略高于轴心抗拉强度,考虑到国内外对比资料的具体条件不完全相同,目前我国尚未建立混凝土劈裂试验的统一标准,通常认为混凝土的轴心抗拉强度与劈裂强度基本相同。

4）混凝土的强度标准值与设计值

经统计分析，并考虑结构混凝土强度与试件混凝土强度之间的差异，选取 95% 保证率的强度值作为强度标准值。混凝土强度设计值为混凝土强度标准值除以混凝土的材料分项系数 γ_c，规范规定见表 2.1。

表 2.1　混凝土强度设计值与标准值（N/mm²）

强度种类		混凝土强度等级												
		C15	C20	C25	C30	C35	C40	C45	C50	C55	C60	C65	C70	C75	C80
强度设计值	轴心抗压 f_c	7.2	9.6	11.9	14.3	16.7	19.1	21.1	23.1	25.3	27.5	29.7	31.8	33.8	35.9
	轴心抗拉 f_t	0.91	1.10	1.27	1.43	1.57	1.71	1.80	1.89	1.96	2.04	2.09	2.14	2.18	2.22
强度标准值	轴心抗压 f_{ck}	10.0	13.4	16.7	20.1	23.4	26.8	29.6	32.4	35.5	38.5	41.5	44.5	47.4	50.2
	轴心抗拉 f_{tk}	1.27	1.54	1.78	2.01	2.20	2.39	2.51	2.64	2.74	2.85	2.93	2.99	3.05	3.10

注：计算现浇钢筋混凝土轴心受压及偏心受压构件时，如截面的长边或直径小于 300 mm，则表中混凝土的强度设计值应乘以系数 0.8；当构件质量（如混凝土成型、截面和轴线尺寸等）确定保证时，可不受此限制。

5）混凝土在复合应力作用下的强度

混凝土结构和构件通常受到轴力、弯矩、剪力和扭矩的不同组合作用，混凝土很少处于理想的单向受力状态，例如框架梁、柱既受到柱轴向力作用，又受到弯矩和剪力的作用。节点区混凝土受力状态一般更为复杂，所以分析混凝土在复合应力作用下的强度就很有必要，对于认识混凝土的强度理论也有重要意义。

（1）双向应力状态下混凝土的强度

如图 2.5 所示，当在两个相互垂直的平面上作用着法向应力 σ_1 和 σ_2，第三个平面上应力为零时，混凝土处于双向应力状态，其强度变化特点如下：

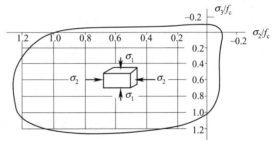

图 2.5　双向应力状态下混凝土强度

①双向受拉。图中第一象限为双向受拉区，σ_1 和 σ_2 相互影响不大，即不同应力比值 σ_1/σ_2 下的双向受拉强度均接近于单向受拉强度。

②双向受压。第三象限为双向受压区，大体上是一向强度随另一向压力增加而增加。这是由于一个方向的压应力对另一个方向的压应力引起的横向变形起到了一定的约束作用，限制了试件的内部混凝土微裂缝的扩展，所以提高了混凝土的抗压强度。当 σ_1/σ_2 约等于 2 或 0.5 时，混凝土双向受压区比单向受压区强度提高 25% 左右。当 $\sigma_1/\sigma_2=1$ 时，仅提高 16% 左右。

③拉—压状态。第二、四象限为拉—压应力状态，此时混凝土的强度均低于单向拉伸或压缩时的强度。这是由于两个方向同时受拉、压时，相互助长了试件在另一个方向上的受拉变形，加速混凝土内部微裂缝的发展，使混凝土的强度降低。

（2）三向受压状态下混凝土的强度

混凝土在三向受压的情况下，由于受到侧向压力的约束作用，最大主压应力轴的抗压强度 $f_{cc}(\sigma_1)$ 有较大程度的增长其变化规律随两侧向压应力（σ_2,σ_3）的比值的大小而不同。混凝土在三向受压情况下，其最大主压应力方向的抗压强度，取决于侧向压应力的约束程度，随侧向压应力的增加，微裂缝的发展受到了极大的限制，大大提高了混凝土纵向抗压强度，并使混凝土的变形性能接近理想的弹塑性体。如采用钢管混凝土柱、螺旋箍筋柱等,能有效约束混凝土的侧向变形,使混凝土的抗压强度、延性(耐受变形的能力)有相应的提高。常规的三轴受压是在圆柱体周围加液压,在两侧向等压的情况下进行的。由试验得到的经验公式为

$$f_{cc} = f_c + K\sigma_r \tag{2.2}$$

式中　f_{cc}——三向受压时的混凝土轴心抗压强度;

　　　f_c——无侧向压力约束试件的轴心抗压强度;

　　　σ_r——侧向约束压应力;

　　　K——侧向压应力系数;侧向压应力减低时,其值较大,试件资料得出 $K = 4.5 \sim 7.0$。

　2. 混凝土的变形

　混凝土变形有两类:一类是荷载作用下的受力变形,包括一次短期加荷时的变形、多次重复加荷的变形和长期荷载作用下的变形;另外一类是体积变形,包括收缩、压缩、膨胀和温度变形。

　1)一次短期加载下混凝土的变形性能

　对混凝土进行短期单向施加压力所获得的应力—应变关系曲线即为单向受压应力—应变曲线,如图 2.6 所示,它能反映混凝土受力全过程的重要力学特征和基本力学性能,是研究混凝土结构强度理论的必要依据,也是对混凝土进行非线性分析的重要基础。

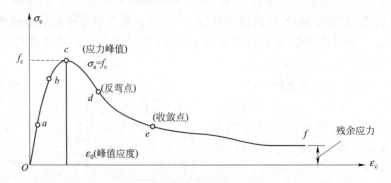

图 2.6　混凝土单向受压应力—应变曲线

　(1)混凝土受压时的应力关系(σ—ε 关系曲线)

　一次短期加载是在荷载从零开始增加至试件破坏,也称单调加载。从图中可看出,全曲线包括上升段和下降段两部分,以 c 点为分界点,每部分由三小段组成。

　图中各关键点分别为:a—比例极限点,b—临界点,c—峰值点,d—拐点,e—收敛点,f—曲线末梢。

　各小段的含义:Oa 段($\sigma \leqslant 0.3f_c$)接近直线,应力较小,应变不大,混凝土的变形为弹性变形,原始裂缝影响较小,混凝土的变形主要是弹性变形,应力—应变关系接近直线;ab 段($\sigma = 0.3f_c \sim 0.8f_c$)为微曲线段,应变的增长稍比应力快,混凝土处于裂缝稳定扩展阶段,其中 b 点的应力是确定混凝土长期荷载作用下抗压应力确定的依据;bc($\sigma = 0.8f_c \sim 1.0f_c$)段应变增长明显比应力快,混凝土处于裂缝快速不稳定发展阶段,其中 c 点的应力最大,即为混凝土极限抗压应力,与之对应的应变 $\varepsilon_0 \approx 0.002$ 为峰值应变;cd 段应力快速下降,应变仍在增长,混凝土中裂缝迅速发展且贯通,出现了主裂缝,内部结构破坏严重;de 段,应力下降变慢,应变较快增长,混凝土内部结构处于磨合和调整阶段,主裂缝宽度进一步增大,最后只依赖骨料间的咬合力和摩擦力来承受荷载;ef 段为收敛段,此时试件中的主裂缝宽度快速增大而完全破坏了混凝土的内部结构,这时贯通的主裂缝已很宽,对无侧向约束的混凝土,收敛段 ef 已失去结构意义。

（2）不同强度混凝土的 σ—ε 关系曲线（图 2.7）比较

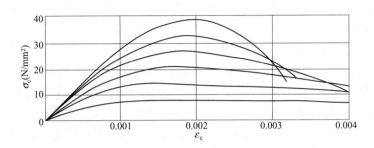

图 2.7 不同强度等级的混凝土应力—应变曲线

①混凝土强度等级高，其峰值应变 ε_0 增加不多。

②上升段曲线相似。

③下降段区别较大，强度等级低，下降段平缓，应力下降慢；强度等级高的混凝土，下降段较陡，应力下降很快（等级高的混凝土，受压时的延性不如等级低的混凝土）。

2）荷载长期作用下混凝土的变形性能（徐变）

混凝土构件或材料在不变荷载或应力长期作用下，其变形或应变随时间的不断增长，这种现象称为混凝土的徐变。徐变主要由两种原因引起：其一是混凝土具有黏性流动性质的水泥凝胶体，在荷载作用下产生黏性流动；其二是混凝土微裂缝在荷载长期作用下不断发展。当作用的应力较小时主要由凝胶体引起，当作用的应力较大时，则主要由微裂缝引起。徐变的特征主要与时间有关，通常表现为前期增长快，以后逐渐减慢，经过 2～3 年后趋于稳定。

图 2.8 所示为 100 mm×100 mm×400 mm 的棱柱体试件在相对湿度为 65％、温度为 20 ℃、承受 $\sigma=0.5f_c$ 压应力并保持不变的情况下变形与时间的关系曲线。

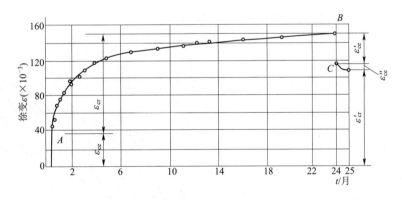

图 2.8 混凝土徐变与时间的关系曲线

图中 ε_{cr} 为随时间而增长的徐变。由图 2.8 可知，24 个月的徐变变形约为加荷时立即产生的瞬时弹性变形 ε_{ce} 的 2～4 倍，前期徐变变形增长很快，6 个月可达到最终徐变变形的 70％～80％，以后徐变变形增长逐渐缓慢。由 B 点卸载后，应变会恢复一部分，其中立即恢复的一部分被称为混凝土瞬时恢复弹性应变 ε_{ce}'；再经过一段时间，约 20 d 后才恢复的那部分叫弹性后效用 ε_{ce}''，其值约为徐变变形的 1/12，最后剩下的不可恢复的应变 ε_{cr}' 称为残余应变。

徐变具有两面性：一则引起混凝土结构变形增大，导致预应力混凝土发生预应力损失，严重时还会引起结构破坏；二则徐变的发生对结构内力重分布有利，可以减小各种外界因素对超静定结构的不利影响,降低附加应力。

影响混凝土徐变的因素是多方面的,概括起来可归纳为三个方面因素的影响,即内在因素、环境因素和应力因素。

就内在因素而言,水泥含量少、水灰比小、骨料弹性模量大、骨料含量多,那么徐变小。

对于环境因素而言,养护及使用条件下的温湿度是影响徐变的环境因素。养护时温度高、湿度大、水泥水化作用充分,徐变就小,采用蒸汽养护可使徐变减小约 20%～35%。受荷后构件所处环境的温度越高、湿度越低,则徐变越大。如环境温度为 70 ℃ 的试件受荷一年后的徐变,要比温度为 20 ℃ 的试件大一倍以上,因此,高温干燥环境将使徐变显著增大。构件的体表比越大徐变越小。

而应力因素主要反映在加荷时的应力水平,当混凝土应力 $\sigma_c \leqslant 0.5f_c$ 时,徐变和应力成正比,这种情况称为线性徐变。混凝土应力 $\sigma = 0.5f_c \sim 0.8f_c$ 时,徐变变形与应力不成正比,徐变变形比应力增长要快,称为非线性徐变。在非线性徐变范围内,当加载应力过高时,徐变变形急剧增加不再收敛,呈非稳定徐变现象,可能造成混凝土破坏。当应力 $\sigma > 0.8f_c$ 时,徐变的发展是非收敛的,最终将导致混凝土破坏。实际 $\sigma_c = 0.8f_c$ 即为混凝土的长期抗压强度,所以混凝土构件在使用期间,应当避免经常处于不变的高应力状态。显然应力水平越高,徐变越大;持荷时间越长,徐变越大。一般来讲,在同等应力下高强度混凝土的徐变量要比普通混凝土的小很多,而如果使高强度混凝土承受较高的应力,那么高强度混凝土与普通混凝土最终的总变形量将较为接近。

3)混凝土在荷载重复作用下的变形(疲劳变形)

混凝土在重复作用下引起的破坏称为疲劳破坏。疲劳现象大量存在于工程结构中,钢筋混凝土吊车梁受到重复荷载的作用,钢筋混凝土桥梁受到车辆震动的影响以及港口海岸的混凝土结构受到波浪冲击而损伤等都属于疲劳破坏现象。疲劳破坏的特征是裂缝小而变形大。

(1)混凝土在荷载重复作用下的应力—应变曲线(图 2.9)

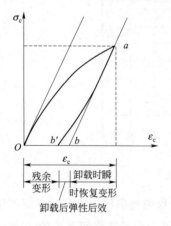 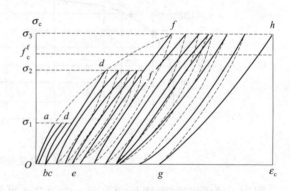

(a) 混凝土一次加载卸载的应力 — 应变曲线　　　　(b) 混凝土多次重复加载的应力 — 应变曲线

图 2.9　混凝土在重复荷载下的应力—应变曲线

①σ_1 或 $\sigma_2 < 0.5f_c$ 时,对混凝土棱柱体试件,一次加载应力 σ_1 或 σ_2 小于混凝土疲劳强度 f_c 时,加载(卸载)应力—应变曲线 Oab 形成一个环状。而在多次加载、卸载作用下,应力—应变环会越来越密合,经过多次重复加载、卸载,这个曲线就密合成一条直线。

②$\sigma_3 > 0.5 f_c$ 时,开始时混凝土应力—应变曲线凸向应力轴,在重复荷载过程中逐渐变成直线,在经过多次反复加卸载后,其应力—应变曲线由凸向应力轴而逐渐凸向应变轴,以致加、卸载不能形成封闭环,这标志着混凝土内部微裂缝的发展加剧趋近破坏。随着重复荷载次数的增加,应力—应变曲线倾角不断减小,至荷载重复到某一定次数时,混凝土试件会因严重开裂或变形过大而导致破坏。

(2)混凝土的疲劳强度

混凝土的疲劳强度用疲劳试验测定。把能使棱柱体试件承受 200 万次或其以上反复荷载而发生破坏的应力值称为混凝土疲劳强度 f_c^f,一般取 $f_c^f \approx 0.5 f_c$。

4)混凝土的变形模量

混凝土的变形模量广泛的用在计算混凝土结构的内力、构件截面的应力和变形以及预应力混凝土构件截面应力分析之中,是不可缺少的基础资料之一。但与弹性材料相比,混凝土的应力应变关系呈现非线性性质,即在不同应力状态下,应力与应变的比值是一个变数。混凝土的变形模量有三种表示方法。

(1)原点模量 E_c

原点模量也称弹性模量,在混凝土轴心受压的应力—应变曲线上,过原点做该曲线的切线,如图 2.10 所示,其斜率即为混凝土原点切线模量,通常称为混凝土的弹性模量 E_c,即

$$E_c = \frac{\mathrm{d}\sigma}{\mathrm{d}\varepsilon}\bigg|_{\sigma=0} = \tan \alpha_0$$

式中,α_0 为过原点所作应力应变曲线的切线与应变轴间的夹角。

在实际工作中应用最多的还是原点弹性模量,即弹性模量。按照原点弹性模量的定义,直接在应力—应变曲线的原点做切线,找出 α_0 角是很不精确的,目前各国对弹性模量的试验方法尚没有统一的标准。我国的通常做法是对棱柱体试件先加荷至 $\sigma = 0.5 f_c$,然后卸载至零,在重复加载卸载 5～10 次,应力应变逐渐趋于稳定,并基本上接近于直线,该直线斜率即为混凝土弹性模量的取值,混凝土强度越高,弹性模量越大,取值见表 2.2。

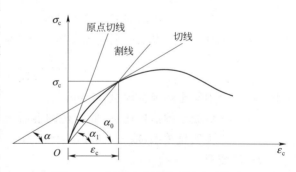

图 2.10　混凝土变形模量的表示方法

表 2.2　混凝土弹性模量(GB 50010—2010)($10^4\,\mathrm{N/mm^2}$)

强度等级	C15	C20	C25	C30	C35	C40	C45	C50	C55	C60	C65	C70	C75	C80
E_c	2.20	2.55	2.80	3.00	3.15	3.25	3.35	3.45	3.55	3.60	3.65	3.70	3.75	3.80

按照上述做法,对不同等级的混凝土测得的弹性模量,经统计分析得下列经验公式:

$$E_c = \frac{10^5}{2.2 + \dfrac{34.74}{f_{cu,k}}} \quad (\text{MPa}) \tag{2.3}$$

试验表明,混凝土的受拉弹性模量与受压弹性模量大体相等,其比值为 0.82～0.995。计算中受拉和受压弹性模量可取同一值。

(2)割线模量 E'_c

在混凝土的应力—应变曲线上任一点与原点的连线,如图 2.10 所示,其割线斜率,即为混凝土的割线模量,即

$$E'_c = \frac{\sigma_c}{\varepsilon_c} = \tan \alpha_1 \qquad (2.4)$$

由上可知,混凝土的割线模量是一个随应力不同而异的变数。在同样应变条件下,混凝土强度越高,割线模量越大。

(3)切线模量 E''_c

在混凝土的应力—应变曲线上任取一点,并作该点的切线,如图 2.10 所示,则其斜率即为混凝土的切线模量,即

$$E''_c = \frac{\mathrm{d}\sigma}{\mathrm{d}\varepsilon} = \tan \alpha \qquad (2.5)$$

式中,α 为应力应变曲线上某点的切线与应变轴间的夹角。

混凝土的切线模量也是一个变数,并随应力的增大而减小。对不同强度等级的混凝土,在应变相同的条件下,强度越高,切线模量越大。

(4)剪切模量

混凝土的剪切模量可根据胡克定律确定,即

$$G_c = \frac{\tau}{\gamma} \qquad (2.6)$$

式中　τ ——混凝土的剪应力;

　　　γ ——混凝土的剪应变。

由于现在尚未有合适的混凝土抗剪试验方法,所以要直接通过试验来确定混凝土的剪切模量是十分困难的。一般根据混凝土抗压试验中测得的弹性模量 E_c 来确定,即

$$G_c = \frac{E_c}{2(\nu_c + 1)} \qquad (2.7)$$

式中　E_c ——混凝土的弹性模量,N/mm²;

　　　ν_c ——混凝土的泊松比:一般结构的混凝土泊松比变化不大,且与混凝土的强度等级无明显关系,取 $\nu_c = 0.2$,$G_c = 0.4E_c$。

5)体积变形

混凝土凝结硬化时,在空气中体积收缩,在水中体积膨胀。通常,膨胀起到有利作用,因此在计算中不予考虑。混凝土的收缩值随着时间而增长,蒸汽养护混凝土的收缩值要小于常温养护下的收缩值。

收缩是混凝土在不受外力情况下体积变形产生的变形,是由混凝土在凝结硬化过程中的化学反应产生的"凝缩"和混凝土自由水分的蒸发所产生的"干缩"两部分所引起的。结硬初期收缩变形发展很快,两周可完成全部收缩的 25%,一个月完成 50%,三个月后增长缓慢,两年后趋于稳定,最终收缩值为 $(2 \sim 6) \times 10^{-4}$。

当混凝土收缩受到外部(支座)或内部(钢筋)的约束时,将使混凝土中产生拉应力,甚至引起混凝土的开裂。混凝土收缩会使预应力混凝土构件产生预应力损失。某些对跨度比较敏感的超静定结构(如拱结构等),收缩也会引起不利的内力。

影响混凝土收缩的主要因素有:

(1)水泥的用量,水泥越多,收缩越大;水灰比越大,收缩也越大。

(2)骨料的性质,骨料的弹性模量大,收缩小。

（3）养护条件,在结硬过程中周围温、湿度越大,收缩越小。

（4）混凝土制作方法,混凝土越密实,收缩越小。

（5）使用环境,使用环境温度、湿度大时,收缩小。

（6）构件的体积与表面积比值,比值大时,收缩小。

任务 2.2　学习钢筋的物理力学性能

2.2.1　任务目标

1. 能力目标

（1）掌握钢筋的物理、力学性能。

（2）能做钢筋变形的试验。

2. 知识目标

（1）掌握钢筋的种类。

（2）掌握钢筋的强度和变形性质。

（3）了解钢筋的接头、弯折和弯钩。

3. 素质目标

通过对钢筋这种材料的进一步认识,培养学生的现场识别与应用能力。

2.2.2　相关配套知识

1. 钢筋的种类

在钢筋混凝土结构中我国目前通用的普通钢筋,按化学成分的不同,分为碳素钢和普通低合金钢两类。碳素钢以铁为主,加少量 C、Mn 等。按含碳（C）量多少又分为低碳钢[$w(C) \leqslant 0.25\%$],中碳钢[$w(C)=0.25\% \sim 0.6\%$],高碳钢[$w(C)=0.6\% \sim 1.4\%$],含碳越高则强度越高,但塑性和可焊性降低。普通低合金钢除碳素钢已有的成分外,再加入少量的（一般不超过 3%）合金元素如硅、锰、钛、钒和铬等,能有效的提高钢材的强度和改善钢材的性能。

按钢筋的加工方法,可分为热轧钢筋、冷拉钢筋、冷轧带肋钢筋、热处理钢筋和钢丝五大类,如图 2.11 所示。用于钢筋混凝土结构的钢筋主要选取热轧钢筋、碳素钢筋和精扎螺纹钢筋三类。

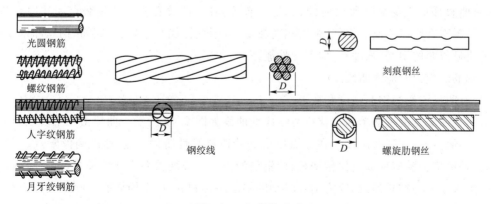

图 2.11　钢筋的形式

1)热轧钢筋

热轧钢筋由低碳钢、普通低合金钢在高温状态下轧制而成。热轧钢筋按外形分为光面钢筋和带肋钢筋。热轧钢筋分普通热轧钢筋和细晶粒热轧钢筋。根据《钢筋混凝土用钢热轧光圆钢筋》(GB 1499.1—2017)规定,热轧直条光圆钢筋牌号为 HPB300。普通热轧钢筋牌号由 HRB 和屈服强度特征值构成,有 HRB400、HRB500、HRB600、HRB400E、HRB500E,其中,H、R、B 分别为热轧(Hotrolling)、带肋(Ribbed)、钢筋(Bars)三个词的英文首字母;细晶粒热轧钢筋牌号由 HRBF 和屈服强度特征值构成,有 HRBF400、HRBF500、HRBF400E、HRBF500E,其中,F 为"细"的英文(Fine)首位字母,E 为地震的英文(Earthquake)首位字母。

HRB400 级钢筋(低合金钢)外形为月牙肋,有足够的塑性和良好的焊接性能,公称直径的范围为 6～50 mm,主要用于大中型钢筋混凝土结构和高强混凝土结构构件的受力钢筋,是我国今后钢筋混凝土结构受力钢筋用材最主要品种之一。

2)碳素钢筋

碳素钢筋又称高强钢筋,一般是将热轧 φ8 高碳钢盘条加热到 850～950 ℃,并在 500～600 ℃的铅浴中淬火,使其具有较高的塑性,再经酸洗、镀铜、拉拔、矫直、回火卷盘等工艺生产而得。

(1)消除应力钢丝(光面钢丝)

消除应力是将钢筋拉拔后,校直,经中温火消除应力并稳定化处理的光面钢丝。一般以多根钢丝组成钢丝束或若干根钢丝扭结成钢绞线的形式使用。桥梁中常用的钢绞线有:1×2(双股)、1×3(三股)、1×7(七股)。其中,采用最多的是七股钢绞线。其中公称直径有 9.5 mm、11.1 mm、12.7 mm 和 15.2 mm 四种规格。

(2)螺旋肋钢丝和刻痕钢丝

螺旋肋钢丝是以普通低碳钢或低合金钢热轧的圆盘条为母材,经冷轧减径后在其表面冷轧成二面或三面有月牙肋的钢筋。刻痕钢丝是在光面钢丝的表面上进行机械刻痕处理以增加与混凝土的粘结能力,我国生产的规格直径可分为 $\phi4$、$\phi5$、$\phi6$、$\phi7$、$\phi8$、$\phi9$ 共六个级别。

2. 钢筋的强度和变形

钢筋的力学性能是指钢筋的强度和变形性能。钢筋的强度和变形性能可以由钢筋的单向拉伸的应力—应变曲线来分析说明。钢筋的应力—应变曲线可以分为两类:一是有明显流幅的,即有明显屈服点的和屈服台阶的;二是没有流幅的,即没有明显的屈服点和屈服台阶的。热轧钢筋属于有明显流幅的钢筋,强度相对较低,但形变性能好;热处理钢筋、钢丝和钢绞线等属于无明显流幅的钢筋,强度高,但形变性能差。

1)钢筋的应力—应变曲线

(1)有明显流幅的钢筋强度和变形

有明显屈服点的钢筋单向拉伸应力—应变曲线如图 2.12 所示。曲线由三个阶段组成:弹性阶段、屈服阶段、和强化阶段。在 a 点以前的阶段称弹性阶段,a 点称比例极限点。在 a 点以前,钢筋的应力随应变成正比例增长,即钢筋的应力—应变关系为线性关系;过 a 点后,应变增长速度大于应力增长速度,应力增长较小的幅度后达到 b 点,钢筋屈服。随后应力稍有降低达到 c 点钢筋进入流幅阶段或屈服台阶,曲线接近水平线,应力不增加而应变持续增加。b 点和 c 点分别称为上屈服点和下屈服点。上屈服点不稳定,受加载速度、截面形式和表面光洁度等因素影响;下屈服点一般比较稳定,所以一般以下屈服点对应的应力作为有明显流幅钢筋的屈服强度。随着曲线上升到最高点 d 相应的应力称为钢筋的极限强度。过了 d 点到达颈缩阶段,试件薄弱处的截面将会突然显著缩小,发生局部颈缩,变形迅速增加,应力随之下降,达到 e 点时试件被拉断。

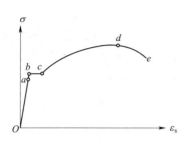
(a) 有明显流幅的钢筋应力 — 应变曲线

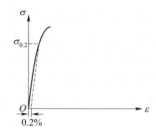
(b) 无明显流幅的钢筋应力 — 应变曲线

图 2.12　钢筋的应力应变曲线

在钢筋混凝土构件计算中,一般取钢筋的屈服强度作为强度计算指标。尽管热轧低碳和低合金钢都属于有明显流幅的钢筋,但不同强度等级的钢筋的屈服台阶的长度是不同的,强度越高,屈服台阶的长度越短,塑性越差。

(2)无明显屈服点的钢筋的典型应力—应变曲线

由图 2.12(b)可见,硬钢没有明显的屈服平台,在应力达到比例极限 a 点(约为极限强度的 0.65 倍)之前,应力应变关系呈直线变化,钢筋具有明显的弹性性质,超过 a 点后,钢筋表现出越来越明显的塑性性质,但应力应变持续增加到 b 点后,同样出现钢筋的颈缩现象,应力应变曲线为下降段,至 c 点钢筋被拉断,硬钢其强度很高,但延伸率大为降低,塑性性能减弱。设计上取相应于残余应变为 0.2% 的应力为名义屈服强度,也就是假定屈服点用 $\sigma_{0.2}$ 表示。

图 2.12 所示为钢筋的应力—应变曲线。图中可以看出,普通钢筋应力应变曲线都有明显的屈服点,这种钢筋即为低碳钢,也称软钢。没有明显屈服点的热处理钢筋和钢丝称为硬钢。

2)钢筋的塑性性能

反应钢筋的塑性性能的基本指标是钢筋的伸长率和冷弯性能。钢筋试件拉断后的伸长值与原长的比值称为伸长率。钢筋断后伸长率,按 $\delta = \dfrac{l - l_0}{l_0} \times 100\%$ 进行计算;钢筋最大力下的总伸长率(均匀伸长率),按 $\delta_{gt} = \left(\dfrac{l - l_0}{l_0} + \dfrac{\sigma_b}{E_s} \right) \times 100\%$ 进行计算。伸长率大,钢筋的塑性性能好,破坏时有明显的拉断预兆;钢筋弯曲性能好,构件破坏时不致发生脆断。因此,对钢筋品种的选择,应考虑强度和塑性两方面的要求。

冷弯是指将直径为 d 的钢筋围绕某个规定直径 D(规定 D 为 1d、2d、3d、4d、5d)钢辊弯曲成一定的角度(90° 或 180°),弯曲后钢筋应无裂纹、鳞落或断裂现象(图 2.13)。弯心的直径越小,弯转角越大,说明钢筋的塑性好。

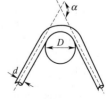
图 2.13　钢筋的冷弯

3)钢筋的冷加工

为了节约钢筋,在常温下对有明显屈服点的钢筋(软钢)进行机械冷加工,可以使钢筋内部组成结构发生变形,从而提高钢筋的强度,但其塑性有所降低。机械冷加工可分为冷拉和冷拔,通过冷拉或冷拔的冷加工方法可以提高热轧钢筋的强度。

冷拔是将钢筋(盘条)用强力拔过比它本身直径还小的硬质合金拔丝模,这是钢筋同时受到纵向拉力和横向拉力的作用以提高其强度一种加工方法。钢筋经过多次冷拔后,截面变小而长度增长,强度比原来提高很多,但塑性降低,硬度提高,冷拔后钢丝的抗压强度也获得提高。

冷拉钢筋是先将钢筋在常温下拉伸超过屈服强度达到强化阶段,然后卸载并经过一定时间的时效硬化而得到的钢筋。如图 2.14 所

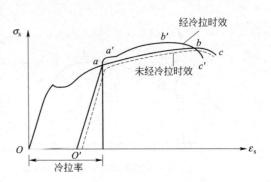

图 2.14 钢筋冷拉应力—应变曲线

示,钢筋拉伸达到 a 点卸载,若立即再次拉伸钢筋,其应力—应变曲线将沿 $O'abc$ 变化。钢筋的强度没有变化,但塑性降低;若经过一定的时间后再拉伸,钢筋的应力—应变曲线将沿 $O'a'b'c'$ 变化,屈服台阶有所恢复,钢筋的强度明显提高,这种现象称为时效硬化。钢筋强度提高的程度与冷拉前钢筋的强度有关,强度越高,强度提高的幅度越小。所以为了保证冷拉钢筋具有一定的塑性,应合理地选择张拉控制应力和冷拉率。张拉控制应力点对应的拉伸率称冷拉率。工程上若只控制张拉应力或应变称为单控,若同时控制张拉应力和应变称为双控,一般情况下应尽量采用双控。时效硬化与温度和时间有关,在常温下,时效硬化需要 20 h 左右完成,在 100 ℃的温度下需要 2 h 完成,250 ℃时仅需要 0.5 h,超过 250 ℃钢筋会随温度的提高而软化。冷拔既可以提高抗拉强度,也可以提高抗压强度,而冷拉只能提高抗拉强度。

4)钢筋的强度标准值和设计值

为了使钢筋强度标准值与钢筋的检验标准统一,对有明显流幅的热轧钢筋,钢筋的抗拉强度标准值采用国家标准中规定屈服强度标准值(废品限制,其保证率不小于 95%);对于无明显流幅的钢筋,如钢丝、钢绞线等,根据国家标准中规定的极限抗拉强度确定,其保证率也不低于 95%。

将钢筋的强度标准值除以相应的材料性能分项系数,即得到钢筋抗拉强度设计值。

表 2.3 普通钢筋强度标准值和设计值(N/mm²)

钢筋种类	符 号	抗拉强度标准值 f_{sk}	抗拉强度设计值 f_y	抗压强度设计值 f'_y
HPB300	Φ	300	270	270
HRB400	Φ	400	360	360
HRB500	Φ	500	435	435

注:当钢筋用作受剪、受扭、受冲切承载力计算时,其数值大于 360 N/mm² 时,应取 360 N/mm²。

表 2.4　预应力钢筋强度标准值（N/mm²）

种　类		符　号	公称直径 d(mm)	屈服强度标准值 f_{pyk}	极限强度标准值 f_{ptk}
中强度预应力钢丝	光面 螺旋肋	ϕ^{PM} ϕ^{HM}	5、7、9	620	800
				780	970
				980	1 270
预应力螺纹钢筋	螺纹	ϕ^{T}	18、25、32	785	980
				930	1 080
				1 080	1 230
消除应力钢丝	光面 螺旋肋	ϕ^{P} ϕ^{H}	5	1 380	1 570
				1 640	1 860
			7	1 380	1 570
			9	1 290	1 470
				1 380	1 570
钢绞线	1×3 （三股）	ϕ^{S}	8.6、10.8、12.9	1 410	1 570
				1 670	1 860
				1 760	1 960
	1×7 （七股）		9.5、12.7、 15.2、17.8	1 450	1 720
				1 670	1 860
				1 760	1 960
			21.6	1 590	1 770
				1 670	1 860

表 2.5　预应力筋强度设计值（N/mm²）

种　类	f_{ptk}	抗拉强度设计值 f_{py}	抗压强度设计值 f'_{py}
中强度预应力钢丝	800	510	410
	970	650	
	1 270	810	
消除应力钢丝	1 470	1 040	410
	1 570	1 110	
	1 860	1 320	
钢绞线	1 570	1 110	390
	1 720	1 220	
	1 860	1 320	
	1 960	1 390	
预应力螺纹钢筋	980	650	435
	1 080	770	
	1 230	900	

5）钢筋的弹性模量

钢筋的弹性模量是一项稳定的材料常数，即使强度等级相差很大的钢筋，弹性模量也很接近，并且强度高的钢筋弹性模量反而低。钢筋的弹性模量见表 2.6。

表 2.6 钢筋弹性模量（N/mm²）

种 类	E_s
HPB300 级钢筋	2.1×10^5
HRB400、HRB500 级钢筋，HRBF400、HRBF500、RRB400 级钢筋，预应力螺纹钢筋，中强度预应力钢丝	2.0×10^5
消除应力钢丝	2.05×10^5
钢绞线	1.95×10^5

3. 钢筋的接头、弯钩和弯折

1）钢筋的接头

一般为了运输方便，除小直径的钢筋按盘圆供应外，每条钢筋长度多为 10～12 m，所以在施工时就要把钢筋接长到设计长度。钢筋的连接可分为三类：焊接接头、绑扎搭接及机械连接。钢筋的接头宜优先考虑焊接接头和机械连接接头，只有当没有焊接条件或施工有困难时才采用绑扎接头。另外直径小于等于 25 mm 的螺纹钢和光圆钢筋可采取铁丝绑扎接头，对于轴心受拉和小偏心受拉构件中主筋均应焊接，不得采用绑扎接头。

（1）焊接接头

焊接接头的方式有许多，闪光接触对焊、电弧焊、电渣压力焊、气压焊等，在工程中应用的最多的是闪光接触对焊和电弧焊。

①闪光接触对焊。钢筋的纵向焊接应采用闪光对焊，将两根钢筋安放成对接形式，利用电阻热使接触点金属熔化，产生强烈的飞溅，形成闪光，迅速完成的一种压焊方法（图 2.15）。

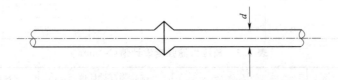

图 2.15 接触电焊（闪光焊）

为保证对焊接头质量，被焊接钢筋的焊接端应裁切平整，端部断面应与钢筋轴线垂直，两焊接断面应彼此平行，焊接时被挤出接头外的熔渣应予除去。

②钢筋电弧焊。将一根导线接在被焊钢筋上，另一根导线接在夹有焊条的焊钳上，合上开关，将接触焊件接通电源，此刻立即将焊条提起 2～3 cm，产生电弧，电弧温度高达 4 000 ℃，将焊条和钢筋熔化并汇合成一条焊缝，焊接结束。钢筋电弧焊有搭接焊（图 2.16）和帮条焊（图 2.17）两种形式。钢筋接头采用搭接电弧焊，两钢筋搭接端部应预先折向一侧，使两接合钢筋轴线一致。钢筋接头采用帮条电弧焊时，用短钢筋或短角钢等作为帮条，将两根钢筋对接拼焊，帮条应采用与主筋同级别的钢筋，其总截面面积不应小于被焊钢筋的截面积。双面焊缝的长度不应小于 5d，单面焊缝的长度不应小于 10d（d 为钢筋直径）。

钢筋焊接前，必须根据施工条件进行试焊，并按行业标准《钢筋焊接接头试验方法标准》（JGJ/T 27—2014）进行试验，其施工技术条件和质量要求符合行业标准《钢筋焊接及验收规程》（JGJ 18—2012）的有关规定，确认试焊合格后方可施焊。

当焊接受力钢筋接头时，设置在同一构件内的焊接接头应相互错开，在任意一焊接接头中心至长度为钢筋直径的 35 倍，且不少于 500 mm 的区段范围内，同一根钢筋不得有两个接头；在该区段内有接头的受力钢筋截面面积占受力钢筋总截面面积的百分率应不超过 50%，对受压区及装配连接式构件连接处可不受此限制。

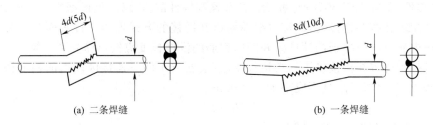

(a) 二条焊缝   (b) 一条焊缝

图 2.16 搭接电弧焊

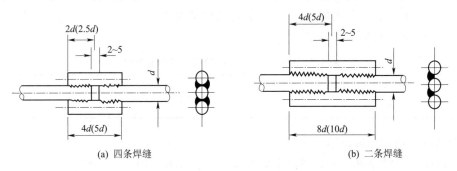

(a) 四条焊缝   (b) 二条焊缝

图 2.17 帮条电弧焊

（2）机械连接接头

机械连接接头是通过连接件的机械咬合作用或钢筋端面的承压作用，将一根钢筋中的力传递至另一根钢筋。具有接头性能可靠，质量稳定，不受气候影响，安全且不需要较大功率的电源及可焊与不可焊钢筋均能可靠连接等优点。

①挤压套筒接头。挤压套筒接头是通过挤压力使连接用钢套塑性变形与带肋钢筋紧密咬合成的接头。适用直径为 16～40 mm 的 HRB335、HRB400 牌号带肋钢筋的挤压连接。直径相差不应大于 5 mm。当混凝土结构中挤压接头部位的温度低于−20 ℃时，宜进行专门的试验。

②镦粗直螺纹接头。镦粗直螺纹接头是将钢筋的连接端先行镦粗，再进行加工成圆柱螺纹，并用连接套筒连接的钢筋接头。镦粗直螺纹接头适用于直径为 18～40 mm 的 HRB335、HRB400 钢筋的连接。

（3）绑扎接头

绑扎接头是将两根钢筋搭接一定长度并用铁丝绑扎，通过钢筋与混凝土的粘结力传递内力。绑扎钢筋的直径不宜大于 28 mm，轴心受压和偏心受压构件中的受压钢筋不大于 32 mm。轴心受拉和小偏心受拉构件不得采用绑扎接头。

同一构件中相邻纵向受力钢筋的绑扎搭接接头宜互相错开。同一连接区段内纵向受拉钢筋绑扎搭接接头如图 2.18 所示。钢筋绑扎搭接接头连接区段的长度为 1.3 倍搭接长度，凡搭接接头中点位于该连接区段长度内的搭接接头均属于同一连接区段。同一连接区段内纵向受力钢筋

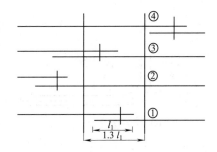

图 2.18 绑扎搭接图

搭接接头面积百分率为该区段内有搭接接头的纵向受力钢筋与全部纵向受力钢筋截面面积的比值。当直径不同的钢筋搭接时，按直径较小的钢筋计算。

位于同一连接区段内的受拉钢筋搭接接头面积百分率：对梁类、板类及墙类构件，不宜大于 25%；对柱类构件，不宜大于 50%。当工程中确有必要增大受拉钢筋搭接接头面积百分率

时,对梁类构件,不宜大于50%;对板、墙、柱及预制构件的拼接处,可根据实际情况放宽。

并筋采用绑扎搭接连接时,应按每根单筋错开搭接的方式连接。接头面积百分率应按同一连接区段内所有的单根钢筋计算。并筋中钢筋的搭接长度应按单筋分别计算。

纵向受拉钢筋绑扎搭接接头的搭接长度,应根据位于同一连接区段内的钢筋搭接接头面积百分率按下列公式计算,且不应小于300 mm。

$$l_l = \zeta_l l_a \qquad (2.8)$$

式中 l_l——纵向受拉钢筋的搭接长度;

ζ_l——纵向受拉钢筋搭接长度的修正系数,按表2.7取用,当纵向搭接钢筋接头面积百分率为表的中间值时,修正系数可按内插取值;

l_a——受拉钢筋的锚固长度。

表 2.7 纵向受拉钢筋搭接长度的修正系数

纵向搭接钢筋接头面积百分率/%	≤25	50	100
ζ_l	1.2	1.4	1.6

2)钢筋的弯钩和机械锚固

钢筋弯钩和机械锚固的形式和技术要求应符合表2.8及图2.19的规定。

表 2.8 钢筋弯钩和机械锚固的形式和技术要求

锚固形式	技 术 要 求
90°弯钩	末端90°弯钩,弯后直段长度12d
135°弯钩	末端135°弯钩,弯后直段长度5d
一侧贴焊锚筋	末端一侧贴焊长5d同直径钢筋,焊缝满足强度要求
两侧贴焊锚筋	末端两侧贴焊长3d同直径钢筋,焊缝满足强度要求
焊端锚板	末端与厚度d的锚板穿孔塞焊,焊缝满足强度要求
螺栓锚头	末端旋入螺栓锚头,螺纹长度满足强度要求

注:(1)锚板或锚头的承压净面积应不小于锚固钢筋计算截面积的4倍;
　　(2)螺栓锚头产品的规格、尺寸应满足螺纹连接的要求,并应符合相关标准的要求;
　　(3)螺栓锚头和焊接锚板的间距不大于3d时,宜考虑群锚效应对锚固的不利影响;
　　(4)截面角部的弯钩和一侧贴焊锚筋的布筋方向宜向内偏置。

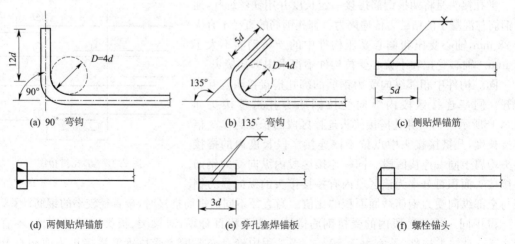

图 2.19 钢筋弯钩和机械锚固的形式和技术要求

4. 混凝土结构对钢筋性能的要求

用于混凝土结构中的钢筋,一般应能满足下列要求:

(1)具有适当的屈强比。屈服强度与抗拉强度的比值称为屈强比,它可以代表结构的强度储备,比值小则结构的强度储备大,但比值太小则钢筋强度的有效利用率太低,所以要选择适当的屈强比。

(2)足够的塑性。在混凝土结构中,要求钢筋断裂时要有足够的变形,这样,结构在破坏之前就能显示出预警信号,保证安全。另外在施工时,钢筋要经受各种加工,所以钢筋要保证冷弯试验的要求。屈服强度、抗拉强度、伸长率和冷弯性能是钢筋的强度和变形的四项主要指标。

(3)良好的焊接性能。要求钢筋具备良好的焊接性能,保证焊接强度,焊接后钢筋不产生裂纹及过大的变形。

(4)抗低温性能。在寒冷地区,要求钢筋具备抗低温性能,以防钢筋低温冷脆而致破坏。

(5)与混凝土要有良好的粘结力。粘结力是钢筋与混凝土得以共同工作的基础,在钢筋表面上加以刻痕或制成各种纹形,都有助于提高粘结力。

钢筋混凝土结构对钢筋性能的要求,概括地说,即要求强度高,塑性及焊接性能好,还要求和混凝土有良好的粘结性能。

任务 2.3　掌握钢筋与混凝土之间的粘结力

2.3.1　任务目标

1. 能力目标

掌握钢筋与混凝土之间的粘结力以及拔出试验。

2. 知识目标

(1)掌握产生粘结力的主要因素。

(2)熟悉影响粘结强度的因素。

(3)掌握拔出试验。

(4)掌握纵向受拉钢筋基本锚固长度的计算。

3. 素质目标

培养学生严谨求实的工作作风,具备一定的协调组织能力,培养团队协作精神。

2.3.2　相关配套知识

混凝土凝结硬化并达到一定强度后,混凝土和钢筋之间建立了足够的粘结强度,能够承受由于钢筋与混凝土的相对变形在两者界面上所产生的相互作用力,即钢筋与混凝土接触面上的剪应力,又称为粘结应力 f_τ。因此,钢筋与混凝土之间的粘结力是保证二者共同工作,阻止钢筋在混凝土中滑移所必不可少的基本条件。

1. 粘结作用

产生粘结力的主要因素是:①混凝土收缩将钢筋紧紧握裹而产生的摩擦力;②混凝土颗粒与钢筋表面产生的化学胶结力;③由于钢筋表面凹凸不平与混凝土之间产生的机械咬合力。

　　各种粘结力在不同情况下（钢筋的截面形式、不同受力阶段和构建部位）发挥各自的作用。光面钢筋粘结力主要来自胶结力和摩阻力，而变形钢筋的粘结力主要来自机械咬合的作用。机械咬合力可提供很大的粘结应力，但若布置不当，会产生较大的滑移、裂缝和局部混凝土破坏的现象。二者的差别，可以用钉入木料中的普通钉和螺丝钉的差别来解释。

　　粘结力的测定一般采用拔出试验方法，如图 2.20 所示。

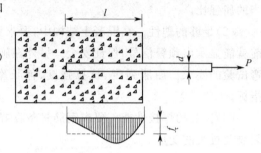

$$f_\tau = \frac{P}{\pi dl} \qquad (2.9)$$

式中　　f_τ——钢筋的粘结力；

　　　　P——钢筋的拉力；

　　　　d——钢筋的直径；

　　　　l——钢筋埋置长度。

图 2.20　钢筋与混凝土之间的粘结强度

　　根据拔出试验可知：

　　(1)粘结应力按曲线分布，最大粘结应力在离开端部的某一位置出现，且随拔出力的大小而变。

　　(2)钢筋埋入长度越长，拔出力越大，但埋入过长则尾部的粘结力很小，甚至为零。

　　(3)粘结强度随混凝土强度等级的提高而增大。

　　(4)变形钢筋的粘结强度比光面钢筋的大；但若在光面钢筋末端做弯钩则拔出力大大提高。

　　2. 影响粘结强度的因素

　　主要影响因素有混凝土强度、保护层厚度及钢筋之间的净距、横向配筋及侧向压应力，以及浇筑混凝土时钢筋的位置等。

　　(1)混凝土强度。光圆钢筋及变形钢筋的粘结强度随混凝土强度等级的提高而提高。

　　(2)保护层厚度。钢筋外围的混凝土保护层太薄，可能使外围混凝土因产生径向劈裂而使粘结强度降低。增大保护层厚度，保持一定的钢筋间距，可以提高外围混凝土的抗劈裂能力，有利于粘结强度的充分发挥。

　　(3)钢筋净间距。混凝土构件截面上有多根钢筋并列在一排时，钢筋间的净距对粘结强度有重要影响，钢筋净间距过小，外围混凝土将发生水平劈裂，形成贯穿整个梁宽的劈裂裂缝，造成整个混凝土保护层剥落，粘结强度显著降低。一排钢筋的根数越多，净间距越小，粘结强度降低的就越多。

　　(4)横向配筋。横向配筋(如梁中的箍筋)可以限制混凝土内部裂缝的发展，提高粘结强度。横向钢筋还可以限制到达构件表面的裂缝宽度，从而提高粘结强度。在较大直径钢筋的锚固区段和搭接长度范围内，均应设置一定数量的横向钢筋，如将梁的箍筋加密等对控制劈裂裂缝提高粘结强度很有效。

　　(5)侧向压应力。在直接支承的支座处，如梁的简支端，钢筋的锚固区受到来自支座的横向压应力，横向压应力约束了混凝土的横向变形，使钢筋与混凝土间抵抗滑动的摩擦力增大，因而可以提高粘结强度。

　　(6)浇筑混凝土时钢筋的位置。浇筑混凝土时，深度过大，钢筋底面的混凝土会出现沉淀收缩和离析泌水，气泡逸出，使混凝土与水平放置的钢筋之间产生强度较低的疏松空隙层，从而会削弱钢筋与混凝土的粘结作用。

　　另外,钢筋表面形状对粘结强度也有影响,当其他条件相同时,光面钢筋的粘结强度约比带肋的变形钢筋粘结强度低 20%。

　　3. 纵向受拉钢筋的基本锚固长度

　　由前面的分析可知,若钢筋在混凝土中的锚固不足,将会使构件提前破坏,要保证钢筋和混凝土共同工作,必须首先保证钢筋在混凝土中有可靠的锚固。保证钢筋在混凝土中锚固可靠,就是要求钢筋屈服时仍未出现锚固破坏。因此,确定锚固长度的基本原则可以取为:在钢筋受力屈服的同时正好发生锚固破坏。

　　纵向受拉钢筋的基本锚固长度 l_{ab}:

$$l_{ab} = \alpha \frac{f_y}{f_t} d \tag{2.10}$$

式中　f_y——钢筋抗拉强度设计值;

　　　　f_t——混凝土轴心抗拉强度设计值;当混凝土强度等级高于 C40 时,按 C40 取值;

　　　　d——钢筋的公称直径;

　　　　α——锚固钢筋的外形系数,按表 2.9 取用。

表 2.9　锚固钢筋的外形系数表

钢筋类型	光面钢筋	带肋钢筋	螺旋肋钢筋	三股钢绞线	七股钢绞线
外形系数 α	0.16	0.14	0.13	0.16	0.17

　　受拉钢筋的锚固长度应根据具体锚固条件按下列公式计算,且不应小于 200 mm:

$$l_a = \zeta_a l_{ab} \tag{2.11}$$

式中　ζ_a——锚固长度修正系数。

　　纵向受拉普通钢筋的锚固长度修正系数 ζ_a 应根据钢筋的锚固条件按下列规定取用:

　　(1)当带肋钢筋的公称直径大于 25 mm 时取 1.10;

　　(2)环氧树脂涂层带肋钢筋取 1.25;

　　(3)施工过程中易受扰动的钢筋取 1.10;

　　(4)当纵向受力钢筋的实际配筋面积大于其设计计算面积时,修正系数取设计计算面积与实际配筋面积的比值,但对有抗震设防要求及直接承受动力荷载的结构构件,不应考虑此项修正;

　　(5)锚固区保护层厚度为 3d 时修正系数可取 0.80,保护层厚度为 5d 时修正系数可取 0.70,中间按内插取值,此处 d 为纵向受力带肋钢筋的直径;

　　(6)当纵向受拉普通钢筋末端采用钢筋弯钩或机械锚固措施时,包括弯钩或锚固端头在内的锚固长度(投影长度)可取为基本锚固长度 l_{ab} 的 0.6 倍。

 项目小结

　　(1)在工程中常用的混凝土强度有:立方体抗压强度 f_{cu},轴心抗压强度 f_c 和轴心抗拉强度 f_t 等。其中,混凝土立方体抗压强度是衡量混凝土最基本的强度指标,是评价混凝土强度等级的标准,混凝土的其他力学指标可由立方体抗压强度换算得到。

　　(2)由混凝土的应力—应变关系可知混凝土是一种弹塑性材料。低强度混凝土比高强度混凝土有较好的延性;三向受压状态下的混凝土与单向受压混凝土相比,不但提高了强度,并且有效地提高了延性。

（3）混凝土在长期不变荷载作用下，应变随时间增长的现象称为混凝土徐变。徐变对结构的影响有不利的一面，也有有利的一面；混凝土在空气中结硬时体积减小的现象称为收缩，收缩对结构主要产生不利影响。

（4）钢筋混凝土结构所用的钢筋，按其力学性能的不同可分为有明显屈服点的钢筋和无明显屈服点的钢筋。

（5）钢筋和混凝土之间的粘结作用是保证二者能较好地共同工作的主要原因之一。变形钢筋粘结能力的主要来源是钢筋与混凝土之间产生的机械咬合力；光面钢筋粘结能力的主要来源是钢筋与混凝土之间产生的胶结力和摩擦力。影响钢筋与混凝土之间粘结作用的因素很多，规范主要采用构造措施来保证钢筋与混凝土之间的粘结力。

复习思考题

1. 简述混凝土立方体抗压强度、混凝土等级、轴心抗压强度、轴心抗拉强度的意义以及它们之间的区别。

2. 简述钢筋与混凝土共同工作的原因。

3. 影响混凝土立方体抗压强度的主要因素有哪些？

4. 简述混凝土应力—应变关系特征。

5. 简述混凝土在三向受压情况下强度和变形的特点。

6. 混凝土收缩、徐变与哪些因素有关？

7. 产生粘结力的主要因素有哪些？

8. 钢筋的接头有哪几类？

9. 影响混凝土粘结强度的因素有哪些？

10. 混凝土的变形模量有几种表示方法？

11. 混凝土结构对钢筋性能的要求是什么？

12. 确定基本锚固长度的原则是什么？钢筋的锚固长度和哪些因素有关？如何确定钢筋的基本锚固长度？

13. 某一钢筋混凝土简支 T 梁，采用 C30 混凝土，其纵向受拉钢筋为带肋 HRB335 级钢筋，直径为 25 mm，若想把某两根主钢筋在梁中截断，其基本锚固长度为多少？

项目 3　钢筋混凝土结构的设计方法

 项目描述

结构设计要解决的根本问题就是以适当的可靠度满足结构的功能要求,现行的规范是以概率理论为基础的极限状态设计法,即在度量几个可靠度上由经验方法转变为运用统计数学的方法,这是设计思想和设计理论的一大进步,使结构设计更符合客观实际情况。

 学习目标

1. 能力目标

(1)了解使用行业规范。

(2)掌握结构极限状态法的规定。

2. 知识目标

(1)掌握结构的功能要求。

(2)理解极限状态法的基本概念。

(3)掌握作用的分类与各作用的取值。

(4)掌握承载能力极限状态与正常使用极限状态的作用效应组合。

3. 素质目标

通过本项目的学习,使学生掌握数学和力学这两门基础课在本门课程中的应用。

任务 3.1　掌握结构设计的基本要求

3.1.1　任务目标

1. 能力目标

掌握极限状态法的规定。

2. 知识目标

(1)掌握结构的功能要求。

(2)理解结构的可靠性、可靠度、有效、失效、承载力极限状态、正常使用极限状态的概念。

(3)了解设计基准期的作用。

3. 素质目标

通过对本任务一些基本理论概念的学习,培养学生扎实的理论基础。

3.1.2　相关配套知识

1. 结构的功能要求

1)结构的功能

工程结构在设计时,必须满足安全可靠、适用耐久、经济合理的要求。也就是说,要求结构在预定使用期限内满足各项预定功能的要求。

(1)安全性的要求。即结构应能承受在正常施工和正常使用时可能出现的各种作用(如荷载、温度变化、支座沉陷等),在偶然作用(如地震、撞击等)发生时及发生后,结构仍能保持必需的整体稳定性不致发生倒塌。

(2)适用性的要求。即结构在正常使用期间具有良好的工作性能,例如不发生影响正常使用的过大变形或裂缝等。

(3)耐久性的要求。即结构在正常维护下具有足够的耐久性能。例如混凝土不发生严重的风化、腐蚀;钢筋不发生严重锈蚀,以免影响结构的使用寿命。

2)结构的可靠性和可靠度

结构的可靠度是指在规定的时间内在规定的条件下完成预定功能的概率。“规定的时间”是指结构的设计基准期。“规定的条件”是指正常设计、正常施工和正常使用的条件,认为过失在结构可靠度中是不被考虑的。“预定的功能”对于公路桥梁结构是指结构构件的承载力、变形、抗裂度等。

安全性、适用性和耐久性总称为结构的可靠性。结构的可靠度是结构可完成“预定功能”的概率度量。

2. 设计基准期

一般认为,桥梁的大小和重要程度不同应给予不同的设计基准期。但是,如果给出不同的设计基准期,就有不同的荷载统计参数及其代表值,这样不但给统计分析工作和设计使用带来麻烦,也增加了规范表达的复杂性。《工程结构可靠性设计统一标准》(GB 50153—2008)将桥梁的设计基准期统一取为 100 年,而以不同的结构安全等级去体现不同状况的桥梁在可靠度上的差异。基准使用期是结构可靠度分析的一个参考时间坐标,可参考结构使用寿命的要求适当规定,但不能将设计基准期简单地理解为结构的使用寿命。两者是有联系的,然而不完全等同。当结构的使用年限超过设计基准期时,表明它的失效概率可能增大,不一定能保证其目标可靠,但不等于结构丧失所要求的功能或报废,而是它的可靠度降低了。

3. 结构功能的极限状态

1)极限状态的概念

整个结构或结构的一部分能满足设计规定的某一预定功能要求,我们称之为该功能的有效状态;反之,称之为该功能的失效状态。这种“有效”与“失效”之间必然有一特定界限状态,整个结构或结构的一部分超过这种特定界限状态就不能满足设计规定的某一功能要求,我们称此特定界限状态为该功能的极限状态。

2)极限状态的分类

根据结构的功能要求不同,极限状态分为以下两类。

(1) 承载能力极限状态

这种极限状态对应于结构或结构构件达到最大承载能力,出现疲劳破坏或不适于继续承载的变形,或结构的连续倒塌。超过这一极限状态后,结构或构件不满足预定的安全性功能要求。当结构或结构构件出现下列状态之一时,即认为超过了承载能力极限状态。

①整个结构或结构的一部分作为刚体失去平衡(如倾覆等);

②结构构件或连接因超过材料强度而破坏(包括疲劳破坏),或因过度变形而不适于继续承载;

③结构转变为机动体系;

④结构或结构构件丧失稳定(如压屈等);

⑤地基丧失承载能力而破坏(如失稳等)。

(2)正常使用极限状态

这种极限状态对应于结构或结构构件达到正常使用或耐久性能的某项规定限值。超过这一极限状态,结构或构件就不能满足预定的适用性或耐久性功能要求。当结构或结构构件出现下列状态之一时,即认为超过了正常使用极限状态。

①影响正常使用或外观的变形;

②影响正常使用或耐久性能的局部损坏(包括裂缝);

③影响正常使用的振动;

④影响正常使用的其他特定状态。

所有结构构件均应进行承载力(包括失稳)计算;在必要时尚应进行结构倾覆、滑移的验算;有抗振设防要求的结构尚应进行结构构件抗震的承载力计算;直接承受吊车的构件应进行疲劳验算;对使用上需要控制变形值的结构构件,应进行变形验算;对使用上要求不出现裂缝的构件,应进行混凝土拉应力验算;对使用上允许出现裂缝的构件,应进行裂缝宽度验算;同时还应满足耐久性要求。

任务 3.2　理解结构的作用和作用效应

3.2.1　任务目标

1. 能力目标

理解结构的作用和作用效应。

2. 知识目标

(1)掌握作用的分类。

(2)理解作用的代表值。

(3)理解作用效应组合。

3. 素质目标

培养学生善于思考问题的能力,严谨求实的工作作风,具备一定的协调组织能力,培养团队协作精神。

3.2.2　相关配套知识

1. 结构的作用

所谓作用是使结构或构件产生内力、变形和裂缝的各种原因。作用按其出现的方式不同可分为直接作用和间接作用。直接作用就是指荷载,如汽车、结构自重等施加在结构上的集中力或分布力。间接作用是指对结构外形约束或引起变形的原因,例如混凝土的收缩、温度变化、基础的不均匀沉降、地震等。间接作用不仅与外界因素有关,还与结构本身的特性有关。例如,地震对结构物的作用不仅与地震加速度有关,还与结构自身的动力特性有关,所以不能把地震作用称为"地震荷载"。

结构上的作用,按其作用时间的长短和性质,可分为(表 3.1)所示三类。

表 3.1　作用分类表

编　号	作 用 分 类	作 用 名 称
1	永久作用(恒载)	结构自重(包括结构附加重力)
2		预加力
3		土的重力,土侧压力
4		混凝土收缩及徐变作用
5		水的浮力
6		基础的变位作用
7	可变作用	汽车荷载
8		汽车冲击力
9		汽车离心力
10		汽车引起的土侧压力
11		人群荷载
12		汽车制动力
13		流水压力
14		风荷载
15		冰压力
16		温度(均匀温度和梯度温度)作用
17		支座摩阻力
18	偶然作用	地震作用
19		船只或漂浮物冲撞作用
20		汽车冲击作用

(1)永久作用。永久作用是指在结构设计期间,其值不随时间而变化,或其变化值与平均值相比可以忽略不计的作用。

(2)可变作用。可变作用是指在结构设计使用期间内其值随时间的增加而变化,其变化与平均值相比不可以忽略的作用。

(3)偶然作用。偶然作用是指在结构设计期内不一定出现,一旦出现,其值很大且持续时间很短的作用。

2. 作用代表值

作用的代表值是指结构或结构设计时,针对不同设计目的所采用各种作用规定值主要包括:作用标准值、准永久值和频遇值。

1)作用的标准值

作用的标准值是指结构或构件设计时,采用的各种作用的基本代表值,其值可根据作用在设计基准期内最大值概率分布的某分位值确定。

2)作用的准永久值

作用的准永久值是指结构或构件按正常使用极限状态长期效应组合设计时,采用的另一种可变作用的代表值,其值可根据在足够长的观测期内作用任意点概率分布的 0.5(或<0.5)分位值确定。

3)作用的频遇值

作用的频遇值是结构或构件按正常使用极限状态短期效应组合设计时,采用的一种可变作用代表值,其值可根据足够长的观测期内作用任意点时概率分布的 0.95 分位值确定。

承载能力极限状态设计及按弹性阶段计算结构强度时采用标准值作为可变作用的代表值。正常使用极限状态按短期效应组合设计时,应采用频遇值作为可变作用的代表值;按长期效应组合设计时,应采用准永久值作为可变作用的代表值。可变作用的频遇值是指结构上较频繁出现的且量值较大的作用取值,但它比可变作用的标准值小,实际上由标准值乘以小于1.0 的频遇值系数 ψ_{1j} 得到,可变作用的准永久值是指在结构上经常出现的作用取值,但它比可变作用的频遇值又要小一些,实际上是由标准值乘以小于 ψ_{1j} 的准永久值系数 ψ_{2j} 得到。

3. 作用效应组合

对桥涵进行设计时应考虑到结构上可能出现的多种作用,例如桥梁的上部结构可能同时存在结构自重、汽车荷载、风荷载、人群荷载等可变作用,作用组合就是把结构上分别产生的效应随机叠加,按照承载能力极限状态和正常使用极限状态,取其不利组合进行设计。

桥涵结构按承载力极限状态设计时,应采用以下两种作用效应组合:

(1)基本组合。永久作用的设计值效应与可变作用设计值效应相组合。这种组合用于结构的常规设计,是所有公路桥涵结构都应该考虑的,作用设计值为作用的标准值乘以相应的分项系数。

(2)偶然组合。永久作用标准值效应与可变某种代表值效应、一种偶然作用标准值效应相组合。偶然作用的效应组合分项系数取 1.0,与偶然作用同时出现的可变作用,可根据观测资料和工程经验取用适当的代表值。地震作用标准值及其表达式按现行《铁路工程抗震设计规范》规定采用。

桥涵结构按正常使用极限状态设计时,应根据不同的设计要求,采用以下两种效应组合:

(1)作用短期效应组合。永久作用的标准值效应与可变作用的频遇值效应组合。

(2)作用长期效应组合。永久作用的标准值效应与可变作用的准永久值效应组合。

在进行作用效应组合时需注意的问题是:

(1)只有在结构上可能同时出现的作用,才进行其效应组合。当结构或结构构件需做不同方向的验算时则应以不同方向的最不利的作用效应进行组合。

(2)当可变作用的出现对结构或结构构件产生有利影响时,该作用不应参与效应组合。

(3)实际不可能同时出现的作用或同时参与组合概率很小的作用,不考虑其作用效应组合。

(4)施工阶段作用效应组合,应按计算需要以及结构所处的条件而定,结构上的施工人员和施工的机具设备均应作为临时荷载考虑。组合式桥梁,当把底梁作为施工支撑时,作用效应组合宜分为两个阶段组合,底梁受荷载为第一个阶段,组合梁受荷为第二阶段。

(5)多个偶然作用不同时参与组合。

任务 3.3　了解桥涵设计规范的设计原则

3.3.1　任务目标

1. 能力目标

掌握承载力极限状态计算原则。

2. 知识目标

掌握基本效应组合、短期效应组合和长期效应组合的计算。

3. 素质目标

养成严谨求实的工作作风,具备一定的协调组织能力,培养团队协作精神。

3.3.2　相关配套知识

规范规定桥梁在施工和使用过程中面临的不同情况,需要考虑三种设计状况:持久状况、短暂状况和偶然状况。

(1)持久状况:结构使用阶段,也就是桥涵建成后承受的自重、车辆荷载等作用,一般与设计基准期相同的时间。该状况桥涵应进行承载能力极限状态和正常使用极限状态设计。

(2)短暂状况:是指桥涵在施工过程中承受临时性作用的状况,由于该状况的持续时间相对于使用阶段是短暂的,结构体系所承受的荷载与使用阶段也不同,设计时要视具体情况而定。该状况桥涵仅做承载能力极限状态设计,必要时再做正常使用极限状态的设计。

(3)偶然状况:桥涵在使用过程中偶然出现的如罕遇的地震状况等,这种状况出现的概率非常小,并且持续时间极短,该状况桥涵仅做承载能力极限状态设计。

1. 持久状况承载能力极限状态计算原则

设计原则:作用效应组合设计值必须小于或等于结构承载力设计值。

(1)作用效应组合设计值

施加于结构上的几种作用设计值分别引起的效应组合叫做作用效应组合设计值。

(2)承载力设计值

用材料强度设计值计算的结构或构件极限承载力称为承载力设计值。

(3)承载能力极限状态设计表达式

$$\gamma_0 S \leqslant R \tag{3.1}$$

式中　γ_0——桥梁结构重要性系数,查表 3.2;

S——作用效应的组合设计值;

R——构件承载力设计值,$R = R(f_d, \alpha_d)$,其中 f_d 为材料强度设计值,α_d 为几何参数设计值,当无可靠数据时,可采用几何参数标准值 α_k,即设计文件规定值。

表 3.2　桥涵结构的重要性系数表

安全等级	破坏后的影响程度	桥梁的类型	结构重要性系数 γ_0
一级	很严重	特大桥、重要大桥	1.1
二级	严重	大桥、中桥、重要小桥	1.0
三级	不严重	小桥、涵洞	0.9

（4）承载能力极限状态设计时作用效应组合

$$\gamma_0 S = \gamma_0 \left(\sum_{i=1}^{m} \gamma_{Gi} S_{Gik} + \gamma_{Q1} S_{Q1k} + \psi_c \sum_{j=2}^{n} \gamma_{Qj} S_{Qjk} \right) \tag{3.2}$$

式中　γ_0——结构构件的重要性系数,按照桥梁结构的安全等级分别为 1.1、1.0、0.9;

γ_{Gi}——第 i 个永久作用分项系数:当永久作用效应对结构承载力不利时,γ_{Gi} 取 1.2;对结构承载力有利时,γ_{Gi} 取 1.0;

S_{Gik}——第 i 个永久作用的标准值;

γ_{Q1}——汽车荷载效应(含汽车冲击力、离心力)的分项系数,$\gamma_{Q1}=1.4$:当某个可变作用在效应组合中超过汽车荷载效应时,则该作用取代汽车荷载,其分项系数应采用汽车荷载的分项系数;对于专为承受某作用而设置的结构或装置,设计时该作用的分项系数取与汽车荷载同值;

γ_{Qj}——除汽车荷载外第 j 个可变作用的分项系数,取 $\gamma_{Qj}=1.4$,但风荷载的分项系数取 1.1;

S_{Q1k}——汽车荷载效应(含汽车冲击力、离心力)的标准值;

S_{Qjk}——在作用效应组合中除汽车荷载效应(含汽车冲击力、离心力)外的其他第 j 个可变作用效应的标准值;

ψ_c——在作用效应组合中除汽车荷载效应(含汽车冲击力、离心力)外的其他可变作用效应的组合系数:当永久作用与汽车荷载和人群荷载(或其他一种可变作用)组合时,人群荷载(或其他一种可变作用)的组合系数 ψ_c 取 0.80;当除汽车荷载(含汽车冲击力、离心力)外尚有两种可变作用参与组合时,其组合系数 ψ_c 取 0.70;尚有三种其他可变作用参数与组合时 ψ_c 取 0.60;尚有四种及多于四种的可变作用参与组合时,ψ_c 取 0.50。

2. 公路桥涵结构按正常使用极限状态设计采用的组合及验算内容

1）正常使用极限状态设计采用的组合

（1）作用短期效应组合:永久作用的标准值效应与可变作用的频遇值效应相组合。

$$S_{sd} = \sum_{i=1}^{m} S_{Gik} + \sum_{j=2}^{n} \psi_{1j} S_{Qjk} \tag{3.3}$$

式中　S_{sd}——作用短期效应组合设计值;

ψ_{1j}——第 j 个可变作用效应的频遇值系数:汽车荷载(不计冲击力)取 0.7;人群荷载取 1.0;风荷载取 0.75;温度梯度作用取 0.8;其他作用取 1.0;

$\psi_{1j} S_{Qjk}$——第 j 个可变作用效应的频遇值。

（2）作用长期效应组合:永久作用的标准值效应与可变作用的准永久值效应相组合。

$$S_{ld} = \sum_{i=1}^{m} S_{Gik} + \sum_{j=1}^{n} \psi_{2j} S_{Qjk} \tag{3.4}$$

式中　S_{ld}——作用长期效应组合设计值；

$\quad\quad\psi_{2j}$——第 j 个可变作用效应的准永久值系数：汽车荷载(不计冲击力)取 0.4；人群荷载取 0.4；风荷载取 0.75；温度梯度作用取 0.8；其他作用取 1.0；

$\quad\quad\psi_{2j}S_{Qjk}$——第 j 个可变作用效应的准永久值。

2)正常使用极限状态验算内容

正常使用极限状态采用的短期效应组合、长期效应组合或短期效应组合与考虑长期效应组合的影响,主要进行构件的抗裂、裂缝宽度、挠度和竖向自振频率四个方面的验算：

(1)抗裂验算

$$\sigma \leqslant \sigma_L \tag{3.5}$$

预应力混凝土受弯构件应按规定进行正截面和斜截面的抗裂验算,钢筋混凝土结构可不进行这项验算。

(2)裂缝宽度验算

$$W_{tk} \leqslant W_L \tag{3.6}$$

对于钢筋混凝土结构及容许出现裂缝的 B 类预应力混凝土构件,均应进行裂缝宽度验算。

(3)挠度验算

$$f_d \leqslant f_L \tag{3.7}$$

在设计钢筋混凝土与预应力混凝土构件时,必须保证其有足够的刚度,避免因产生过大的变形(挠度)而影响使用,因此对结构变形给予了限制。

(4)竖向自振频率验算

$$S \leqslant C \tag{3.8}$$

对有舒适度要求的楼板结构应进行竖向自振频率验算。

正常使用极限状态计算在构件持久状况设计中占有重要位置,虽然不像承载力极限状态计算那样直接关系结构的安全可靠问题,但是如果设计不好,也有可能间接地影响结构的安全性。

【例 3.1】　某工程中某钢筋混凝土简支梁,跨中截面恒载弯矩标准值 $M_G = 700$ kN·m,汽车荷载标准值 $M_{Q1} = 500$ kN·m,人群荷载标准值 $M_{Q2} = 70$ kN·m,风荷载标准值为 60 kN·m,试分别计算梁跨中截面弯矩的基本效应组合、短期效应组合和长期效应组合值(结构安全等级为一级)。

【解】　基本效应组合(内力组合设计值)由式(3.2)及式下面的参数取值可得

$$\gamma_0 S = \gamma_0 (\sum_{i=1}^{m} \gamma_{Gi} S_{Gik} + \gamma_{Q1} S_{Q1k} + \psi_c \sum_{j=2}^{n} \gamma_{Qj} S_{Qjk})$$
$$= 1.1[1.2 \times 700 + 1.4 \times 500 + 0.7 \times (1.4 \times 70 + 1.1 \times 60)]$$
$$= 1\,820.28(kN·m)$$

荷载短期效应组合由式(3.3)及公式下面的参数取值可得

$$S_{sd} = \sum_{i=1}^{m} S_{Gik} + \sum_{j=2}^{n} \psi_{1j} S_{Qjk}$$
$$= 700 + 0.7 \times 500 + 1.0 \times 70 + 0.75 \times 60 = 1\,165(kN·m)$$

荷载长期效应组合由式(3.4)及公式下面的参数取值可得

$$S_{ld} = \sum_{i=1}^{m} S_{Gik} + \sum_{j=1}^{n} \psi_{2j} S_{Qjk}$$
$$= 700 + 0.4 \times 500 + 0.4 \times 70 + 0.75 \times 60 = 973 (kN \cdot m)$$

 项目小结

（1）结构设计要解决的根本问题是以适当的可靠度来满足结构的功能要求。这些功能要求归纳为三个方面，即结构的安全性、适用性和耐久性。极限状态是指其中某一种功能的特定状态，当整个结构或结构的一部分超过它时就认为结构不能满足这一功能要求。极限状态有两类，即与安全性对应的承载能力极限状态和与适用性、耐久性对应的正常使用极限状态。

（2）结构上的作用分直接作用和间接作用两种，其中直接作用习惯称为荷载。荷载按其随时间的变异性和出现的可能性，可分为永久荷载、可变荷载和偶然荷载三种。可变荷载有标准值、组合值、频遇值或准永久值四种代表值，各用于极限状态设计中的不同场合。永久荷载只有标准值。

（3）混凝土结构应进行承载能力极限状态和正常使用极限状态设计。

 复习思考题

1. 名词解释：作用；永久作用；可变作用；偶然作用；极限状态；作用标准值；作用准永久值；作用频遇值。

2. 作用效应组合的分类有哪些？

3. 什么是结构的极限状态？结构的极限状态分为几类？

4. 什么是承载能力极限状态？哪些状态认为是超过了承载能力极限状态？

5. 持久状态承载力极限状态计算原则是什么？

6. "作用"和"荷载"有什么区别？

7. 在进行作用效应组合时需要注意哪些问题？

8. 公路桥涵结构按承载能力极限状态设计时，采用哪几种作用效应组合？

9. 公路桥涵结构按正常使用极限状态设计时，采用哪几种作用效应组合？

10. 某一钢筋混凝土简支梁，跨中截面弯矩标准值 $M_G = 85$ kN·m，汽车荷载标准值 $M_{Q1} = 500$ kN·m，人群荷载标准值 $M_{Q2} = 80$ kN·m，试分别计算梁跨中截面弯矩的基本效应组合、短期效应组合和长期效应组合值（结构安全等级为一级）。

项目 4　受弯构件正截面承载力计算

项目描述

本项目内容为受弯构件正截面承载力计算,主要要求学生熟练掌握单筋矩形、双筋矩形和 T 形截面受弯构件正截面设计和复核的方法。

学习目标

1. 能力目标
能够进行受弯构件正截面承载力的计算。

2. 知识目标
(1)深入理解适筋梁的三个受力阶段,以及配筋率对梁正截面破坏形态的影响。
(2)熟练掌握单筋矩形、双筋矩形和 T 形截面受弯构件正截面设计和复核的方法。
(3)掌握梁、板的有关构造规定。

3. 素质目标
培养学生团结合作的素质,治学严谨的素质,细心能吃苦、持之以恒的开拓能力,培养学生逻辑性系统性的思维能力。

任务 4.1　熟悉梁、板的一般构造要求

4.1.1　任务目标

1. 能力目标
培养学生独立思考、独立分析的能力。

2. 知识目标
熟悉梁板的形式、尺寸、配筋等构造要求。

3. 素质目标
培养学生逻辑性系统性的思维能力以及综合运用知识的能力。

4.1.2　相关配套知识

构造要求就是指那些在结构计算中不易详细考虑而被忽略的因素,它不是完全通过计算而得到的结果,而是在施工方便和经济合理前提下,采取的一些弥补性技术措施。完整的结构设计,应该是既有可靠的计算,又有合理的构造措施。计算固然重要,但构造措施不合理,也会影响到构件的使用,甚至危及整个结构的安全。

1.梁的一般构造要求

(1)梁的截面形式和尺寸

梁的截面形式有矩形、T 形、工字形、L 形、倒 T 形及花篮形(图 4.1)。梁的截面尺寸除满足强度、刚度和裂缝方面的要求外,还应考虑施工上的方便。从刚度条件出发梁的截面高度可根据高跨比 h/l_0 来估计,见表 4.1。

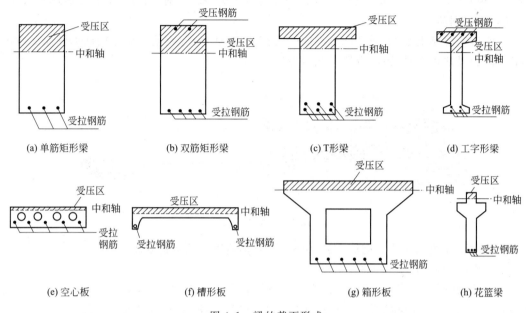

图 4.1　梁的截面形式

表 4.1　混凝土梁、板的常规尺寸

构　件　种　类		高跨比(h/l_0)	备　　注
单　向　板	简支 两端连接	≥1/35 ≥1/40	最小板厚: 屋面板　　　　$h \geq 60$ mm 民用建筑楼板　$h \geq 60$ mm 工业建筑楼板　$h \geq 70$ mm 行车道下的楼板　$h \geq 80$ mm
双　向　板	单跨简支 多跨连续	≥1/45 ≥1/50 (按短向跨度)	最小板厚:$h \geq 80$ mm
悬　臂　板		≥1/12	最小板厚: 板的悬臂长度≤500 mm,$h \geq 60$ mm 板的悬臂长度>500 mm,$h \geq 80$ mm
多跨连续次梁 多跨连续主梁 单跨简支梁 悬　臂　梁		1/18~1/12 1/14~1/8 1/14~1/8 1/8~1/6	最小梁高: 主梁 $h \geq l_0/25$;次梁 $h \geq l_0/25$ 宽高比(b/h):一般为 1/3~1/2, 并以 50 mm 为模数

注:表中 l_0 为梁、板的计算跨度。

梁的截面宽度 b 一般可根据梁的高度 h 来确定。对矩形截面梁,取 $b = \left(\dfrac{1}{3} \sim \dfrac{1}{2}\right)h$;对 T 形截面梁,取 $b = (1/4 \sim 1/2.5)h$。

为了统一模板尺寸便于施工,梁的截面尺寸一般取为:梁高 $h = 250$ mm、300 mm…800 mm,

800 mm 以上以 100 mm 的模数递增；梁宽 $b=120$ mm、150 mm、180 mm、200 mm、220 mm、250 mm 和 300 mm，300 mm 以上以 50 mm 的模数递增。

（2）梁的支承长度

梁在砖墙或砖柱上的支承长度 a（图 4.2），应满足梁内受力钢筋在支座处的锚固要求，并满足支座处砌体局部抗压承载力的要求。当梁高 $h\leqslant500$ mm 时，$a\geqslant180\sim240$ mm；当梁高 $h>500$ mm 时，$a\geqslant370$ mm。当梁支承在钢筋混凝土梁（柱）上时，其支承长度 $a\geqslant180$ mm。

（3）梁的钢筋

一般钢筋混凝土梁中，通常配有纵向受力钢筋、箍筋、弯起钢筋及架立钢筋如图 4.2 所示。当梁的截面尺寸较高时，还应设置梁侧构造钢筋。

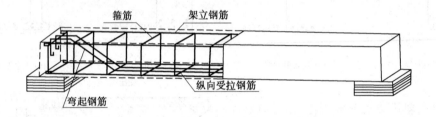

图 4.2　梁中钢筋

这里主要介绍纵向受力钢筋、架立钢筋、梁侧构造钢筋的构造要求。

①纵向受力钢筋

纵向受力钢筋的作用主要是用来承受由弯矩在梁内产生的拉力，所以，这种钢筋应放置在梁的受拉一侧（有时在梁的受压区也配置纵向受力钢筋与混凝土共同承受压力）。

梁的纵向受力钢筋宜采用 HRB500、HRB400 或 HRB335。纵向受力钢筋的直径：当梁高 $h\geqslant300$ mm 时，不应小于 10 mm；当梁高 $h<300$ mm 时，不应小于 8 mm。通常采用 12～25 mm，一般不宜大于 28 mm。同一构件中钢筋直径的种类宜少，两种不同直径的钢筋，其直径相差不宜小于 2 mm，以便于肉眼识别其大小，避免施工时发生差错。

梁下部纵向受力钢筋的净距不得小于 25 mm 和 d；上部纵向受力钢筋的净距不得小于 $1.5d$；各排钢筋之间的净距不应小于 25 mm 和 d（d 为钢筋的最大直径），如图 4.3 所示。

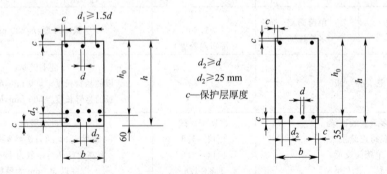

图 4.3　梁混凝土保护层及有效高度

梁内纵向受力钢筋的根数一般不应少于两根，只当梁宽小于 100 mm 时，可取一根。当钢筋根数较多必须排成两排时，上下排钢筋应当对齐，以利于浇注和捣实混凝土。

②弯起钢筋

弯起钢筋在跨中承受正弯矩产生的拉力，在靠近支座的弯起段用来承受弯矩和剪力共同产生的主拉应力。弯起角度:当梁高 $h' = 800$ mm 时,采用 $45°$;当梁高 $h > 800$ mm 时,采用 $60°$。

③箍筋

箍筋的作用:承受剪力、固定纵筋,和其他钢筋一起形成钢筋骨架。梁的箍筋宜采用 HPB300、HRB335 和 HRB400 级钢筋,常用直径是 6 mm、8mm 和 10 mm。

④架立钢筋

架立钢筋的作用是固定箍筋的正确位置和形成钢筋骨架,还可以承受由于混凝土收缩及温度变化产生的拉力。架立钢筋布置在梁的受压区外缘两侧,平行于纵向受拉钢筋。如在受压区有受压纵向钢筋时,受压钢筋可兼作架立钢筋。

架立钢筋的直径:当梁的跨度小于 4 m 时,不宜小于 8 mm;当梁的跨度等于 4~6 m 时,不宜小于 10 mm;当梁的跨度大于 6 m 时,不宜小于 12 mm。

⑤梁侧构造钢筋

梁侧构造钢筋的作用是为了避免温度变化和混凝土收缩在梁中部可能引起的拉力而使混凝土产生裂缝。

当梁的腹板高度 $h_w \geqslant 450$ mm 时,在梁的两个侧面应沿高度配置纵向构造钢筋,每侧纵向构造钢筋(不包括梁上、下部受力钢筋及架立钢筋)的截面面积不应小于腹板截面面积 bh_w 的 0.1%,且其间距不宜大于 200 mm。梁侧构造钢筋应用拉筋联系,拉筋直径与箍筋相同,间距常取箍筋间距的两倍,如图 4.4 所示。

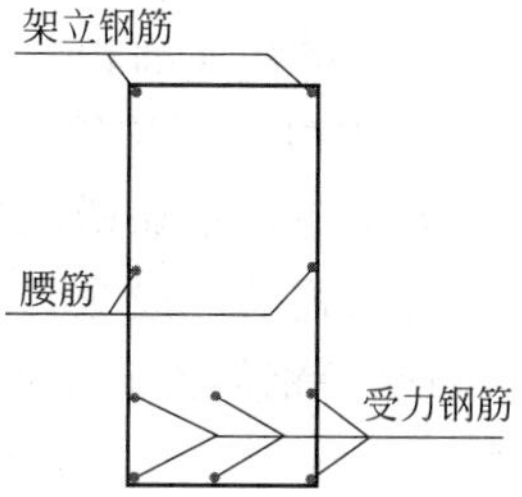

图 4.4 梁侧构造钢筋

2. 板的一般构造要求

钢筋混凝土板仅支承在两个边上,或者虽支承在四个边上,但荷载主要沿短边方向传递,其受力性能与梁相近,计算中可近似地仅考虑板在短边方向受弯作用,故称单向板或梁式板。反之当板支承在四个边上,其长边与短边相差不多,荷载沿两个方向传递,计算中要考虑双向受弯作用,故称双向板。

(1)板的厚度

板的厚度除应满足强度、刚度和裂缝方面的要求外,还应考虑经济效果和施工方便。设计时可参考已有经验和规范规定按表 4.1 确定。

(2)板的支承长度

现浇板在砖墙上的支承长度一般不小于板厚及 120 mm,且应满足受力钢筋在支座内的锚固长度要求。预制板的支承长度,在墙上不宜小于 100 mm;在钢筋混凝土梁上不宜小于 80 mm;在钢屋架或钢梁上不宜小于 60 mm。

(3)板的钢筋

单向板中通常布置两种钢筋,即受力钢筋和分布钢筋。受力钢筋沿板的跨度方向在受拉区布置;分布钢筋在受力钢筋的内侧与受力钢筋垂直布置(图 4.5)。

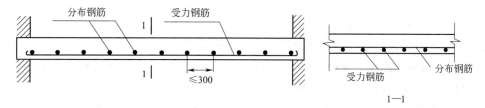

图 4.5 板中钢筋(单位:mm)

①受力钢筋

受力钢筋的作用是承担板中弯矩作用产生的拉力。受力钢筋常采用 HPB300、HRB335 级钢筋,其直径通常为 6~12 mm。为了方便施工,板中钢筋间距不能太小,为了使板受力均匀,钢筋间距也不能过大,板中钢筋间距一般在 70~200 mm 之间,当板厚 $h \leqslant 150$ mm 时,不宜大于 200 mm,当板厚 $h > 150$ mm 时,钢筋间距不宜大于 $1.5h$,且不宜大于 250 mm。

板中伸入支座下部的钢筋,其间距不应大于 400 mm,截面面积不应小于跨中受力钢筋截面面积的 1/3。板中弯起钢筋的弯起角度不宜小于 30°。

②分布钢筋

分布钢筋的作用是将板上的荷载均匀地传给受力钢筋;抵抗因混凝土收缩及温度变化而在垂直于受力筋方向所产生的拉力;固定受力钢筋。

分布钢筋宜采用 HPB300 和 HRB335 级钢筋,常用直径是 6 mm 和 8 mm。板中单位长度上分布钢筋的截面面积不宜小于单位宽度上受力钢筋截面面积的 15%,且不宜小于该方向板截面面积的 15%,其间距不宜大于 250 mm,直径不宜小于 6 mm。对集中荷载较大的情况,分布钢筋的截面面积应适当增加,其间距不宜大于 200 mm。

3. 混凝土保护层及截面有效高度

为了防止钢筋锈蚀和保证钢筋与混凝土的紧密粘结,梁、板都应具有足够厚的混凝土保护层。受力钢筋外边缘到混凝土外边缘的最小距离,称作保护层厚度,习惯用 c 表示(图 4.3)。梁、板受力钢筋混凝土保护层最小厚度如表 4.2 所示,但不应小于受力钢筋直径。

表 4.2 混凝土保护层最小厚度(GB 50010—2010)(mm)

环境类别		板、墙、壳	梁、柱
一		15	20
二	a	20	25
	b	25	35
三	a	30	40
	b	40	50

注:(1)构件中受力钢筋的保护层厚度不应小于钢筋的直径 d;

(2)设计使用年限为 50 年的混凝土结构,最外层钢筋的保护层厚度应符合表 4.2 的规定;

(3)设计使用年限为 100 年的混凝土结构,混凝土保护层厚度应按表 4.2 的规定增加 40%;当采取有效的表面防护措施时,混凝土保护层厚度可适当减小;

(4)混凝土强度等级不大于 C25 时,表中保护层厚度数值应增加 5 mm;

(5)钢筋混凝土基础宜设置混凝土垫层,其受力钢筋的混凝土保护层厚度应从垫层顶面算起,且不应小于 40 mm;

(6)一类环境是指非寒冷或寒冷地区的大气环境,与无侵蚀性的水或土接触的环境条件;二类环境是指严寒地区的大气环境,与无侵蚀性的水或土接触的环境;三类环境是指海水环境。

在计算梁、板受弯构件承载力时,因混凝土开裂后拉力完全由钢筋承担,这时梁能发挥作用的截面高度,应为受拉钢筋合力点至混凝土受压区边缘的距离,称为截面有效高度 h_0(图 4.4)。

$$h_0 = h - a_s \tag{4.1a}$$

式中 h——受弯构件的截面高度;

a_s——纵向受拉钢筋合力点至受拉区混凝土边缘的距离。

根据钢筋净距和混凝土保护层最小厚度的规定,并考虑到梁、板常用钢筋的平均直径,在室内正常环境下,梁、板有效高度 h_0 可按下述方法近似确定。

对于梁(当混凝土保护层厚度为 25 mm 时),受拉钢筋按一排布置时:

$$h_0 = h - 35 \quad (\text{mm}) \tag{4.1b}$$

受拉钢筋按两排布置时：
$$h_0 = h - 60 \quad (\text{mm}) \tag{4.1c}$$

对于板(当混凝土保护层厚度为 15 mm 时)：
$$h_0 = h - 20 \quad (\text{mm}) \tag{4.1d}$$

任务 4.2　掌握受弯构件正截面各应力阶段及破坏形态

4.2.1　任务目标

1. 能力目标

(1)掌握受弯构件正截面有哪些应力阶段以及每个阶段的特点。

(2)掌握钢筋混凝土受弯构件正截面的破坏形态及特点。

2. 知识目标

(1)熟悉钢筋混凝土梁正截面工作的三个阶段(第Ⅰ阶段、第Ⅱ阶段、第Ⅲ阶段)及各自的应力特点。

(2)掌握超筋梁、少筋梁及适筋梁的特点。

3. 素质目标

培养学生逻辑性、系统性的思维能力，严谨的治学态度。

4.2.2　相关配套知识

由于钢筋混凝土材料具有非单一性、非匀质性和非线弹性的特点，所以，不能按材料力学的方法对其进行计算。为了建立受弯构件正截面承载力的计算公式，必须通过试验了解钢筋混凝土受弯构件正截面的应力分布及破坏过程。

1. 钢筋混凝土梁正截面工作的三个阶段

受拉钢筋配置适量的梁称为适筋梁。图 4.6(a)为承受两个对称集中荷载作用的适筋梁，两个集中荷载之间的一段梁，只承受弯矩没有剪力形成"纯弯段"。我们所测的数据就是从"纯弯段"得到的。试验时，荷载由零分级增加，每加一级荷载，用仪表测量混凝土纵向纤维和钢筋的应变以及梁的挠度，并观察梁的外形变化，直至梁破坏。

图 4.6(b)为从加荷开始直到破坏，梁挠度 f 的变化曲线，为了便于分析，图中纵坐标采用弯矩 M 和极限弯矩 M_u 的比值。根据该曲线的变化可以把适筋梁的工作过程划分为三个阶段，而开裂弯矩 M_{cr} 和屈服弯矩 M_y 是三个阶段的界限状态。

从加荷开始到裂缝出现($M = M_{cr}$)以前为第Ⅰ阶段，又称弹性阶段；从受拉区混凝土开裂后直到受拉钢筋屈服($M = M_y$)为第Ⅱ阶段，又称带裂缝工作阶段；从受拉钢筋屈服至梁的破坏($M = M_u$)为第Ⅲ阶段，又称屈服阶段。

2. 各阶段的应力状态

(1)第Ⅰ阶段

当荷载很小时，纯弯段的弯矩也很小，因而截面上的应力也就很小，这时，混凝土处于弹性工作阶段，截面上的应力与应变成正比，受拉区与受压区混凝土的应力图形均为三角形，受拉区的拉力由钢筋与混凝土共同承担。

随着荷载的增加，由于混凝土受拉性能较差，受拉区混凝土出现塑性特征，其应力图形呈曲线变化；而受压区，由于混凝土的受压性能远好于受拉性能，此时尚处于弹性阶段，其应力图

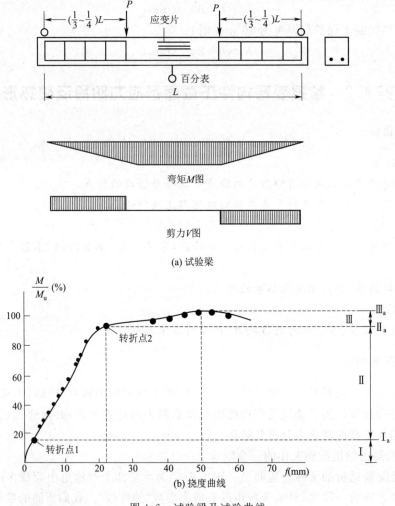

图 4.6　试验梁及试验曲线

形为三角形。

　　当弯矩增加到开裂弯矩 M_{cr} 时，受拉区边缘纤维应变达到混凝土受拉极限应变 ε_{tu}，受拉区即将开裂，此时为第 I 阶段末，用 I_a 表示(图4.7)。第 I_a 阶段的截面应力图形是受弯构件抗裂验算的依据。

　　(2)第 II 阶段

　　荷载继续增加，受拉区混凝土开裂且裂缝向上伸展，中和轴上移，开裂后受拉区混凝土退出工作，拉力全部由钢筋承受。受压区混凝土由于应力增加而表现出塑性性质，压应力图形呈曲线变化，继续加荷直至钢筋应力达到屈服强度 f_y，此时为第 II 阶段末，用 II_a 表示。第 II 阶段的截面应力图形是受弯构件裂缝宽度和变形验算的依据。

　　(3)第 III 阶段

　　钢筋屈服后，应力保持 f_y 不变而钢筋应变急剧增长，裂缝进一步开展，中和轴迅速上移，使内力臂 z 增大，弯矩还能稍有增加，随着受压区高度的进一步减小，混凝土的应力应变不断增大，受压区应力图形更趋丰满。当弯矩增加到极限弯矩 M_u 时，截面受压区边缘纤维应变达混凝土极限压应变 ε_{tu}，混凝土被压碎，构件破坏，此时为第 III 阶段末，用 III_a 表示，第 III_a 阶段截

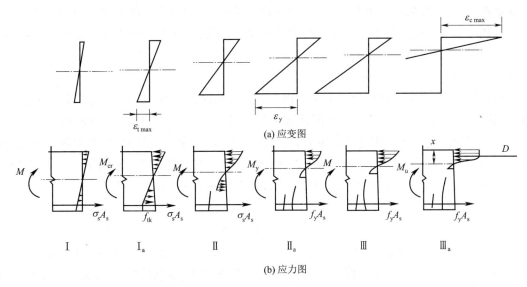

(a) 应变图

(b) 应力图

图 4.7 钢筋混凝土梁正截面的三个工作阶段

面应力图形是受弯构件正截面承载力的计算依据。

3. 钢筋混凝土梁正截面的破坏形式

钢筋混凝土梁正截面的破坏形式主要与纵向受拉钢筋配置的多少有关。梁内纵向受拉钢筋配置的多少用配筋率 ρ 表示：

$$\rho = \frac{A_s}{bh_0} \tag{4.2}$$

式中　A_s——纵向受拉钢筋的截面面积；

　　　b——梁的截面宽度；

　　　h_0——梁截面的有效高度。

根据梁内纵向受拉钢筋配筋率的不同,受弯构件正截面的破坏形式可分三种:适筋梁、超筋梁、少筋梁(图 4.8)。

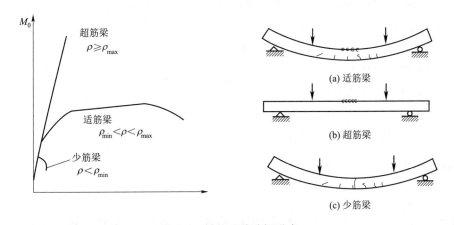

图 4.8 梁的三种破坏形式

（1）适筋梁

适筋梁破坏前钢筋先达到屈服强度,再继续加荷后,混凝土受压破坏,我们称这种破坏为

"适筋破坏"。适筋梁的破坏不是突然发生的,破坏前裂缝开展很宽,挠度较大,有明显的破坏预兆,这种破坏属于塑性破坏。由于适筋梁受力合理,钢筋与混凝土均能充分发挥作用,所以在实际工程中广泛应用。

(2)超筋梁

受拉钢筋配置过多的梁称为超筋梁。由于受拉钢筋配置过多,所以梁在破坏时,钢筋应力还没有达到屈服强度,受压混凝土则因达到极限压应变而破坏,我们称这种破坏为"超筋破坏"。破坏时梁在受拉区的裂缝开展不大,挠度较小,破坏是突然发生的,没有明显预兆,这种破坏属于脆性破坏。由于超筋梁为脆性破坏,不安全,而且破坏时钢筋强度没有得到充分利用,不经济,因此在实际工程中不允许采用,并以最大配筋率 ρ_{max} 加以限制。

(3)少筋梁

受拉钢筋配置过少的梁称为少筋梁。少筋梁的受拉区混凝土一旦开裂,拉力完全由钢筋承担,钢筋应力将突然剧增,由于钢筋数量少,钢筋应力立即达到屈服强度或进入强化阶段,甚至被拉断,使梁产生严重下垂或断裂破坏,我们称这种破坏为"少筋破坏"。少筋梁的破坏主要取决于混凝土的抗拉强度,即"一裂就坏",其破坏性质也属于脆性破坏。由于少筋梁破坏时受压区混凝土没有得到充分利用,不经济也不安全。因此,在实际工程中也不允许采用,并以最小配筋率 ρ_{min} 加以限制。

上述三种破坏形式若以配筋率表示,则 $\rho_{min} \leqslant \rho \leqslant \rho_{max}$ 为适筋梁;$\rho > \rho_{max}$ 为超筋梁;$\rho < \rho_{min}$ 为少筋梁。可以看出适筋梁与超筋梁的界限是最大配筋率 ρ_{max};适筋梁与少筋梁的界限是最小配筋率 ρ_{min}。

任务 4.3　掌握受弯构件正截面承载力计算的一般规定

4.3.1　任务目标

1. 能力目标

掌握受弯构件正截面承载力计算的一般规定。

2. 知识目标

(1)了解受弯构件正截面承载力计算的基本假定。

(2)了解曲线应力图形。

(3)熟悉等效矩形应力图形。

3. 素质目标

培养学生逻辑性系统性的思维能力。

4.3.2　相关配套知识

1. 基本假定

钢筋混凝土受弯构件正截面承载力计算,是以适筋梁第Ⅲ$_a$阶段为依据的,为了便于计算,还需作如下假定:

(1)平截面假定,即构件正截面在弯曲变形以后仍保持平面;

(2)不考虑混凝土的抗拉强度,拉力全部由钢筋承担;

（3）受压混凝土以等效矩形应力图形代替实际的曲线应力图形。

根据上面的假定，受弯构件第 III_a 阶段截面上的应变和应力分布如图 4.9（b）、（c）所示。曲线应力分布图形，虽然比实际应力图形简化了，但由于受压区混凝土的应力分布为曲线形，要求压应力合力 C 还很不方便，因此，在实际工程设计中为了简化计算，可用等效矩形应力分布图形来代替曲线应力分布图形如图 4.9（d）。这个等效矩形应力图形由无量纲参数 α_1，β_1 来确定，设等效矩形应力图形的应力为混凝土轴心抗压强度设计值 f_c 乘以系数 α_1，等效矩形应力图形的受压区高度 x 为曲线应力图形的受压区高度 x_c 乘以系数 β_1（即 $x = x_c \beta_1$）。

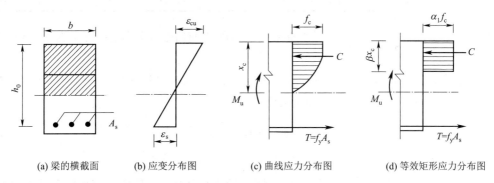

| (a) 梁的横截面 | (b) 应变分布图 | (c) 曲线应力分布图 | (d) 等效矩形应力分布图 |

图 4.9　曲线应力图形与等效矩形应力图形

根据等效矩形应力图形和曲线应力图形两者压应力合力 C 的作用位置和大小不变的条件，经推导计算，规范建议取值：当混凝土强度等级不超过 C50 时，$\beta_1 = 0.8$；当混凝土强度等级为 C80 时，$\beta_1 = 0.74$；其间按线性插入法取用。当混凝土强度等级不超过 C50 时，$\alpha_1 = 1$；当混凝土强度等级为 C80 时，$\alpha_1 = 0.94$；其间按线性插入法取用。

2. 相对界限受压区高度 ξ_b 和最大配筋率 ρ_{max}

适筋梁和超筋梁的破坏特征区别在于：适筋梁是受拉钢筋先屈服，而后受压区混凝土被压碎；超筋梁是受压区混凝土先被压碎而受拉钢筋未达到屈服。当梁的配筋率达到一个特定的配筋率 ρ_{max} 时，将发生受拉钢筋屈服的同时，受压区边缘混凝土达极限压应变被压碎破坏，这种破坏称为界限破坏（图 4.10）。

当受弯构件处于界限破坏时，等效矩形截面的界限受压区高度 x_0 与截面有效高度 h_0 之比，称为相对界限受压区高度 ξ_b。

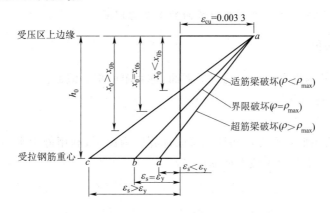

图 4.10　界限破坏的应力应变图形

对于常用有屈服点钢筋的钢筋混凝土构件,其界限相对受压区高度 ξ_b 值见表 4.3。

表 4.3　钢筋混凝土构件的 ξ_b 值

钢筋级别	屈服强度 f_y /(N·mm²)	ξ_b						
		≤C50	C55	C60	C65	C70	C75	C80
HRB400 RRB400	360	0.518	0.509	0.499	0.490	0.481	0.472	0.463
HRB500	435	0.482	0.473	0.464	0.456	0.447	0.438	0.429

对混凝土强度等级较高的构件,不宜采用低强度的 HPB235 级钢筋,故在表 4.3 中,高于 C50 时,其 ξ_b 值未予列出。

ξ_b 确定后,可得出适筋梁界限受压区高度 $x_0 = \xi_b h_0$,同时,根据图 4.10 写出界限状态时的平衡公式,推出界限状态的配筋率,即最大配筋率 ρ_{max}。

$$\rho_{max} = \xi_b \frac{\alpha_1 f_c}{f_y} \tag{4.3}$$

3. 最小配筋率 ρ_{min}

最小配筋率 ρ_{min} 是适筋梁与少筋梁的界限。最小配筋率 ρ_{min} 是根据钢筋混凝土梁所能承担的极限弯矩 M,与相同截面素混凝土梁所能承担的极限弯矩 M_{cr} 相等的原则,并考虑到温度和收缩应力的影响,以及过去的设计经验而确定的。

任务 4.4　掌握单筋矩形截面正截面承载力计算

4.4.1　任务目标

1. 能力目标

掌握单筋矩形截面正截面承载力计算的能力。

2. 知识目标

(1)掌握单筋矩形截面正截面承载力基本公式及适用条件。

(2)掌握基本公式的应用。

3. 素质目标

能够通过计算解决工程中单筋矩形截面的承载力问题。

4.4.2　相关配套知识

仅在受拉区配置纵向受拉钢筋的矩形截面,称为单筋矩形截面。

1. 基本公式及适用条件

(1)基本公式

图 4.11 为单筋矩形截面受弯构件正截面计算应力图形,利用静力平衡条件,就可建立单筋矩形截面受弯构件正截面承载力计算公式:

$$\sum N = 0, \quad f_y A_s = \alpha_1 f_c b x \tag{4.4}$$

$$\sum M = 0, \quad M \leqslant M_u = \alpha_1 f_c b x \left(h_0 - \frac{x}{2} \right) \tag{4.5}$$

或
$$M \leqslant M_u = f_y A_s \left(h_0 - \frac{x}{2} \right) \tag{4.6}$$

式中　M——弯矩设计值,由荷载设计值经内力计算给出的已知值;

　　　M_u——受弯承载力设计值,也是材料提供的抗力;

　　　f_c——混凝土轴心抗压强度设计值,按表 2.1 采用;

　　　f_y——钢筋抗拉强度设计值,按表 2.3 采用;

　　　A_s——纵向受拉钢筋截面面积;

　　　h_0——截面有效高度,$h_0 = h - a_s$;

　　　b——截面宽度;

　　　x——混凝土受压区高度;

　　　α_1——系数:当混凝土强度等级未超过 C50 时,$\alpha_1 = 1$;当混凝土强度等级为 C80 时,$\alpha_1 = 0.94$;其间按线性插入法取用。

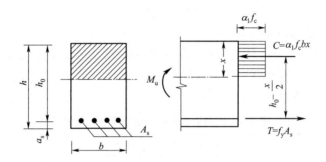

图 4.11　单筋矩形截面正截面计算应力图形

（2）适用条件

式(4.4)、式(4.5)、式(4.6)是在适筋条件下建立的。因此,必须满足下列两个适用条件:

①为了防止出现超筋破坏,应满足:
$$\xi \leqslant \xi_b; \quad x \leqslant x_b = \xi_b h_0 \quad 或 \quad \rho \leqslant \rho_{max} \tag{4.7}$$

式中 $\xi = \dfrac{x}{h_0}$ 称为相对受压区高度。

若将 x_b 值代入式(4.5),可求得单筋矩形截面所能承受的最大受弯承载力 $M_{u,max}$,所以式(4.5)也可写成:
$$M \leqslant M_{u,max} = \alpha_1 f_c b h_0^2 \xi_b (1 - 0.5 \xi_b) \tag{4.8}$$

式(4.5)~式(4.8)中四个式子的意义是相同的,只要满足其中任何一个式子,梁就不会超筋。

②为了防止出现少筋破坏,应满足:
$$\rho \geqslant \rho_{min} \quad 或 \quad A_s \geqslant A_{s,min} = \rho_{min} b h_0 \tag{4.9}$$

2. 基本公式的应用

受弯构件正截面承载力计算分截面设计和截面复核两类问题。

（1）截面设计

已知:弯矩设计值 M,构件安全等级 γ_0,截面尺寸 $b \times h$,材料强度等级 f_y,f_c,f_t 及 α_1,求所需纵向受拉钢筋的截面面积 A_s。

钢筋混凝土受弯构件的经济配筋率约为实心板 0.3%～0.8%；矩形截面梁 0.6%～1.5%；T 形截面梁 0.9%～1.8%。

采用基本公式进行截面设计，其计算步骤如下：

①在式(4.4)、式(4.5)中，仅有 x 和 A_s 两个未知量，联立方程式便可求解截面受压区高度 x 和受拉钢筋截面面积 A_s。也可以由式(4.5)求截面受压区高度 x：

$$x = h_0 - \sqrt{h_0^2 - \frac{2M_u}{\alpha_1 f_c b}} \tag{4.10}$$

由式(4.6)可得钢筋截面面积 A_s：

$$A_s = \frac{M_u}{f_y \left(h_0 - \dfrac{x}{2} \right)} \tag{4.11}$$

②选择钢筋直径和根数，并检验原来假设的钢筋排数与实际排数是否一致，如不一致应重新修改设计。

③验算基本公式的适用条件为：

a. 若 $x > \xi_b h_0$，应加大截面尺寸重新计算，或提高混凝土强度等级，或改用双筋截面；

b. 若 $A_s < \rho_{min} b h_0$，应减小截面尺寸重新计算，或按 $A_s = \rho_{min} b h_0$ 配筋。

表 4.4 为钢筋的计算截面面积及理论重量。

表 4.4　钢筋的计算截面面积及理论重量

公称直径 /mm	不同根数钢筋的计算截面面积/mm²									单根钢筋理论 重量/(kg·m⁻¹)
	1	2	3	4	5	6	7	8	9	
6	28.3	57	85	113	142	170	198	226	255	0.222
6.5	33.2	66	100	133	166	199	232	265	299	0.260
8	50.3	101	151	201	252	302	352	402	453	0.395
8.2	52.8	106	158	211	264	317	370	423	475	0.432
10	78.5	157	236	314	393	471	550	628	707	0.617
12	113.1	226	339	452	565	678	791	904	1 017	0.888
14	153.9	308	461	615	769	923	1 077	1 231	1 385	1.21
16	201.1	402	603	804	1 005	1 206	1 407	1 608	1 809	1.58
18	254.5	509	763	1 107	1 272	1 526	1 780	2 036	2 290	2.00
20	314.2	628	941	1 256	1 570	1 884	2 220	2 513	2 827	2.47
22	380.1	760	1 140	1 520	1 900	2 281	2 661	3 041	3 421	2.98
25	490.9	982	1 473	1 964	2 154	2 945	3 436	3 927	4 418	3.85
28	615.8	1 232	1 847	2 463	3 079	3 695	4 310	4 926	5 542	4.83
32	804.2	1 609	2 413	3 217	4 021	4 826	5 630	6 434	7 238	6.31
36	1 017.9	2 036	2 504	4 072	5 089	6 107	7 125	8 143	9 161	7.99
40	1 256.6	2 513	3 770	5 027	6 283	7 540	8 796	10 053	11 310	9.87

注：表中直径 $d = 8.2$ mm 的计算截面面积及理论重量仅适用于有纵肋的热处理钢筋。

【例 4.1】　某办公楼矩形截面简支梁，计算跨度 $l_0 = 6$ m，由荷载设计值产生的弯矩 $M = 112.5$ kN·m。混凝土强度等级 C25，钢筋选用 HRB400 级，构件安全等级二级，试确定梁的截面尺寸和纵向受力钢筋数量。

【解】 ①确定材料强度设计值。本题采用 C25 混凝土（$\alpha_1=1$）和 HRB400 级钢筋,查表 2.1 得混凝土轴心抗拉强度设计值 $f_t=1.27\ \text{N/mm}^2$,混凝土轴心抗压强度设计值 $f_c=11.9\ \text{N/mm}^2$,查表 2.3 得钢筋抗拉强度设计值 $f_y=360\ \text{N/mm}^2$。查表 4.3,$\xi_b=0.518$。

②确定截面尺寸。查表 4.1,单跨简支梁取:

$$h=\frac{l_0}{12}=\frac{6\ 000}{12}=500(\text{mm})$$

$$b=\left(\frac{1}{2}\sim\frac{1}{3}\right)h=250\ \text{mm}\sim167\ \text{mm},\ b\ \text{取}\ 200\ \text{mm}$$

③配筋计算。假设钢筋按一排布置,由式(4.1b)得:$h_0=h-a_s=500-35=465(\text{mm})$,由式(4.5)得

$$M=\alpha_1 f_c bx\left(h_0-\frac{x}{2}\right)$$

$$112.5\times10^6=1\times11.9\times200x\left(465-\frac{x}{2}\right)$$

$$x^2-930x+94\ 573=0$$

解此一元二次方程式:

$$x=116.16<x_b=\xi_b h_0=0.518\times465=240.87(\text{mm})(\text{非超筋梁})$$

将 $x=116.16$ 值代入式(4.4)得

$$A_s=\frac{\alpha_1 f_c bx}{f_y}=\frac{1\times11.9\times200\times116.16}{360}=768(\text{mm}^2)$$

选 3Φ18 钢筋（$A_s=763\ \text{mm}^2$）,一排钢筋需要的最小宽度 $b_{min}=150<b=200\ \text{mm}$ 与原假设一致,截面配筋如图 4.12 所示。

④检查最小配筋率,计算方法如下。最小配筋率取

$$\rho_{min}=\max\left(0.2\%,0.45\frac{f_t}{f_y}\right)$$

$$=\max\left(0.2\%,0.45\times\frac{1.27}{360}=0.158\%\right)$$

$$=0.2\%$$

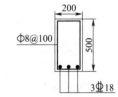

图 4.12　例 4.1 配筋图

$$\rho=\frac{A_s}{bh_0}=\frac{763}{200\times465}\times100\%=0.82\%(\text{非少筋梁})$$

【例 4.2】 某现浇钢筋混凝土简支走道板（图 4.13）,板厚为 80 mm,承受均布活荷载设计值 $q_k=2.0\ \text{kN/m}$（不包括板自重）,水磨石地面及细石混凝土垫层共 30 mm（平均容重 22 kN/m^3）,板底粉刷白灰砂浆 12 mm（容重 17 kN/m^3）。混凝土强度等级 C25,钢筋 HPB300 级,构件安全等级二级,计算跨度 $l_0=2.34\ \text{m}$,试确定板中配筋。（永久荷载分项系数取 1.2,可变荷载分项系数取 1.4）。

【解】 由于板面上荷载是相同的,为方便计算,取 1 m 宽板带为计算单元,即 $b=1\ 000\ \text{mm}$。

(1)内力计算

恒载标准值:水磨石地面　　　　　$0.03\times22\times1=0.66(\text{kN/m})$

板自重(容重 25 kN/m^3)　$0.08\times25\times1=2.0(\text{kN/m})$

白灰砂浆粉刷　　　　　$0.012\times17\times1=0.204(\text{kN/m})$

$$g_k=0.66+2.0+0.204=2.864(\text{kN/m})$$

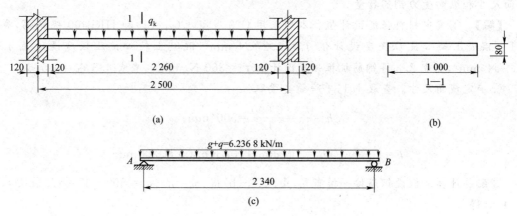

图 4.13 例 4.2 图(单位：mm)

恒载设计值：$g=1.2\times2.864=3.436\ 8(\text{kN/m})$

活载设计值：$q=1.4\times2.0=2.8(\text{kN/m})$

板的跨中最大弯矩设计值：

$$M_{\text{max}}=\frac{1}{8}(g+q)l_0^2=\frac{1}{8}(3.436\ 8+2.8)\times2.34^2=4.27(\text{kN}\cdot\text{m})$$

(2)确定材料强度设计值

混凝土采用 C25，查表 2.1 得混凝土轴心抗压强度设计值 $f_c=11.9\ \text{N/mm}^2$；钢筋采用 HPB300 级，查表 2.3 得钢筋抗拉强度设计值 $f_y=270\ \text{N/mm}^2$。由于采用了 C25 混凝土，所以 $\alpha_1=1$。

(3)配筋计算

由式(4.1d)得截面有效高度：$h_0=h-a_s=80-20=60(\text{mm})$

$$x=h_0-\sqrt{h_0^2-\frac{2M_u}{\alpha_1 f_c b}}=60-\sqrt{60^2-\frac{2\times4.27\times10^6}{1\times11.9\times1\ 000}}=6.31\leqslant\xi_b h_0=0.614\times60=36.84(\text{mm})$$

(4)钢筋面积

$$A_s=\frac{\alpha_1 f_c bx}{f_y}=\frac{1\times11.9\times1\ 000\times6.31}{270}=278.1(\text{mm}^2)$$

选用 Φ8@140，实配 $A_s=359\ \text{mm}^2$。

(5)验算最小配筋率

$$\rho_{\text{min}}=\max\left(0.2\%,0.45\frac{f_t}{f_y}\right)=\max\left(0.2\%,0.45\times\frac{1.27}{270}\right)=\max(0.2\%,0.212\%)=0.212\%$$

$$\rho=\frac{A_s}{bh_0}=\frac{359}{1\ 000\times60}\times100\%=0.598\%>\rho_{\text{min}}=0.212\%\quad(\text{非少筋梁})$$

(6)配筋图

选用 Φ8@140，实配 $A_s=359\ \text{mm}^2$，配筋如图 4.14 所示。

(2)截面复核

已知：截面尺寸 $b\times h$，材料强度等级 f_c、f_y、f_t、α_1，纵向受拉钢筋截面面积 A_s，构件安全等级 γ_0，求截面受弯承载力设计值 M_u(或已知弯矩设计值 M，复核梁的正截面是否安全)。

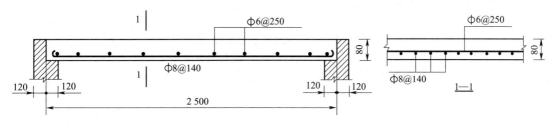

图 4.14 例 4.2 配筋图(单位:mm)

①求截面受压区高度 x

由式(4.4)得

$$x = \frac{f_y A_s}{\alpha_1 f_c b} \tag{4.12}$$

②验算适用条件求 M_u 值

若 $x \leqslant x_b = \xi_b h_0$,将 x 值代入式(4.5)得

$$M_u = \alpha_1 f_c b x \left(h_0 - \frac{x}{2} \right) \tag{4.13}$$

若 $x > \xi_b h_0$,取 $x = \xi_b h_0$,则

$$M_u = \alpha_1 f_c b x h_0^2 \xi_b (1 - 0.5 \xi_b) \tag{4.14}$$

若 $A_s < \rho_{\min} b h_0$,按素混凝土计算 M_u。

③复核截面是否安全

$M_u \geqslant M$ 则安全,反之不安全。

【例 4.3】 已知梁的截面尺寸 $b \times h = 200 \text{ mm} \times 500 \text{ mm}$,受拉钢筋采用 HRB400 级 4Φ16 ($A_s = 804 \text{ mm}^2$),混凝土强度等级 C40,设该梁承受的最大弯矩设计值 $M = 100 \text{ kN} \cdot \text{m}$,构件安全等级为二级,试复核该梁是否安全。

【解】 (1)确定材料强度设计值

采用 C40 混凝土($\alpha_1 = 1$),HRB400 级钢筋。查表 2.1 得混凝土轴心抗压强度设计值 $f_c = 19.1 \text{ N/mm}^2$,混凝土轴心抗拉强度设计值 $f_t = 1.71 \text{ N/mm}^2$,查表 2.3 得钢筋抗拉强度设计值 $f_y = 360 \text{ N/mm}^2$。受拉钢筋按一排布置。

(2)确定截面有效高度

由式(4.1b)得 $\quad h_0 = h - a_s = 500 - 35 = 465 \text{(mm)}$

(3)求截面受压区高度

$$x = \frac{f_y A_s}{\alpha_1 f_c b} = \frac{360 \times 804}{1 \times 19.1 \times 200} = 75.77 \text{(mm)} < \xi_b h_0 = 240 \text{(mm)}(\text{非超筋梁})$$

(4)验算最小配筋率

$$\rho_{\min} = \max \left(0.2\%, 0.45 \frac{f_t}{f_y} \right) = \max \left(0.2\%, 0.45 \times \frac{1.71}{360} \right) = \max(0.2\%, 0.214\%) = 0.214\%$$

$$\rho = \frac{A_s}{b h_0} = \frac{804}{200 \times 465} \times 100\% = 0.86\% > \rho_{\min} (\text{非少筋梁})$$

（5）求截面受弯承载力设计值

$$M_u = \alpha_1 f_c bx \left(h_0 - \frac{x}{2}\right) = 1 \times 19.1 \times 200 \times 75.77 \times \left(465 - \frac{75.77}{2}\right)$$
$$= 123.6(kN\cdot m) > M = 100(kN\cdot m)$$

所以该梁安全。

任务 4.5 掌握双筋矩形截面正截面承载力计算

4.5.1 任务目标

1. 能力目标

能够应用双筋矩形截面承载力计算公式进行现场校核。

2. 知识目标

（1）熟悉双筋矩形截面梁的应用范围。

（2）掌握双筋矩形截面梁正截面承载力计算公式及适用条件。

（3）掌握公式的应用。

3. 素质目标

培养学生逻辑性系统性的思维能力和独立思考的能力以及应用能力。

4.5.2 相关配套知识

在受拉区和受压区同时配有纵向受拉钢筋的矩形截面,称双筋矩形截面。

1. 双筋矩形截面梁的应用范围

双筋矩形截面梁虽然可以提高承载力,但利用钢筋受压耗钢量较大,一般是不经济的,因此不宜大量采用。通常双筋矩形截面梁适用于以下情况:

（1）当 $M \geq M_{u,max} = \alpha_1 f_c bh_0^2 \xi_b(1-0.5\xi_b)$,而加大截面尺寸或提高混凝土强度等级又受到限制;

（2）截面可能承受变号弯矩;

（3）由于构造原因在梁的受压区已配有钢筋。

2. 基本公式及适用条件

（1）计算应力图形

根据试验,在满足 $\xi \leq \xi_b$ 的条件下,双筋矩形截面梁与单筋矩形截面梁的破坏情形基本相同。受拉钢筋应力达到抗拉强度设计值 f_y,受压区混凝土的压应力采用等效矩形应力图形,其混凝土压应力为 $\alpha_1 f_c$,而设在受压区的纵向钢筋,在满足一定保证条件下,受压钢筋的应力能达到抗压强度设计值 f_y'。同时为了防止受压钢筋过早压屈,双筋梁中应采用封闭箍筋。

双筋矩形截面梁的计算应力图形如图 4.15 所示。

（2）基本公式

根据计算应力图形（图 4.15）的平衡条件,可得双筋矩形截面的基本计算公式:

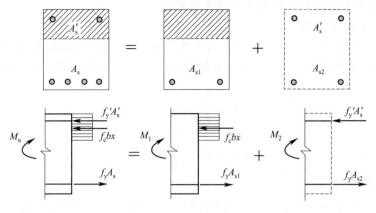

图 4.15　双筋矩形截面梁的分解

$$\sum N = 0, \quad f_y A_s = \alpha_1 f_c b x + f_y' A_s' \tag{4.15}$$

$$\sum M = 0, \quad M \leqslant M_u = \alpha_1 f_c b x \left(h_0 - \frac{x}{2} \right) + f_y' A_s' (h_0 - a_s') \tag{4.16}$$

式中　f_y'——钢筋抗压强度设计值；

$\quad\quad A_s'$——受压钢筋截面面积；

$\quad\quad a_s'$——受压钢筋合力作用点到截面受压边缘的距离。

为了便于分析和计算，可将双筋矩形截面的应力图形看作由两部分组成。第一部分，由受压区混凝土的压力和相应受拉钢筋 A_{s1} 的拉力组成，承担的弯矩为 M_1；第二部分由受压钢筋 A_s' 的压力与相应的另一部分受拉钢筋 A_{s2} 的拉力组成，承担的弯矩为 M_2，如图 4.15 所示。其中：

$$M_u = M_1 + M_2 \tag{4.17}$$

$$A_s = A_{s1} + A_{s2} \tag{4.18}$$

根据平衡条件，对两部分可分别写出以下基本公式。

第一部分：

$$f_y A_{s1} = \alpha_1 f_c b x \tag{4.19}$$

$$M_1 = \alpha_1 f_c b x \left(h_0 - \frac{x}{2} \right) \tag{4.20}$$

第二部分：

$$f_y A_{s2} = f_y' A_s' \tag{4.21}$$

$$M_2 = f_y' A_s' (h_0 - a_s') \tag{4.22}$$

(3)适用条件

双筋矩形截面基本公式的适用条件：

①为了防止超筋破坏，应满足

$$x \leqslant \xi_b h_0 \quad 或 \quad \xi \leqslant \xi_b \tag{4.23}$$

②为了保证受压钢筋达到规定的抗压强度设计值，应满足

$$x \geqslant 2a_s' \tag{4.24}$$

3. 基本公式的应用

(1)截面设计

已知：弯矩设计值 M，截面尺寸 $b \times h$，材料强度等级 f_c、f_y、f_y' 及 α_1，构件安全等级 γ_0，求纵向钢筋截面面积 A_s 和 A_s'。

双筋矩形截面梁的截面设计有以下两种情况。

情况Ⅰ:A_s 与 A_s' 均未知

由式(4.15)和式(4.16)可知,两式共含三个未知量 x、A_s、A_s',故应补充一个条件才能求解,考虑到应充分利用混凝土的抗压能力,使钢筋 A_s 和 A_s' 用量最少,可取 $x=\xi_b h_0$ 代入式(4.15)和式(4.16)得

$$A_s'=\frac{M-\alpha_1 f_c bh_0^2\xi_b(1-0.5\xi_b)}{f_y'(h_0-a_s')} \tag{4.25}$$

$$A_s=\frac{f_y'A_s'+\alpha_1 f_c bh_0\xi_b}{f_y} \tag{4.26}$$

情况Ⅱ:已知 A_s' 求 A_s

可将已知的 A_s' 代入基本公式(4.15)和式(4.16),联立方程式求解 x 和 A_s。但求解 x 时需解一元二次方程式,不方便,为方便计算常采用表格法。

首先由式(4.21)和式(4.22)计算 A_{s2} 和 M_2,则

$$M_1=M_u-M_2 \tag{4.27}$$

然后按单筋矩形截面梁求出 M_1 所需的钢筋截面面积 A_{s1},于是,总的受拉钢筋截面面积为:

$$A_s=A_{s1}+A_{s2} \tag{4.28}$$

在计算 A_{s1} 时应注意验算适用条件,若 $\xi>\xi_b$,说明已配的 A_s' 太少,应按 A_s' 和 A_s 均未知的情况Ⅰ重新计算;若 $x<2a_s'$,说明受压钢筋离中和轴过近,其应力 σ_s' 达不到抗压强度设计值 f_y',这时可取 $x=2a_s'$,对受压钢筋合力点取矩(图4.15),列平衡方程为

$$M=f_y A_s(h_0-a_s') \tag{4.29}$$

则受拉钢筋截面面积为

$$A_s=\frac{M}{f_y(h_0-a_s')} \tag{4.30}$$

【例4.4】 已知矩形截面梁 $b\times h=250\text{ mm}\times600\text{ mm}$,承受弯矩设计值 $M=380\text{ kN·m}$,混凝土 C20($f_c=9.6\text{ N/mm}^2$,$\alpha_1=1$),受力钢筋为 HRB 335 级($f_y=f_y'=300\text{ N/mm}^2$),构件安全等级二级,求截面所需钢筋。

【解】 (1)确定截面有效高度

因为 M 较大,受拉钢筋按两排考虑,取 $a_s=65\text{ mm}$,截面有效高度:

$$h_0=h-a_s=600-65=535(\text{mm})$$

(2)验算是否采用双筋矩形截面

查表4.3,得 $\xi_b=0.55$。单筋矩形截面所能承受的最大弯矩为

$$M_{max}=\alpha_1 f_c bh_0^2\xi_b(1-0.5\xi_b)=1.0\times9.6\times250\times535^2\times0.55(1-0.5\times0.55)$$
$$=273.92\times10^6=273.92(\text{kN·m})<M=380\text{ kN·m}$$

所以应按双筋截面设计。

(3)配筋计算

$$A_s'=\frac{M-\alpha_1 f_c bh_0^2\xi_b(1-0.5\xi_b)}{f_y'(h_0-a_s')}=\frac{380\times10^6-273.92\times10^6}{300\times(535-40)}=714.3(\text{mm}^2)$$

$$A_s=\frac{f_y'A_s'+\alpha_1 f_c b\xi_b h_0}{f_y}=\frac{300\times714.3+1.0\times9.6\times250\times0.55\times535}{300}=3\ 068.3(\text{mm}^2)$$

(4)选择钢筋

受拉钢筋选用 3ϕ22+4ϕ22($A_s=3\ 104\text{ mm}^2$),受压钢筋选用 2ϕ22($A_s'=760\text{ mm}^2$),受

拉钢筋两排放置与原假设一致。截面配筋如图 4.16 所示。

【例 4.5】 已知条件同例 4.4，但在受压区已配置 3Φ25 钢筋（$A'_s = 1\,473\ \text{mm}^2$），试计算所需要的受拉钢筋。

【解】　（1）求受压区高度 x

由于受压区配有 3Φ25，因此 $a'_s = 30 + \dfrac{25}{2} = 42.5\ (\text{mm})$，受拉钢筋仍按两排考虑，$a_s = 65\ \text{mm}$，$h_0 = 600 - 65 = 535\ (\text{mm})$。

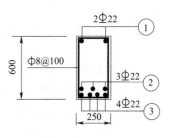

图 4.16　例 4.4 配筋图（单位：mm）

由公式（4.16）得

$$x = h_0\left[1 - \sqrt{1 - \dfrac{2(M - f'_y A'_s(h_0 - a'_s))}{\alpha_1 f_c b h_0^2}}\right]$$

$$= 535\left[1 - \sqrt{1 - \dfrac{2(380 \times 10^6 - 300 \times 1\,473(535 - 42.5))}{1.0 \times 9.6 \times 250 \times 535^2}}\right]$$

$$= 146.5\ (\text{mm}) < \xi_b h_0 = 0.55 \times 535 = 294.3\ (\text{mm})$$

$$x > 2a'_s = 2 \times 42.5 = 85\ (\text{mm})$$

（2）求受拉钢筋截面面积

$$A_s = \dfrac{f'_y A'_s + \alpha_1 f_c b x}{f_y}$$

$$= \dfrac{300 \times 1\,473 + 1.0 \times 9.6 \times 250 \times 0.55 \times 146.5}{300}$$

$$= 2\,645\ (\text{mm}^2)$$

（3）选用钢筋及绘配筋图

钢筋配筋如图 4.17 所示。

比较例题 4.4 和例题 4.5 可以看出，例 4.4 充分利用了混凝土的抗压能力，其计算的钢筋总量[$A_s + A'_s = 714.3 + 3\,068.3 = 3\,782.6\ (\text{mm}^2)$]小于例题 4.5 的计算钢筋总用量[$A_s + A'_s = 1\,473 + 2\,645 = 4\,118\ (\text{mm}^2)$]。

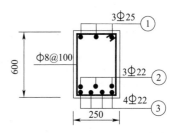

（2）截面复核

已知：材料强度等级 f_c、f_y、f'_y 及 α_1，截面尺寸 $b \times h$，钢筋　图 4.17　例 4.5 配筋图（单位：mm）

截面面积 A_s 和 A'_s，构件安全等级 γ_0，求截面受弯承载力设计值 M_u（或已知弯矩设计值 M，复核梁的正截面是否安全）。

双筋矩形截面截面复核题也有基本公式法和表格法两种计算方法，但采用基本公式法更简单方便，其计算步骤如下：

①求截面受压区高度

由式（4.15）得

$$x = \dfrac{f_y A_s - f'_y A'_s}{\alpha_1 f_c b} \tag{4.31}$$

②验算适用条件求 M_u 值

$2a'_s \leqslant x \leqslant \xi_b h_0$，则将 x 带入式（4.16）计算 M_u：

$$M_u = \alpha_1 f_c b x\left(h_0 - \dfrac{x}{2}\right) + f'_y A'_s(h_0 - a'_s)\xi_b(1 - 0.5\xi_b) \tag{4.32}$$

若 $x > \xi_b h_0$，将 $x = \xi_b h_0$ 带入式（4.16）计算 M_u：

$$M_{\mathrm{u}} = f_{\mathrm{y}}' A_{\mathrm{s}}' (h_0 - a_{\mathrm{s}}') + \alpha_1 f_{\mathrm{c}} b h_0^2 \qquad (4.33)$$

若 $x < 2a_{\mathrm{s}}'$，取 $x = 2a_{\mathrm{s}}'$ 由式 (4.29) 计算 M_{u}：

$$M_{\mathrm{u}} = f_{\mathrm{y}} A_{\mathrm{s}} (h_0 - a_{\mathrm{s}}')$$

③复核截面是否安全

$M_{\mathrm{u}} \geqslant M$ 安全；反之不安全。

【例 4.6】　已知双筋矩形截面梁截面尺寸为 $b \times h = 250 \text{ mm} \times 500 \text{ mm}$，混凝土采用 C30 $(f_{\mathrm{c}} = 14.3 \text{ N/mm}^2)$，钢筋采用 HRB335 级 $(f_{\mathrm{y}} = f_{\mathrm{y}}' = 300 \text{ N/mm}^2)$，截面配筋如图 4.18 所示，构件安全等级为二级，截面承担的弯矩设计值 $M = 180 \text{ kN·m}$，$\alpha_1 = 1.0$，$\xi_{\mathrm{b}} = 0.550$。试验算梁的正截面承载力是否安全。

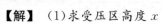

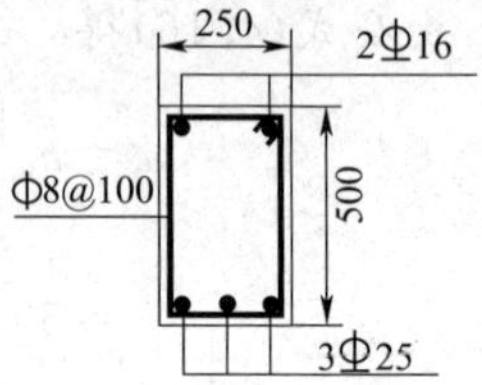

图 4.18　例 4.6 图(单位:mm)

【解】　(1)求受压区高度 x

由已知条件可知：

$$a_{\mathrm{s}} = 25 + \frac{25}{2} = 37.5 \text{(mm)}, \quad a_{\mathrm{s}}' = 25 + \frac{16}{2} = 33 \text{(mm)}$$

$$h_0 = h - a_{\mathrm{s}} = 500 - 37.5 = 462.5 \text{(mm)}$$

$$A_{\mathrm{s}} = 1\ 473 \text{ mm}^2, A_{\mathrm{s}}' = 402 \text{ mm}^2$$

由式 (4.31) 得

$$x = \frac{f_{\mathrm{y}} A_{\mathrm{s}} - f_{\mathrm{y}}' A_{\mathrm{s}}'}{\alpha_1 f_{\mathrm{c}} b} = \frac{300 \times 1\ 473 - 300 \times 402}{1.0 \times 14.3 \times 250} = 89.9 \text{(mm)} > 2a_{\mathrm{s}}' = 2 \times 33 = 66 \text{(mm)}$$

并且 $x < \xi_{\mathrm{b}} h_0 = 0.550 \times 462.5 = 254.4 \text{(mm)}$。

(2)计算 M_{u}

$$M_{\mathrm{u}} = \alpha_1 f_{\mathrm{c}} b x \left(h_0 - \frac{x}{2} \right) + f_{\mathrm{y}}' A_{\mathrm{s}}' (h_0 - a_{\mathrm{s}}')$$

$$= 1.0 \times 14.3 \times 250 \times 89.9 \times \left(462.5 - \frac{89.9}{2} \right) + 300 \times 402(462.5 - 33)$$

$$= 186.0 \times 10^6 (\text{N·mm}^2) = 186.0 (\text{kN·m})$$

(3)验算是否小于 M

$$M = 180 \text{ kN·m} < M_{\mathrm{u}} = 186.0 \text{ kN·m}$$

所以梁的正截面承载力安全。

任务 4.6　掌握 T 形截面正截面承载力计算

4.6.1　任务目标

1. 能力目标

培养学生独立思考、独立分析的能力。

2. 知识目标

(1)熟悉 T 形截面梁的分类及判别。

(2)掌握 T 形截面梁正截面承载力计算公式及使用条件。

(3)掌握公式的应用。

3. 素质目标

培养学生逻辑性系统性的思维能力。

4.6.2　相关配套知识

1. 概述

受弯构件正截面承载力计算是不考虑混凝土受拉作用的,因此,将矩形截面受拉区的混凝土减小一部分,并将受拉钢筋集中放置,就可形成 T 形截面。T 形截面和原来的矩形截面相比,不仅不会降低承载力,而且还可以节约材料,减轻自重。T 形截面受弯构件在工程中的应用是非常广泛的,除独立 T 形梁外,槽形板、工字形梁、圆孔空心板以及现浇楼盖的主次梁(跨中截面)等,也都相当于 T 形截面(图 4.19)。

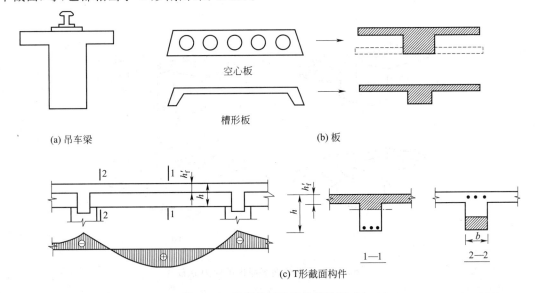

图 4.19　T 形截面受弯构件的形式

T 形截面伸出的部分称为翼缘,中间部分为腹板或为肋。受压翼缘的计算宽度为 b_f',高度为 h_f',腹板宽度为 b,截面全高为 h。根据试验及理论分析,能与腹板共同工作的受压翼缘是有一定范围的,翼缘内的压应力也是越接近腹板的地方越大,离腹板越远则应力越小,压应力在翼缘内的分布如图 4.20 所示。为了便于计算,取一定范围作为与腹板共同工作的宽度,称为翼缘计算宽度 b_f',并假定在此计算宽度内翼缘受有压力,且均匀分布,而这个范围以外的部分则不参加工作。翼缘计算宽度 b_f' 与翼缘高度 h_f',梁的计算跨度 l_0,梁的结构情况等多种因素有关,规范对翼缘计算宽度的规定见表 4.5。计算时应取三项中的最小值。

表 4.5　T 形、工字形及倒 L 形截面受弯构件翼缘计算宽度 b_f'

情　况		T 形、工字形截面		倒 L 形截面
		肋形梁、肋形板	独立梁	肋形梁、肋形板
1	按计算跨度 l_0 考虑	$l_0/3$	$l_0/3$	$l_0/6$
2	按梁(纵肋)净距 S_n 考虑	$b+S_n$	—	$b+S_n/2$

情　　况		T 形、工字形截面		倒 L 形截面
		肋形梁、肋形板	独立梁	肋形梁、肋形板
3　按翼缘高度 h_{f}' 考虑	当 $h_{\mathrm{f}}'/h_0 \geqslant 0.1$	—	$b+12h_{\mathrm{f}}'$	—
	当 $0.1 > h_{\mathrm{f}}'/h_0 \geqslant 0.5$	$b+12h_{\mathrm{f}}'$	$b+6h_{\mathrm{f}}'$	$b+5h_{\mathrm{f}}'$
	当 $h_{\mathrm{f}}'/h_0 < 0.05$	$b+12h_{\mathrm{f}}'$	b	$b+5h_{\mathrm{f}}'$

注：(1)表中 b 为梁的腹板宽度；

　　(2)如肋形梁在梁跨内设有间距的横肋时，则可不遵守表列的第三种情况的规定；

　　(3)对有加腋的 T 形和倒 L 形截面，当受压区 $h_{\mathrm{h}} \geqslant h_{\mathrm{f}}$ 且加腋的宽度 $b_{\mathrm{h}} \leqslant 3h_{\mathrm{h}}'$ 时，则其翼缘的计算宽度可按列表第三种情况规定分别增加 $2b_{\mathrm{h}}$(T 形截面)和 b_{h}(倒 L 形截面)；

　　(4)独立梁受压区的翼缘板在荷载作用下经验算沿纵肋方向可能产生裂缝时，其计算宽度应取用腹板宽度 b。

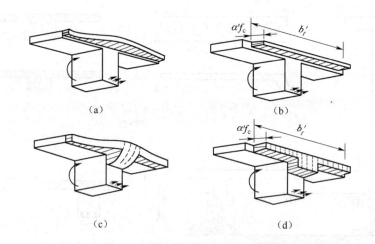

图 4.20　T 形截面翼缘内的应力分布

2. T 形截面的分类和判别

T 形截面受弯构件，根据中和轴所在位置不同可分两类。

(1)第一类 T 形截面：中和轴在翼缘内，即 $x \leqslant h_{\mathrm{f}}'$，如图 4.21(a)所示。

(2)第二类 T 形截面：中和轴在梁的腹板内，即 $x > h_{\mathrm{f}}'$，如图 4.21(b)所示。

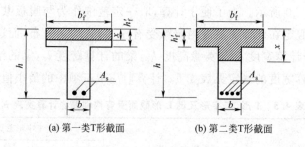

(a) 第一类T形截面　　　(b) 第二类T形截面

图 4.21　T 形截面的分类

为了建立两类 T 形截面的判别式，取中和轴恰好等于翼缘高度（即 $x = h_{\mathrm{f}}'$）时，为两类 T 形截面的界限状态(图 4.22)，由平衡条件得

$$\sum N = 0, \quad f_y A_s = \alpha_1 f_c b_{\mathrm{f}}' h_{\mathrm{f}}' \tag{4.34}$$

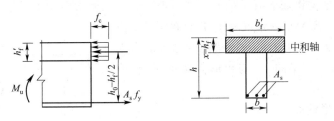

图 4.22　T 形截面梁的判别界限

$$\sum M=0, \quad M_u=\alpha_1 f_c b_f' h_f'\left(h_0-\frac{h_f'}{2}\right) \tag{4.35}$$

截面设计时若 M 已知,可用式(4.35)来判别类型:

(1)当 $M\leqslant\alpha_1 f_c b_f' h_f'\left(h_0-\dfrac{h_f'}{2}\right)$ 时,属于第一类 T 形截面;

(2)当 $M\geqslant\alpha_1 f_c b_f' h_f'\left(h_0-\dfrac{h_f'}{2}\right)$ 时,属于第二类 T 形截面。

截面复核时,若 f_y、A_s 已知,可用式(4.34)来判别类型:

(1)当 $f_y A_s\leqslant\alpha_1 f_c b_f' h_f'$ 时,属于第一类 T 形截面;

(2)当 $f_y A_s\geqslant\alpha_1 f_c b_f' h_f'$ 时,属于第二类 T 形截面。

3. 基本公式及适用条件

(1) 第一类 T 形截面

由于第一类 T 形截面的中和轴在翼缘内($x\leqslant h_f'$),受压区形状为矩形,计算时不考虑受拉区混凝土参加工作,所以这类截面的受弯承载力与宽度为 b_f' 的矩形截面梁相同(图 4.23)。因此第一类 T 形截面的基本计算公式及计算方法也与单筋矩形截面梁相同,仅需将公式中的 b 改为 b_f',即

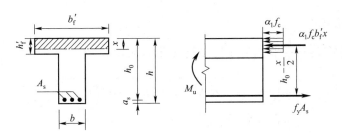

图 4.23　第一类 T 形截面梁的应力图

$$\sum N=0, \quad f_y A_s=\alpha_1 f_c b_f' x \tag{4.36}$$

$$\sum M=0, \quad M_u=\alpha_1 f_c b_f' x\left(h_0-\frac{x}{2}\right) \tag{4.37}$$

上述基本公式的适用条件:

①$x\leqslant\xi_b h_0$ 或 $\xi\leqslant\xi_b$。

对于第一类 T 形截面,受压区高度较小($x\leqslant h_f'$),所以一般都能满足这个条件,通常不必验算。

②$\rho\geqslant\rho_{\min}$ 或 $A_s\geqslant\rho_{\min} b h_0$。

注意对 T 形截面,计算配筋率的宽度应该是腹板宽度 b,而不是受压翼缘的计算宽度 b_f'。

这是因为 $\rho_{\min}$ 值是根据钢筋混凝土梁的承载力等于同样截面素混凝土梁承载力这个条件确定的，而腹板宽度为 b 高为 h 的素混凝土 T 形截面梁与截面尺寸为 $b \times h$ 的素混凝土矩形截面梁的受弯承载力十分相近，因此，T 形截面梁的 $\rho_{\min}$ 与矩形截面梁的 $\rho_{\min}$ 值通用。

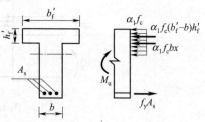

(2)第二类 T 形截面

第二类 T 形截面中和轴在梁腹板内（$x > h'_f$），受压区形状为 T 形，根据计算应力图形（图 4.24）的平衡条件，可得第二类 T 形截面梁的基本计算公式：

图 4.24　第二类 T 形截面梁的应力图

$$\sum N = 0, \quad f_y A_s = \alpha_1 f_c bx + \alpha_1 f_c (b'_f - b) h'_f \tag{4.38}$$

$$\sum M = 0, \quad M \leqslant M_u = \alpha_1 f_c bx \left(h_0 - \frac{x}{2} \right) + \alpha_1 f_c (b'_f - b) h'_f \left(h_0 - \frac{h'_f}{2} \right) \tag{4.39}$$

上述基本公式的适用条件：

①$x \leqslant \xi_b h_0$ 或 $\xi \leqslant \xi_b$；

②$A_s \geqslant \rho_{\min} bh$。

由于第二类 T 形截面的配筋较多，一般均能满足 $\rho_{\min}$ 的要求，通常可不验算这一条件。

4. 基本公式的应用

(1)截面设计

已知：弯矩设计值 M，截面尺寸 b、h、b'_f、h'_f，材料强度等级 f_c、f_y，构件安全等级 γ_0，求纵向受拉钢筋截面面积 A_s。

①第一类 T 形截面

当 $M \leqslant \alpha_1 f_c b'_f h'_f \left(h_0 - \frac{h'_f}{2} \right)$ 时，属于第一类 T 形截面，其计算方法与截面尺寸为 $b'_f \times h$ 的单筋矩形截面相同。

②第二类 T 形截面

当 $M > \alpha_1 f_c b'_f h'_f \left(h_0 - \frac{h'_f}{2} \right)$ 时，属于第二类 T 形截面：

$$x = h_0 \left\{ 1 - \sqrt{1 - \frac{2 \left[M - \alpha_1 f_c (b'_f - b) h'_f \left(h_0 - \frac{h'_f}{2} \right) \right]}{\alpha_1 f_c b h_0^2}} \right\} \tag{4.40}$$

若 $x \leqslant \xi_b h_0$，则将 x 带入得

$$A_s = \frac{\alpha_1 f_c bx + \alpha_1 f_c (b'_f - b) h'_f}{f_y} \tag{4.41}$$

若 $x > \xi_b h_0$，则应该增加梁的高度或者是提高混凝土强度等级。

【例 4.7】　已知一 T 形截面梁截面尺寸 $b = 250$ mm，$h = 700$ mm，$b'_f = 600$ mm，$h'_f = 100$ mm，混凝土强度等级 C20，采用 HRB335 级钢筋，梁所承受的弯矩设计值 $M = 480$ kN·m，环境类别为一类，试求所需受拉钢筋截面面积 A_s。

【解】　(1)判别截面类型

查表 2.1 得 C20 混凝土轴心抗压强度设计值 $f_c = 9.6$ N/mm²，由于采用 C20 混凝土所以 $\alpha_1 = 1.0$，查表 2.3 得 HRB335 级钢筋的抗拉强度设计值 $f_y = 300$ N/mm²。考虑两排布置，取

$$a_s = 65 \text{ mm}$$

$$h_0 = h - a_s = 700 - 65 = 635 \text{(mm)}$$

$$\alpha_1 f_c b_f' h_f' \left(h_0 - \frac{h_f'}{2} \right) = 1.0 \times 9.6 \times 600 \times 100 \times \left(635 - \frac{100}{2} \right)$$

$$= 336.96 \times 10^6 \text{(N·mm)}$$

$$= 336.96 \text{(kN·m)} < M = 480 \text{(kN·m)}$$

属于第二类 T 形截面。

(2)计算 x

$$x = h_0 \left\{ 1 - \sqrt{1 - \frac{2 \left[M - \alpha_1 f_c (b_f' - b) h_f' \left(h_0 - \frac{h_f'}{2} \right) \right]}{\alpha_1 f_c b h_0^2}} \right\}$$

$$= 635 \left\{ 1 - \sqrt{1 - \frac{2(480 \times 10^6 - 1.0 \times 9.6 \times (600 - 250) \times 100 \times \left(635 - \frac{100}{2} \right))}{1.0 \times 9.6 \times 250 \times 635^2}} \right\}$$

$$= 226.3 \text{(mm)} < \xi_b h_0 = 0.550 \times 635 = 349.25 \text{(mm)}$$

(3)计算 A_s

$$A_s = \frac{\alpha_1 f_c b x + \alpha_1 f_c (b_f' - b) h_f'}{f_y}$$

$$= \frac{1.0 \times 9.6 \times 250 \times 226.3 + 1.0 \times 9.6 \times (600 - 250) \times 100}{300}$$

$$= 2\,930.4 \text{(mm}^2)$$

(4)选配钢筋及绘配筋图

受拉钢筋选用 $6\Phi25$，$A_s = 2\,945$ mm²。配筋如图 4.25 所示。

(5)截面复核

已知：材料强度等级 f_c、f_y、α_1，截面尺寸 b、h、b_f'、h_f'，纵向受拉钢筋截面面积 A_s，构件安全等级 γ_0，求截面受弯承载力设计值 M_u（或已知弯矩设计值 M，复核梁的正截面是否安全）。

①第一类 T 形截面

$f_y A_s \leq \alpha_1 f_c b_f' h_f'$ 时，属第一类 T 形截面，按 $b_f' \times h$ 的矩形截面验算。

②第二类 T 形截面

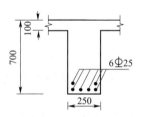

图 4.25 例 4.7 配筋图
（单位：mm）

当 $f_y A_s > \alpha_1 f_c b_f' h_f'$ 时，属第二类 T 形截面，采用基本公式法，其计算步骤如下。

求截面受压区高度 x：

$$x = \frac{f_y A_s - \alpha_1 f_c (b_f' - b) h_f'}{\alpha_1 f_c b} \tag{4.42}$$

若 $x \leq \xi_b h_0$，则将 x 代入求得

$$M_u = \alpha_1 f_c b x \left(h_0 - \frac{x}{2} \right) + \alpha_1 f_c (b_f' - b) h_f' \left(h_0 - \frac{h_f'}{2} \right) \tag{4.43}$$

若 $x > \xi_b h_0$，则令 $x = \xi_b h_0$，代入求得

$$M_u = \alpha_1 f_c b h_0^2 \xi_b (1 - 0.5\xi_b) + \alpha_1 f_c (b_f' - b) h_f' \left(h_0 - \frac{h_f'}{2} \right) \tag{4.44}$$

当 $M \leq M_u$，则正截面承载力足够，当 $M > M_u$ 则正截面承载力不够。

【例 4.8】 某钢筋混凝土 T 形截面梁，截面尺寸和配筋（架立筋和箍筋的配置情况略）如图 4.26

所示。$a_s = 70$ mm,混凝土强度等级为 C30($f_c = 14.3$ N/mm²),纵向钢筋为 HRB400 级钢筋($f_y = 360$ N/mm²)。构件安全等级为二级,若截面承受的弯矩设计值为 $M = 550$ kN·m,试问此截面承载力是否足够?

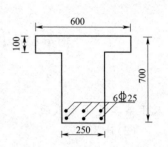

图 4.26 例 4.8 配筋图
(单位:mm)

【解】 (1)材料基本数据

$\alpha_1 = 1.0$,$\xi_b = 0.518$,$A_s = 2\ 945$ mm²,$h_0 = h - a_s = 700 - 70 = 630$(mm)。

(2)判别 T 形截面类型

$$\alpha_1 f_c b_f' h_f' = 1.0 \times 14.3 \times 600 \times 100 = 858\ 000$$

$$f_y A_s = 360 \times 2\ 945 = 1\ 060\ 200$$

由于 $f_y A_s > \alpha_1 f_c b_f' h_f'$,故属于第二类 T 形截面。

(3)计算受弯承载力 M_u

$$x = \frac{f_y A_s - \alpha_1 f_c (b_f' - b) h_f'}{\alpha_1 f_c b}$$

$$= \frac{360 \times 2\ 945 - 1.0 \times 14.3 \times (600 - 250) \times 100}{1.0 \times 14.3 \times 250} = 156.56\text{(mm)}$$

$x < \xi_b h_0 = 0.518 \times 630 = 326.34$(mm),满足要求。

$$M_u = \alpha_1 f_c b x \left(h_0 - \frac{x}{2}\right) + \alpha_1 f_c (b_f' - b) h_f' \left(h_0 - \frac{h_f'}{2}\right)$$

$$= 1.0 \times 14.3 \times 250 \times 156.56 \times \left(630 - \frac{156.56}{2}\right) +$$

$$1.0 \times 14.3 \times (600 - 250) \times 100 \times \left(630 - \frac{100}{2}\right)$$

$$= 599.09 \times 10^6 \text{(N·mm)} = 599.00\text{(kN·m)}$$

(4)判别正截面承载力是否足够

$$M_u > M = 550 \text{ kN·m}$$

所以正截面承载力足够。

 项目小结

(1)根据配筋率不同,受弯构件正截面破坏形态有三种:适筋破坏、超筋破坏和少筋破坏,其中超筋破坏和少筋破坏在设计中不允许出现,必须通过限制条件加以避免。

(2)适筋梁的破坏经历了三个阶段,受拉区混凝土开裂和受拉钢筋屈服是划分三个受力阶段的界限状态。其中第 I_a 阶段截面应力图形是受弯构件抗裂验算的依据,第 II_a 阶段截面应力图形是受弯构件裂缝宽度和变形验算的依据,第 III_a 阶段截面的应力图形是受弯构件正截面承载力计算的依据。

(3)根据适筋梁第 III_a 阶段截面的实际应力图形,取等效矩形压应力图形代替实际的曲线压应力图形,并经过计算假定的简化,就可以得到受弯构件正截面承载力的计算应力图形。

(4)在单筋截面计算应力图形中,纵向钢筋承担的拉力为 $f_y A_s$,受压区混凝土承担的压力为 $\alpha_1 f_c b x$(单筋矩形截面),或 $\alpha_1 f_c b_f' x$(第一类 T 形截面)或 $\alpha_1 f_c (b_f' - b) h_f' + \alpha_1 f_c b x$(第二类 T 形截面)。双筋截面时,受压区再加上纵向钢筋承担的压力 $f_y' A_s'$。正截面受弯承载力的基本计算公式,就是根据这个应力图的平衡条件 $\sum N=0$ 和 $\sum M=0$ 列出的。

(5)受弯构件的正截面承载力计算分截面设计和截面复核两类问题。截面设计时一般有两个未知数 x 和 A_s,对单筋矩形截面,可通过联立基本公式求解或表格法求解。对双筋矩形截面,分 A'_s 未知和 A'_s 已知两种情况,当 A'_s 未知时,有三个未知数 A_s、A'_s、x,可取补充条件 $x=\xi_b h_0$ 按基本公式求解。当 A'_s 已知时,可分解成单筋矩形截面和受压钢筋与部分受拉钢筋组成的截面。对 T 形截面,计算时要先判别类型,第一类 T 形截面按宽度为 b'_f 的单筋矩形截面求解;第二类 T 形截面可分解成单筋矩形截面和受压翼缘混凝土与部分受拉钢筋组成的截面。截面复核时一般有两个未知数 x 和 M,可用基本公式联立方程求解。

 复习思考题

1. 梁的架立钢筋和板的分布钢筋各起什么作用?如何确定其位置和数量?

2. 梁、板中混凝土保护层的作用是什么?正常环境中梁、板混凝土保护层的最小厚度是多少?

3. 什么叫配筋率?配筋率对梁的正截面承载力有何影响?

4. 适筋梁的破坏过程可分几个阶段?各阶段主要特点是什么?正截面抗弯承载力计算是以哪个阶段为依据的?

5. 试述适筋梁、超筋梁、少筋梁的破坏特征。在设计中如何防止超筋破坏和少筋破坏?

6. 受弯构件正截面承载力计算中,受压区混凝土等效矩形应力图形是根据什么条件确定的?

7. 什么叫相对界限受压区高度 ξ_b?它与最大配筋率有什么关系?

8. 什么情况下采用双筋截面梁?为什么要求 $x\geqslant 2a'_s$?若这一适用条件不满足如何处理?

9. 已知矩形截面梁 $b\times h=220\ \text{mm}\times 550\ \text{mm}$,由荷载设计值产生的弯矩 $M=180\ \text{kN·m}$,$\gamma_0=1$,混凝土强度等级为 C25,钢筋 HRB 400 级,试分别用基本公式法和表格法计算纵向受拉钢筋截面面积 A_s,并选出钢筋的直径和根数。

10. 单筋矩形截面梁,计算跨度 $l_0=6\ \text{m}$,构件安全等级二级,承受均布荷载设计值 $q=40\ \text{kN/m}$,采用 C40 混凝土,钢筋采用 HRB400 级,试确定梁的截面尺寸和所需纵向钢筋截面面积。

11. 钢筋混凝土简支梁,截面尺寸 $b\times h=250\ \text{mm}\times 500\ \text{mm}$,已配 HRB 400 级受拉钢筋 4$\Phi$18($A_s=1\ 017\ \text{mm}^2$),混凝土采用 C30,$\gamma_0=1$,该梁承受的最大弯矩设计值 $M=100\ \text{kN·m}$,试复核该梁是否安全。

12. 某矩形截面梁截面尺寸 $b\times h=200\ \text{mm}\times 450\ \text{mm}$,采用 C25 混凝土,HRB 400 级钢筋,梁所承受的弯矩设计值 $M=185\ \text{kN·m}$,$\gamma_0=1$,试求该梁配筋($a_s=60\ \text{mm}$)。

13. 已知矩形截面梁截面尺寸 $b\times h=200\ \text{mm}\times 500\ \text{mm}$,采用 C25 混凝土,钢筋 HRB 335 级,设在梁的压区配有 2Φ16 的受压钢筋,在拉区配有 4Φ18 的受拉钢筋,构件安全等级二级,求该梁的受弯承载力设计值 M_u。

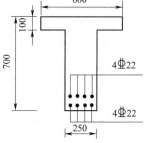

习题 14 附图(单位:mm)

14. T 形截面梁尺寸和配筋见右图,混凝土强度等级 C30,钢筋 HRB 400 级,梁内配置 8Φ22 纵向受拉钢筋,试求该梁所能承受的弯矩设计值 M_u。

15. 已知 T 形截面梁截面尺寸 $b'_f\times h'_f=600\ \text{mm}\times 120\ \text{mm}$,$b\times h=250\ \text{mm}\times 600\ \text{mm}$,混凝土强度等级 C25,钢筋 HRB 335 级,承受弯矩设计值 $M=440\ \text{kN·m}$,$\gamma_0=1$,求所需受拉钢筋截面面积 A_s。

项目 5　受弯构件斜截面承载力计算

 项目描述

受弯构件的各截面上除了作用有弯矩外,一般同时还作用有剪力。在弯矩和剪力共同作用的区段内,有可能发生沿斜截面的破坏,所以必须进行斜截面承载力计算。

 学习目标

1. 能力目标

(1)具备进行钢筋混凝土受弯构件斜截面承载力计算的能力。

(2)在施工中能够对钢筋混凝土梁中弯起钢筋、斜筋与箍筋进行设置。

2. 知识目标

(1)掌握受弯构件斜截面抗弯承载力的影响因素及破坏形态。

(2)掌握钢筋混凝土梁中弯起钢筋、斜筋与箍筋的构造要求。

(3)掌握钢筋混凝土受弯构件斜截面承载力的计算。

3. 素质目标

使学生能够从受弯构件正截面承载力的破坏形式及配筋形式联系到受弯构件斜截面承载力的破坏形式、配筋形式及抵抗计算,以此加深对斜截面承载力计算的感性认识。

任务 5.1　理解受弯构件斜截面抗剪承载力的影响因素及破坏形态

5.1.1　任务目标

1. 能力目标

(1)掌握钢筋混凝土斜截面抗剪承载力的影响因素有哪些以及他们是如何作用的。

(2)掌握斜截面破坏形态以及他们的特点。

2. 知识目标

掌握斜拉、剪压、斜压破坏的特点以及防止破坏的措施。

3. 素质目标

能够联系正截面破坏特点,发挥综合应用能力。

5.1.2　相关配套知识

某钢筋混凝土受弯构件,在外荷载作用下,在外表产生了垂直裂缝和斜裂缝(图5.1),这将严重影响梁的承载能力。由项目 4 可知,如果梁的正截面承载力不足,将沿正截面(垂直裂缝)方向发生破坏。所以设计钢筋混凝土受弯构件时,必须满足正截面受弯承载力要求。那么这些斜裂缝是否由斜截面承载力不足而产生?是否同样需要有穿过斜裂缝的钢筋来约束斜裂缝宽度的开展和延伸?答案是肯定的,因此本项目需要解决受弯构件斜截面承载力计算的问题。

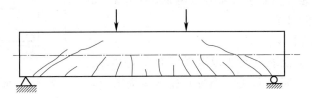

图 5.1　钢筋混凝土梁的裂缝形式

在荷载作用下,梁截面上除了作用有 M 外,往往同时还作用有剪力 Q,弯矩剪力同时作用的区段称为剪弯段,如图 5.2(a)所示。弯矩和剪力在梁截面上分别产生正应力 σ 和剪应力 τ,由材料力学可知:在 σ 和 τ 共同作用下梁将产生主拉应力 σ_{tp} 和主压应力 σ_{cp},根据主应力的方向可做出梁中主应力的迹线,其中实线表示主拉应力迹线,虚线表示主压应力迹线,如图 5.2(b)所示。由于混凝土的抗拉强度远低于抗压强度,当 σ_{tp} 超过混凝土抗拉强度时,梁将出现大致与主拉应力方向垂直的斜裂缝,产生斜截面破坏。

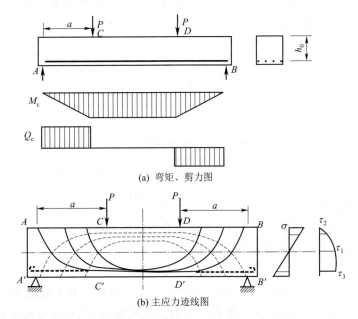

(a) 弯矩、剪力图

(b) 主应力迹线图

图 5.2　钢筋混凝土受弯构件主应力迹线示意图

为了防止梁沿斜截面破坏,应使梁具有一个合理的截面尺寸,并配置适量的箍筋和弯起钢筋,箍筋和弯起钢筋统称为腹筋。

1. 受弯构件斜截面抗剪承载力的影响因素

钢筋混凝土梁的斜截面承载力与许多因素有关,多数试验研究认为,影响斜截面抗剪承载力的主要因素是剪跨比、混凝土强度等级、箍筋、弯起钢筋及纵向受力主筋的配筋率。

(1) 剪跨比

广义剪跨比为该截面上弯矩 M 与剪力和截面有效高度乘积的比值,可表示为

$$\lambda = \frac{M_c}{V_c h_0} = \frac{Pa}{P h_0} = \frac{a}{h_0} \tag{5.1}$$

狭义的剪跨比为集中荷载作用点到临近支点的距离 a 与梁截面有效高度 h_0 的比值(图 5.3)。试验表明,剪跨比越大,有腹筋梁的抗剪承载力越低;对无腹筋梁来说,剪跨比越大,抗剪承载力也越低,但当 $\lambda \geqslant 3$ 时,剪跨比的影响不再明显。

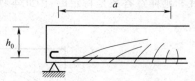

(2)混凝土强度的影响

斜截面破坏是因为混凝土到达极限强度而发生的,故斜截面受剪承载力随混凝土的强度等级的提高而提高,呈

图 5.3　剪跨比的计算图示

抛物线变化。低、中强度等级的混凝土,其抗剪强度增长较快,高强度等级的增长较慢。

(3)纵向钢筋配筋率的影响

试验表明,梁的受剪承载力随纵向钢筋配筋率 ρ 的提高而增大,这主要是因纵向受拉钢筋约束了斜裂缝长度的延伸,从而增大了剪压区面积,起到"销栓作用"。但不能无限制地利用增大纵向钢筋的配筋率来提高抗剪强度,当纵向钢筋数量增大到一定程度,其作用增量就不再明显。

(4)腹筋的强度和数量(箍筋、弯起钢筋)

试验表明,在配筋最适当的范围内,裂缝出现后,箍筋承担了相当一部分剪力,所以梁的抗剪承载力随箍筋的强度、数量的增多而有较大幅度的增长。箍筋数量和箍筋强度的乘积与梁的受剪承载力大致呈线形关系。

配筋率 ρ_{sv} 用以表示梁中配置箍筋的数量:

$$\rho_{sv} = \frac{A_{sv}}{b s_v} = \frac{n \cdot A_{sv1}}{b s_v} \tag{5.2}$$

式中　　ρ_{sv}——竖向箍筋配筋率;

　　　　n——同一截面内箍筋的肢数;

　　　　A_{sv}——配置在同一截面的箍筋各肢总截面面积;

　　　　A_{sv1}——单肢箍筋的截面面积;

　　　　s_v——箍筋间距;

　　　　b——梁的宽度。

穿过斜裂缝的弯起钢筋能承受拉力,其竖向分力能抵抗剪力。因此,弯起钢筋的截面面积越大,强度越高,则斜截面的受剪承载力越大。

(5)截面形式

由于 T 形和 I 形截面梁翼缘的影响,抗剪能力会有所提高。对无腹筋梁,当翼缘宽度为肋宽的 2 倍时,受剪承载力可提高 20% 左右。再增加翼缘宽度,则截面受剪承载力基本不再提高;对有腹筋梁,受剪承载力可提高 5% 左右。在设计中,对这种因素引起的受剪承载力提高可用乘系数的方法加以考虑。

2. 受弯构件斜截面受剪破坏的主要形态

根据剪跨比 λ 和箍筋用量的不同,斜截面受剪的破坏形态有三种:斜压破坏、剪压破坏和斜拉破坏,如图 5.4 所示。

(1)斜压破坏

斜压破坏[图 5.4(a)]一般发生在剪跨比较小($\lambda < 1$)或箍筋配置过多而截面尺寸又太小的梁中。其破坏特点是:先在集中荷载作用点处和支座间的梁腹部出现若干条大体互相平行

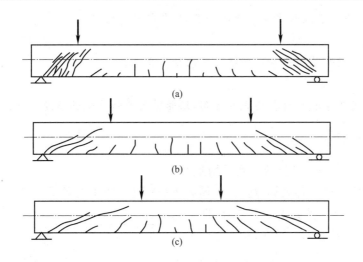

图 5.4　斜截面破坏的三种形式

的斜裂缝,随荷载的增加,梁腹部被这些斜裂缝分割成若干个受压短柱,最后这些短柱由于混凝土达到抗压强度而破坏,破坏时箍筋应力未达到屈服,箍筋不能充分利用,这是一种没有预兆的危险性很大的脆性破坏,与正截面超筋梁破坏相似。工程中应避免发生此种破坏。

（2）剪压破坏

剪压破坏[图 5.4(b)]一般发生在剪跨比适中($1 \leq \lambda \leq 3$),箍筋配置数量适当,截面尺寸也合适的梁中。随荷载的增加,首先在剪弯段的受拉区出现一些垂直裂缝和细微斜裂缝,当荷载增加到一定强度时,就会出现一条又宽又长的主斜裂缝,称为临界斜裂缝。随荷载的继续增加,与临界斜裂缝相交的箍筋应力达到屈服,由于钢筋塑性变形的发展,临界斜裂缝不断加宽,并继续向上延伸,最后使斜裂缝末端剪压区的混凝土在剪应力和压应力作用下达到极限强度而破坏。斜截面受剪承载力计算以此为依据。

（3）斜拉破坏

斜拉破坏[图 5.4(c)]多发生在剪跨比较大($\lambda > 3$),箍筋配置数量过少的梁中。斜裂缝(大致沿支座到集中荷载作用点的连线)与梁轴线间的夹角很小,斜裂缝很平,穿过斜裂缝的纵筋(从方向来说)不能有效约束斜裂缝长度的延伸和宽度的开展,一旦出现裂缝,箍筋应力立即达到屈服,斜裂缝迅速伸展到集中荷载作用处,使梁很快沿斜向裂成两部分而破坏。这也是一种没有预兆危险性很大的脆性破坏,与正截面少筋梁的破坏相似。工程中应避免发生此种破坏。

从以上三种破坏形态可知,斜压破坏时箍筋未能充分发挥作用,而斜拉破坏发生的又十分突然,故这两种破坏在设计中均应避免。规范通过限制截面最小尺寸来防止斜压破坏;通过控制箍筋的最小配筋率来防止斜拉破坏;对剪压破坏,则是通过受剪承载力的计算配置箍筋及弯起钢筋来防止。

任务 5.2　了解受弯构件斜截面受剪承载力计算

5.2.1　任务目标

1. 能力目标

(1)掌握钢筋混凝土受弯构件斜截面承载力的计算。

（2）掌握施工中钢筋混凝土梁中弯起钢筋，斜筋与箍筋的设置。

2. 知识目标

掌握板和梁的抗剪承载力在不同情况下的计算公式。

3. 素质目标

通过不同情况下承载力计算公式的运用，培养学生严谨的工作态度。

5.2.2 相关配套知识

1. 斜截面受剪承载力计算公式及适用条件

与防止正截面受弯三种破坏（适筋、少筋和超筋）类似，防止斜截面受剪三种破坏（剪压、斜拉和斜压），通常是通过受剪承载力计算（防止剪压破坏）、构造措施（防止斜拉破坏）和截面限制条件（防止斜压破坏）三方面予以解决的。前者建立计算公式，后两者给出计算公式的适用条件。

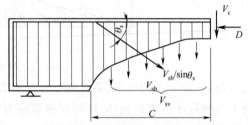

图 5.5　斜截面抗剪承载力图形

由于影响斜截面受剪承载力的因素很多，影响机理也很复杂，精确计算相当困难。通常采用半理论半经验的方法解决斜截面受剪承载力的计算问题。斜截面受剪承载力的计算是以剪压破坏形态为依据的。剪压破坏时截面的应力状态如前所述，现取斜截面左侧为隔离体，斜截面的内力如图 5.5 所示，由隔离体竖向力的平衡条件，可知斜截面受剪承载力由三部分组成：

$$V_u = V_c + V_{sv} + V_{sb} \tag{5.3}$$

或

$$V_u = V_{cs} + V_{sb} \tag{5.4}$$

式中　V_u——构件斜截面受剪承载力设计值；

V_c——剪压区混凝土受剪承载力设计值；

V_{sv}——与斜裂缝相交的箍筋受剪承载力设计值；

V_{sb}——与斜裂缝相交的弯起钢筋受剪承载力设计值；

V_{cs}——斜截面上混凝土和箍筋的受剪承载力设计值，$V_{cs} = V_c + V_{sv}$。

（1）板的斜截面受剪承载力计算公式

板中一般不配置箍筋和弯起钢筋，属无腹筋受弯构件，根据对国内外大量试验结果的统计分析，其斜截面受剪承载力应按下式计算：

$$V \leqslant 0.7\beta_h f_t b h_0 \tag{5.5}$$

式中　V——构件斜截面上的最大剪力设计值；

β_h——截面高度影响系数，$\beta_h = \left(\dfrac{800}{h_0}\right)^{1/4}$：当 $h_0 < 800$ mm 时，取 $h_0 = 800$ mm；当 $h_0 >$

2 000 mm 时，取 $h_0 = 2\,000$ mm；

f_t——混凝土轴心抗拉强度设计值，可查表 2.1。

（2）梁的斜截面受剪承载力计算公式

①仅配箍筋的梁

仅配箍筋的梁其斜截面受剪承载力 V_{cs}，等于剪压区混凝土的受剪承载力设计值 V_c 和与斜裂缝相交的箍筋受剪承载力设计值 V_{sv} 之和。试验表明，影响 V_c 和 V_{sv} 的因素很多，很难单独确定它们的数值。规范给出的计算公式,是考虑了影响斜截面承载力的主要因素,对配有箍筋承受均布荷载、集中荷载的简支梁以及连续梁均作了大量的试验,并对试验数据进行统计分析得出的。公式中的第一项为混凝土所承受的受剪承载力,第二项为配置箍筋后梁所增加的受剪承载力。对于不同荷载情况的梁,受剪承载力计算公式如下:

a. 对矩形、T 形和工字形截面的一般受弯构件

$$V \leqslant V_{cs} = 0.7 f_t b h_0 + f_{yv} \frac{A_{sv}}{s} h_0 \tag{5.6}$$

式中 f_{yv}——箍筋抗拉强度设计值,可查表 2.3 采用;

A_{sv}——配置在同一截面内箍筋各肢的全部截面面积,$A_{sv} = n A_{sv1}$(n 为同一截面内箍筋的肢数,A_{sv1} 为单肢箍筋的截面面积);

s——沿构件长度方向箍筋的间距。

b. 对明显集中荷载作用下的梁

$$V \leqslant V_{cs} = \frac{1.75}{\lambda+1} f_t b h_0 + f_{yv} \frac{A_{sv}}{s} h_0 \tag{5.7}$$

式中 λ——计算截面的剪跨比,可取 $\lambda = a/h_0$(a 为集中荷载作用点至支座或节点边缘的距离);当 $\lambda < 1.5$ 时,取 $\lambda = 1.5$;当 $\lambda > 3$ 时,取 $\lambda = 3$;集中荷载作用点至支座之间的箍筋应均匀配置。

②配有箍筋和弯起钢筋的梁

矩形、T 形和工字形截面的受弯构件,当配有箍筋和弯起钢筋时,其斜截面的受剪承载力计算公式由按式(5.6)或式(5.7)计算的 V_{cs} 与斜裂缝相交的弯起钢筋受剪承载力 V_{sb} 组成。而弯起钢筋的受剪承载力 V_{sb} 应等于弯起钢筋承受的拉力 $f_y A_{sb}$ 在垂直于梁轴方向的分力。

$$V \leqslant V_{cs} + 0.8 f_y A_{sb} \sin \alpha_s \tag{5.8}$$

式中 A_{sb}——同一弯起平面的弯起钢筋截面面积;

α_s——弯起钢筋与梁纵轴之间的夹角,一般情况取 $\alpha_s = 45°$,梁截面较高时取 $\alpha_s = 60°$;

f_y——弯起钢筋的抗拉强度设计值,可查表 2.3 采用;

0.8——考虑到弯起钢筋与破坏斜截面相交位置的不定性,其应力可能达不到屈服强度,而采用的钢筋应力不均匀系数。

(3)计算公式的适用条件

梁的斜截面受剪承载力计算公式仅适用于剪压破坏情况。为防止斜压和斜拉破坏,还必须确定计算公式的适用条件。防止斜压破坏可通过截面限制条件控制;防止斜拉破坏可通过配箍率不小于最小配箍率的构造措施控制。

①截面限制条件

当 $\frac{h_w}{b} \leqslant 4$ 时, $V \leqslant 0.25 \beta_c f_c b h_0$ \tag{5.9}

当 $\frac{h_w}{b} \geqslant 6$ 时, $V \leqslant 0.2 \beta_c f_c b h_0$ \tag{5.10}

当 $4 < \frac{h_w}{b} < 6$ 时,按线性内插法取用。

式中 V——构件斜截面上的最大剪力设计值;

β_c——混凝土强度影响系数:当混凝土强度等级不超过 C50 时,取 $\beta_c = 1$;当混凝土强度

等级为 C80 时，取 $\beta_c=0.8$；其间按线性内插法取用；

b——矩形截面的宽度，T 形或工字形截面的腹板宽度；

h_w——截面腹板高度：矩形截面取有效高度 h_0；T 形截面取有效高度减去翼缘高度；工字形截面取腹板净高。

截面限制条件的意义：首先是为了防止梁的截面尺寸过小、箍筋配置过多而发生的斜压破坏，其次是限制使用阶段的斜裂缝宽度，同时也是受弯构件箍筋的最大配筋率条件。工程设计中，如不能满足上述条件时，则应加大截面尺寸或提高混凝土强度等级。

②抗剪箍筋的最小配筋率

梁中抗剪箍筋的配筋率应满足：

$$\rho_{sv}=\frac{A_{sv}}{bs}=\frac{nA_{sv1}}{bs}\geq\rho_{sv,min}=0.24\frac{f_t}{f_{yv}} \tag{5.11}$$

规定箍筋最小配筋率的意义是防止发生斜拉破坏。因为斜裂缝出现后，原来由混凝土承担的拉力将转给箍筋，如果箍筋配的过少，箍筋就会立即屈服，造成斜裂缝的加速开展，甚至箍筋被拉断而导致斜拉破坏。工程设计中，如不能满足上述条件时，则应按 $\rho_{sv,min}$ 配箍筋，并满足构造要求。

（4）斜截面受剪承载力计算截面位置的确定

在计算斜截面受剪承载力时，应取作用在该斜截面范围的最大剪力作为剪力设计值，即斜裂缝起始端的剪力作为剪力设计值。其剪力设计值的计算截面应根据危险截面确定，通常按下列规定采用：

①支座边缘处的截面（如图 5.6 所示的截面 1-1）；

②受拉区弯起钢筋弯起点处的截面（如图 5.6 所示的截面 2-2、3-3）；

③箍筋截面面积或间距改变处的截面（如图 5.6 所示的截面 4-4）；

④腹板宽度改变处的截面。

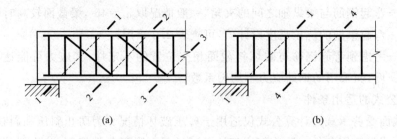

图 5.6　斜截面受剪承载力的计算位置

2. 斜截面受剪承载力计算方法及步骤

与正截面受弯承载力计算一样，斜截面受剪的承载力计算也有截面设计和截面复核两类问题。

（1）截面设计

已知：剪力设计值 V，截面尺寸 $b\times h$，材料强度等级 f_c、f_t、f_y、f_{yv}，混凝土强度影响系数 β_c，要求计算梁中腹筋数量。

当按公式进行截面设计时，其计算方法和步骤如下：

①复核截面尺寸

梁的截面尺寸一般先由正截面承载力计算确定，在进行斜截面受剪承载力计算时，还应按式(5.9)和式(5.10)进行复核。如不满足要求,则应加大截面尺寸或提高混凝土的强度等级。

②确定是否需要按计算配置腹筋

当梁截面所承受的剪力设计值较小,而且符合下列公式要求时,可不进行斜截面的受剪承载力计算,仅按构造要求配置箍筋。否则,需按计算配置腹筋。

对矩形、T 形、工字形截面的一般受弯构件:

$$V \leqslant 0.7 f_t b h_0 \qquad (5.12)$$

对集中荷载作用下的独立梁:

$$V \leqslant \frac{1.75}{\lambda + 1} f_t b h_0 \qquad (5.13)$$

③计算腹筋用量

a. 仅配箍筋时

按式(5.6)或式(5.7)求出 A_{sv}/s,对矩形、T 形及工字形截面一般受弯构件:

$$\frac{A_{sv}}{s} = \frac{n A_{sv1}}{s} \geqslant \frac{V - 0.7 f_t b h_0}{f_{yv} h_0} \qquad (5.14)$$

对集中荷载作用下的独立梁:

$$\frac{A_{sv}}{s} = \frac{n A_{sv1}}{s} \geqslant \frac{V - \dfrac{1.75}{\lambda + 1} f_t b h_0}{f_{yv} h_0} \qquad (5.15)$$

再按构造要求确定箍筋肢数 n 和箍筋直径,从而可得单肢箍筋横截面面积 A_{sv1},并计算出箍筋间距 $s(s \leqslant s_{max}$,查表 5.1),最后按式(5.11)验算箍筋的最小配筋率。

表 5.1　梁中箍筋最大间距 s_{max}(mm)

梁高 h/mm	$150 < h \leqslant 300$	$300 < h \leqslant 500$	$500 < h \leqslant 800$	$h > 800$
$V \leqslant 0.7 f_t b h_0$	200	300	350	400
$V > 0.7 f_t b h_0$	150	200	250	300

b. 既配箍筋又配弯起钢筋时

当剪力较大且纵向钢筋多于两根时,可采用这种方法配置腹筋。这种情况下一般按构造要求或以往的设计经验,先选定箍筋的数量,按式(5.6)或式(5.7)算出 V_{cs},然后按下式确定弯起钢筋的横截面面积。

$$A_{sb} = \frac{V - V_{cs}}{0.8 f_y \sin \alpha_s} \qquad (5.16)$$

在计算弯起钢筋时,剪力设计值按下列规定采用:

ⓐ当计算第一排(对支座而言)弯起钢筋时,取支座边缘处的剪力值。

ⓑ当计算以后每排弯起钢筋时,取前排(对支座而言)弯起钢筋弯起点处的剪力值。

弯起钢筋的排数:对均布荷载,最后一排弯起钢筋弯起点处剪力小于 V_{cs} 时,可不再设置弯筋;对集中荷载,最后一排弯起钢筋弯起点到集中荷载作用点的距离小于等于箍筋的最大间距 s_{max} 时,可不再设弯筋。

(2)截面复核

已知:截面尺寸 $b \times h$,材料强度等级 f_c、f_t、f_y、f_{yv},配箍量 n,单肢箍筋的截面面积 A_{sv1},箍筋间距 s 和弯起钢筋截面面积 A_{sb} 等,求梁的斜截面受剪承载力设计值 V_u(或已知剪力设计值 V,复核梁的斜截面承载力是否安全)。

这类问题只要将已知条件代入公式(5.6)或式(5.7)或式(5.8)即可求得解答。同时还应注意验算公式的适用条件。

【例 5.1】 某矩形截面简支梁截面尺寸为 200 mm×550 mm，梁的净跨 $l=5$ m，承受均布荷载设计值 $q=65$ kN/m(包括梁自重)，构件安全等级为二级，根据正截面承载力计算配置的纵筋为 3Φ20(图 5.7)，混凝土采用 C20，箍筋采用 HPB300 级，求箍筋用量。

【解】　(1)计算剪力设计值

取支座边缘处的截面为计算截面，所以计算时用净跨。剪力图如图 5.8 所示。

$$V=\frac{1}{2}ql=\frac{1}{2}\times 65\times 5=162.5(\text{kN})$$

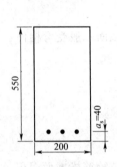

图 5.7　矩形截面图(单位:mm)

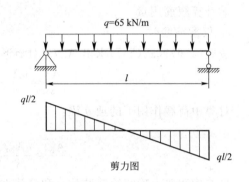

图 5.8　均布荷载下的剪力图

(2)材料强度设计值

由表 2.1 查得的 C20 混凝土的轴心抗压强度设计值 $f_c=9.6$ N/mm²，轴心抗拉强度设计值 $f_t=1.1$ N/mm²，查表 2.3 得的 HPB300 级钢筋抗拉强度设计值 $f_{yv}=270$ N/mm²，由于是 C20 混凝土，因此强度影响系数 $\beta_c=1$。

(3)复核梁的截面尺寸

$$h_0=h-a_s=550-40=510(\text{mm})$$

由公式(5.9)得

$$\frac{h_w}{b}=\frac{h_0}{b}=\frac{510}{200}=2.55<4$$

$$0.25\beta_c f_c bh_0=0.25\times 1\times 9.6\times 200\times 510=245(\text{kN})>V=162.5(\text{kN})$$

截面尺寸符合要求。

(4)验算是否需要按计算配箍筋

由式(5.12)得

$$0.7f_t bh_0=0.7\times 1.1\times 200\times 510=78.54(\text{kN})<V=162.5(\text{kN})$$

应按计算配置箍筋。

(5)计算箍筋用量

由式(5.14)得

$$\frac{nA_{sv1}}{s}=\frac{V-0.7f_t bh_0}{f_{yv}h_0}=\frac{162.5\times 10^3-78.54\times 10^3}{270\times 510}=0.610(\text{mm}^2/\text{mm})$$

按构造要求选箍筋双肢 Φ8($A_{sv1}=50.3$ mm²)，于是箍筋间距 s 为

$$s = \frac{nA_{\mathrm{sv1}}}{0.610} = \frac{2 \times 50.3}{0.610} = 165 (\mathrm{mm})$$

取 $s = 165$ mm $< s_{\max} = 250$ mm，记作 $\phi 8@160$，沿梁全长布置。

（6）验算箍筋的最小配筋率

箍筋最小配筋率：

$$\rho_{\mathrm{sv,min}} = 0.24 \frac{f_{\mathrm{t}}}{f_{\mathrm{yv}}} = 0.24 \times \frac{1.1}{270} = 0.098\%$$

$$\rho_{\mathrm{sv}} = \frac{nA_{\mathrm{sv1}}}{bs} = \frac{2 \times 50.3}{200 \times 160} = 0.31\% > \rho_{\mathrm{sv,min}} = 0.098\ 6\%$$

箍筋的配筋率满足要求。

【例 5.2】　矩形截面简支梁承受均布荷载设计值 $q = 70$ kN/m（包括自重），截面尺寸 $b \times h = 250$ mm$\times 650$ mm，净跨 $l = 6.3$ m，混凝土为 C25，纵筋为 HRB400 级，箍筋为 HPB300 级，构件安全等级为二级，按正截面受弯承载力计算已配置两排纵向钢筋 $4\Phi 22 + 2\Phi 20$，试求腹筋用量。

【解】　（1）支座剪力设计值

$$V_1 = \frac{1}{2}ql = \frac{1}{2} \times 70 \times 6.3 = 220.5 (\mathrm{kN})$$

绘制梁的剪力图如图 5.9 所示。

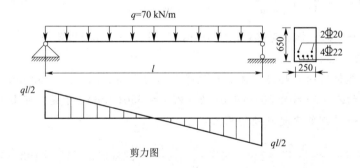

图 5.9　均布荷载作用下的剪力图（单位：mm）

（2）材料强度设计值

由表 2.1 查得 C25 的混凝土轴心抗压强度设计值 $f_{\mathrm{c}} = 11.9$ N/mm^2，轴心抗拉强度设计值 $f_{\mathrm{t}} = 1.27$ N/mm^2；箍筋为 HPB300 级，查表 2.3 抗拉强度设计值 $f_{\mathrm{yv}} = 270$ N/mm^2；纵筋为 HRB400 级，查表 2.3 抗拉强度设计值 $f_{\mathrm{y}} = 360$ N/mm^2，由于混凝土为 C25，所以 $\beta_{\mathrm{c}} = 1$。

（3）复核梁的截面尺寸

$$h_0 = 650 - 60 = 590 (\mathrm{mm})$$

$$\frac{h_{\mathrm{w}}}{b} = \frac{590}{250} = 2.36 < 4$$

$$0.25\beta_{\mathrm{c}} f_{\mathrm{c}} bh_0 = 0.25 \times 1 \times 11.9 \times 250 \times 590 = 438.8 (\mathrm{kN}) > V_1 = 220.5 (\mathrm{kN})$$

截面尺寸符合要求。

（4）验算是否需要按计算配置腹筋

由式(5.12)得

$$V_{cs}=0.7f_tbh_0=0.7\times1.27\times250\times590=131.13(kN)<220.5(kN)$$

需要按计算配置腹筋。

(5)计算斜截面上混凝土和箍筋的受剪承载力 V_{cs}

采用配箍筋和弯起钢筋共同受剪方案。选箍筋采用双肢 $\Phi8@250$（$A_{sv1}=50.3\,mm^2$）。

验算箍筋的最小配筋率：

$$\rho_{sv,min}=0.24\frac{f_t}{f_{yv}}=0.24\times\frac{1.27}{270}=0.113\%$$

$$\rho_{sv}=\frac{nA_{sv1}}{bs}=\frac{2\times50.3}{250\times250}=0.16\%>\rho_{sv,min}=0.113\%$$

由式(5.6)得

$$V_{cs}=0.7f_tbh_0+f_{yv}\frac{A_{sv}}{s}h_0=0.7\times1.27\times250\times590+270\times\frac{2\times50.3}{250}\times590$$

$$=195.23(kN)<220.5(kN)$$

说明采用 $\Phi8@250$ 箍筋，不能满足斜截面抗剪要求，需设置弯起钢筋。

(6)计算弯起钢筋的截面面积

设弯起钢筋的弯起角度 $\alpha_s=45°$，第一排弯起钢筋的截面面积由式(5.16)得

$$A_{sb}=\frac{V_1-V_{cs}}{0.8f_yA_{sb}\sin\alpha_s}=\frac{220.5\times10^3-193.45\times10^3}{0.8\times360\times0.707}=132.8(mm^2)$$

将纵向钢筋中 $1\Phi20$ 钢筋弯起（$A_{sb}=314mm^2>132.8\,mm^2$）已足够。

(7)确定弯起钢筋排数

设第一排弯起钢筋的弯起终点离支座边缘距离为 $50\,mm<s_{max}=250\,mm$，则弯起钢筋弯起点至支座边缘的水平距离为 $50+(650-2\times25)=650(mm)$，于是，可由剪力图的相似三角形关系求得第一排钢筋弯起点处的剪力：

$$V_2=V_1\frac{3.15-0.65}{3.15}=220.5\times\frac{3.15-0.65}{3.15}=175(kN)<V_{cs}=193.45(kN)$$

第一排弯起钢筋弯起点处的斜截面受剪承载力满足要求，不再需要弯起下排钢筋。

【例 5.3】 某独立矩形截面简支梁，截面尺寸为 $200\,mm\times500\,mm$，承受均布荷载产生的剪力 $V=120\,kN$，不配置弯起钢筋，构件安全等级为二级，混凝土强度等级采用 C20，$a_s=35\,mm$，箍筋采用 HPB300 级钢筋，直径为 6 mm，双肢。试求箍筋间距 s。

【解】 (1)材料参数

表 2.1 查得 C20 的混凝土轴心抗压强度设计值 $f_c=9.6\,N/mm^2$，轴心抗拉强度设计值 $f_t=1.1\,N/mm^2$；箍筋为 HPB300 级，查表 2.3 抗拉强度设计值 $f_{yv}=270\,N/mm^2$；由于混凝土为 C20，所以 $\beta_c=1$。单肢 $A_{sv1}=28.3\,mm^2$。

(2)验算截面限制条件

$$h_0=h-a_s=500-35=465(mm)$$

根据式(5.9)得 $$\frac{h_0}{b}=\frac{465}{200}=2.325<4$$

属于一般梁。

由式(5.9)得
$$\frac{V}{\beta_c f_c b h_0} = \frac{120 \times 10^3}{1 \times 9.6 \times 200 \times 465} = 0.134 < 0.25$$

截面符合要求。

(3)判别是否需要按计算配箍筋

由式(5.12)得
$$V_c = 0.7 f_t b h_0 = 0.7 \times 10^{-3} \times 1.10 \times 200 \times 465 = 71.61 (\text{kN}) < V = 120 (\text{kN})$$

应按计算配置箍筋。

(4)箍筋间距计算

要求箍筋承担的剪力为
$$V_{sv} = V - V_c = 120 - 71.61 = 48.39 (\text{kN})$$
$$V_{sv} = \frac{h_0}{s} f_{yv} A_{sv}$$

由式(5.14)推导出：
$$s = \frac{f_{yv} A_{sv} h_0}{V_{sv}} = \frac{270 \times 2 \times 28.3 \times 465}{48.39 \times 10^3} = 147 (\text{mm})$$

选用Φ6@150mm。

$$s < s_{max} = 200 \text{mm}$$

$$\rho_{sv} = \frac{n A_{sv1}}{bS} = \frac{2 \times 28.3}{200 \times 150} = 0.19\% > \rho_{sv,min} = 0.02 \frac{f_c}{f_{yv}} = 0.02 \times \frac{9.6}{270} = 0.071\%$$

满足要求。

任务 5.3 理解保证斜截面受弯承载力的构造要求

5.3.1 任务目标

1. 能力目标

能掌握各种钢筋的构造要求，使其能够得到充分利用。

2. 知识目标

(1)掌握抵抗弯矩图。

(2)掌握纵向钢筋的弯起位置和截断位置。

(3)掌握箍筋的形式和间距。

(4)掌握弯起钢筋的构造要求。

3. 素质目标

培养严谨的工作态度，把学到的理论知识应用到实际工程中。

5.3.2 相关配套知识

受弯构件斜截面承载力包括斜截面受剪承载力和斜截面受弯承载力两个方面。其中斜截面受剪承载力的计算已在前面讨论过，而斜截面受弯承载力是靠构造要求来保证的。这些构造要求有纵向钢筋的弯起和截断等。为了理解这些构造要求，必须先建立抵抗弯矩图的概念。

1. 抵抗弯矩图(M_R图)

抵抗弯矩图(图5.10)也叫材料图，是实际配置的钢筋在梁的各正截面所能承受的弯矩图。它与构件的截面尺寸、纵向钢筋的数量及布置有关。

如图 5.10 所示的简支梁，由于沿梁全长纵筋相同，其抵抗弯矩图 M_R 就是矩形 $abcd$。图中也示出了每根钢筋所能抵抗的弯矩。可以看出，在跨中 1 点处三根钢筋的强度被充分利用；在 2 点处①、②号钢筋的强度被充分利用，而③号钢筋在 2 点以外（向支座方向）理论上就不再需要了。同样，在 3 点处①号钢筋的强度被充分利用，②号钢筋在 3 点以外也就不再需要了。因此，点 1、2、3 分别称为③、②、①号钢筋的"充分利用点"；点 2、3、a 则分别称为③、②、①号钢筋的"不需要点"。

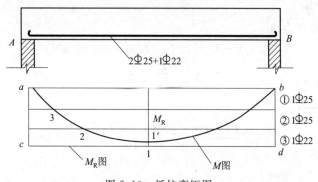

图 5.10　抵抗弯矩图

有纵筋弯起时，抵抗弯矩图的画法如图 5.11 所示。图中③号筋在 E 和 F 截面处弯起。弯起筋对正截面承载力的影响可按下列假定计算：以梁左端的弯起筋为例，设弯起筋与梁轴线的交点为 G，则在 G 点及其左部，弯起筋对正弯矩承载力的贡献为零（如图中的 g 点及其左部）；在 E 点，该筋对正弯矩承载力有全部贡献（如图中的 e 点）；在 G 点和 E 点之间，该筋对正弯矩承载力的贡献可按线性插值确定（如图中的直线段 ge）。

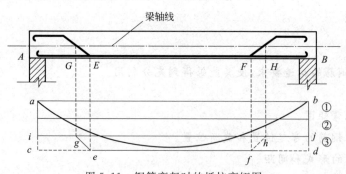

图 5.11　钢筋弯起时的抵抗弯矩图

可以看出，为了保证正截面受弯承载力的要求，抵抗弯矩图必须包住设计弯矩图（即 $M_R \geqslant M$），抵抗弯矩图越贴近设计弯矩图，纵筋利用也就越充分，因而也就越经济。当然，也应考虑施工方便配筋不宜过于复杂。

2. 纵向钢筋的弯起位置

梁中纵向钢筋的弯起必须满足三个要求：

(1)斜截面受剪承载力的要求。这点已在前面讨论了。

(2)正截面受弯承载力的要求。设计时必须使梁的抵抗弯矩图包住设计弯矩图。

(3)斜截面受弯承载力的要求。弯起钢筋应伸过其充分利用点至少 $0.5h_0$ 后才能弯起；同时，弯起钢筋与梁中心线的交点，应在不需要该钢筋的截面（理论截断点）之外。

3. 纵向钢筋的截断位置

梁跨中承受正弯矩的纵向受拉钢筋一般不宜在受拉区截断,这是因为在钢筋截断处钢筋截面面积骤减,混凝土内的拉力骤增,引起纵筋截断处过早过快地出现裂缝,使构件承载力下降。而连续梁、外伸梁和框架梁支座承受负弯矩的纵向受拉钢筋,可以根据弯矩图的变化将计算不需要的钢筋进行截断,如图 5.12 所示。

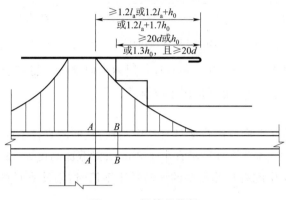

图 5.12　纵筋的截断

相关规范规定,梁支座截面负弯矩纵向受拉钢筋不宜在受拉区截断,如必须截断时,应符合以下规定:

(1)当 $V \leqslant 0.7 f_t b h_0$ 时,取 $w \geqslant 20d$,$l_d \geqslant 1.2 l_a$;

(2)当 $V > 0.7 f_t b h_0$ 时,取 $w \geqslant h_0$ 且 $w \geqslant 20d$,$l_d \geqslant 1.2 l_a + h_0$;

(3)若按上述规定确定的截断点仍位于负弯矩对应的受拉区内,则应取 $w \geqslant 1.3 h_0$ 且 $w \geqslant 20d$,$l_d \geqslant 1.2 l_a + 1.7 h_0$。

以上式中,d 为纵向钢筋直径,l_a 为受拉钢筋的锚固长度,w 为截断纵筋时的延伸长度。

在钢筋混凝土悬臂梁中,应有不少于两根以上钢筋伸至悬臂梁外端,并向下弯折不小于 $12d$;其余钢筋不应在梁的上部截断,而应按规定的弯起点位置向下弯折,并按弯起钢筋的锚固长度在梁的下边锚固。

4. 箍筋的构造要求

(1)箍筋的布置

对 $V < 0.7 f_t b h_0$ 或 $V < \dfrac{1.75}{\lambda + 1} f_c b h_0$ 按计算不需要箍筋的梁,当截面高度 $h > 300$ mm 时,应沿全梁设置箍筋;当截面高度 $h = 150 \sim 300$ mm 时,可仅在构件端部各 1/4 跨度范围内设置箍筋;但当在构件中部 1/2 跨度范围内有集中荷载作用时,则应沿梁全长设置箍筋;当截面高度 $h < 150$ mm 时,可不设箍筋。

(2)箍筋的形式和肢数

箍筋形式有封闭式和开口式两种(图 5.13)。对 T 形截面梁,当不承受动荷载和扭矩时,在承受正弯矩的区段内可以采用开口式箍筋,除上述情况外,一般梁中均采用封闭式。箍筋的两个端头应作成 135°弯钩,弯钩端部平直段长度不应小于 $5d$(d 为箍筋直径)和 50 mm。

箍筋的肢数有单肢、双肢和四肢。箍筋一般采用双肢箍筋,当梁宽 $b \geqslant 400$ mm,且一层的

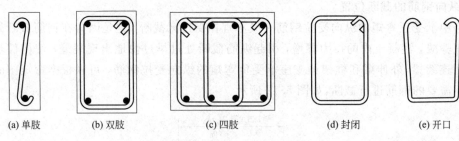

| (a) 单肢 | (b) 双肢 | (c) 四肢 | (d) 封闭 | (e) 开口 |

图 5.13　箍筋的肢数和形式

纵向受压钢筋超过 3 根或梁宽 $b<400$ mm,且一层内纵向受压钢筋多于 4 根时,宜采用四肢箍筋。当梁的截面宽度特别小时,也可采用单肢箍筋。

(3)箍筋的直径

为了使箍筋与纵筋联系形成的骨架具有一定刚性,箍筋的直径不能太小。规范规定:对截面高度 $h>800$ mm 的梁,其箍筋直径不宜小于 8 mm;对截面高度 $h\leqslant800$ mm 的梁,其箍筋直径不宜小于 6 mm;当梁中配有计算需要的纵向受压钢筋时,箍筋直径尚不应小于纵向受压钢筋最大直径的 1/4。

(4)箍筋的间距

梁中箍筋间距在满足计算要求的同时,还应符合最大间距的要求。这是为了防止箍筋间距过大,出现不与箍筋相交的斜裂缝,并控制斜裂缝的宽度。箍筋最大间距见表 5.1。

当梁中配有按计算所需的纵向受压钢筋时,箍筋应做成封闭式。此时,箍筋的间距不应大于 $15d$(d 为纵向受压钢筋的最小直径),同时不应大于 400 mm;当一层内的纵向受压钢筋多于 5 根且直径大于 18 mm 时,箍筋间距不应大于 $10d$。

5. 弯起钢筋的构造要求

(1)弯起钢筋的间距

当设置抗剪弯起钢筋时,前一排(相对支座而言)弯起钢筋的下弯点到次一排弯起钢筋上弯点的间距不得大于箍筋最大间距 s_{max}。

(2)弯起钢筋的锚固长度

弯起钢筋的弯终点尚应有平行梁轴线方向的锚固长度,其长度在受拉区不应小于 $20d$,在受压区不应小于 $10d$(d 为弯起钢筋的直径),对光面钢筋末端还应设置弯钩。

(3)受剪弯起钢筋的形式

弯起钢筋一般是由纵向受力钢筋弯起而成,当纵向钢筋弯起不能满足正截面和斜截面抗弯要求,而按斜截面受剪承载力又必须设置弯筋时,可单独设置只承受剪力的弯筋,并做成"鸭筋"的形式(图 5.14),但不允许采用锚固性能较差的"浮筋",否则一旦弯起钢筋滑动将使斜裂缝过大。

6. 架立筋及纵向构造钢筋

(1)架立筋

当梁的跨度小于 4 m 时,架立筋直径不宜小于 8 mm;当梁的跨度为 4~6 m 时,架立筋直径不宜小于 10 mm;当梁的跨度大于 6 m 时,架立筋直径不宜小于 12 mm。

(2)纵向构造钢筋

当梁的腹板高度不小于 450 mm 时,在梁的两个侧面应沿高度配置纵向构造钢筋,每侧纵

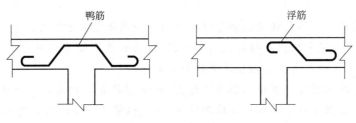

图 5.14 鸭筋与浮筋

向构造钢筋(不包括梁上、下受力钢筋及架立钢筋)的截面面积不应小于腹板面积的 1.0%,且其间距不宜大于 200 mm。

 项目小结

(1)受弯构件在弯矩和剪力共同作用的区段常常产生斜裂缝而发生破坏。斜裂缝破坏带有脆性破坏的性质,应当避免,在设计时必须进行斜截面承载力的计算。为了防止受弯构件发生斜截面破坏,应使构件有一个合理的截面尺寸,并配置必要的腹筋。

(2)根据剪跨比和箍筋用量的不同,斜截面受剪的破坏形态有三种:斜压破坏、斜拉破坏和剪压破坏。

①斜拉破坏——由于没有足够而有效的钢筋穿过斜截面而发生的"一裂即坏",箍筋是能够有效的约束斜裂缝长度延伸和宽度开展的钢筋,因此,防止该种破坏的措施是规定箍筋的数量(构造措施),即规定最小箍筋配筋率。

(少筋破坏——由于没有足够而有效的钢筋穿过横截面而发生的"一裂即坏",纵向受拉钢筋是有效约束竖直裂缝长度延伸和宽度开展的钢筋,因此,防止该种破坏的措施是规定纵向受拉钢筋的数量,即规定最小配筋率。)

②斜压破坏——由于在穿过斜裂缝的腹筋屈服前,剪压区混凝土先被压坏,说明混凝土的受压承载力不足,防止该种破坏的措施是截面限制条件:

当 $\dfrac{h_{\mathrm{w}}}{b} \leqslant 4$ 时,$V \leqslant 0.25\beta_{\mathrm{c}} f_{\mathrm{c}} b h_0$

当 $\dfrac{h_{\mathrm{w}}}{b} \geqslant 6$ 时,$V \leqslant 0.2\beta_{\mathrm{c}} f_{\mathrm{c}} b h_0$

当 $4 < \dfrac{h_{\mathrm{w}}}{b} < 6$ 时,按线性内插法取用

(超筋破坏——由于在穿过竖直裂缝的纵向受拉钢筋屈服前,受压区混凝土先被压坏,说明混凝土的受压承载力不足。防止该种破坏的措施是:增大混凝土的截面尺寸或提高混凝土的强度等级或采用双筋截面。)

③剪压破坏——剪压区混凝土破坏前,穿过斜裂缝的腹筋能屈服,破坏为延性破坏。防止该种破坏的方法是通过计算配置相应的腹筋。

(适筋破坏——受压区混凝土破坏前,穿过竖向裂缝的纵向钢筋能屈服,破坏为延性破坏。防止该种破坏的方法是通过计算配置相应的纵向受力钢筋。)

由剪压破坏形态建立计算公式,由防止斜拉破坏和斜压破坏的措施给出计算公式的适用条件(由适筋破坏形态建立计算公式,由防止少筋破坏和超筋破坏的措施给出计算公式的适用

条件)。

(3)斜截面承载力计算包括斜截面受剪承载力和斜截面受弯承载力两个方面,斜截面受剪承载力是经过计算在梁中配置足够的腹筋来保证的,而斜截面受弯承载力则是通过构造措施来保证的。这些构造措施有纵向钢筋的弯起和截断等。

(4)箍筋和弯起钢筋可以直接承担部分剪力,并限制斜裂缝的延伸和开展,提高剪压区的抗剪能力;还可以增强集料咬合作用和摩阻作用,提高纵筋的销栓作用。因此配置腹筋可使梁的受剪承载力有较大提高。

(5)影响受弯构件斜截面受剪承载力的主要因素有剪跨比、混凝土强度、配箍率、箍筋强度和纵筋配筋率等。

(6)抵抗弯矩图是实际配置的钢筋在梁的各正截面所承受的弯矩图。通过抵抗弯矩图可以确定钢筋弯起和截断的位置。抵抗弯矩 M_R 图必须包住设计弯矩 M 图,M_R 与 M 图越贴近,钢筋利用越充分。同一根梁、同一个设计弯矩图,可以有不同的纵筋布置方案和不同的抵抗弯矩图。

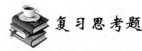 **复习思考题**

1. 为什么一般梁在跨中产生垂直裂缝,而在支座产生斜裂缝?

2. 梁沿斜截面受剪破坏的主要形态有哪几种? 它们分别在什么情况下发生? 如何防止各种破坏形态的发生?

3. 什么是剪跨比,它对斜截面破坏形态有何影响?

4. 梁的斜截面受剪承载力计算公式有什么限制条件? 其意义是什么?

5. 对 T 形、工字形截面梁进行斜截面承载力计算时可按何种截面计算? 为什么?

6. 什么是抵抗弯矩图? 它与设计弯矩图有什么关系? 为什么要绘制梁的抵抗弯矩图?

7. 限制箍筋和弯起钢筋最大间距 s_{max} 的目的是什么?

8. 梁内箍筋的主要构造要求有哪些?

9. 已知矩形截面简支梁,梁净跨度 $l_n = 5.4$ m,承受均布荷载设计值(包括自重)$q = 45$ kN/m,截面尺寸 $b \times h = 250$ mm $\times 450$ mm,混凝土强度等级为 C25($a_s = 35$mm),箍筋采用 HPB300 级,求仅配箍筋时所需箍筋的用量。

10. 一矩形截面简支梁,截面尺寸 $b \times h = 250$ mm $\times 550$ mm,梁上作用集中荷载设计值 $F = 120$ kN,均布荷载设计值(包括自重)$q = 6$ kN/m,混凝土强度等级 C25,箍筋选用 HRB335 级,试计算该梁所需的箍筋数量。

11. 钢筋混凝土简支梁,截面尺寸 $b \times h = 200$ mm $\times 600$ mm,承受均布荷载设计值 $q = 60$ kN/m(包括自重),混凝土采用 C20,梁内纵筋采用 HRB335 级,已配 $3\phi25 + 2\phi22$,箍筋采用 HPB300 级,求:①梁内仅配箍筋时,所需箍筋数量;②梁内同时配置箍筋和弯筋时,所需箍筋和弯筋的数量;③绘制梁的配筋草图。

项目6 钢筋混凝土受压构件

 项目描述

受压构件是以承受轴向压力为主的构件。当轴向压力作用线与受压构件轴线相重合时,此受压构件为轴心受压构件。当轴向压力的作用线偏离受压构件的轴线时,此受压构件为偏心受压构件。

 学习目标

1. 能力目标

(1)能够设计轴心受压构件。

(2)能够设计矩形截面偏心受压构件。

2. 知识目标

(1)掌握钢筋混凝土轴心受压构件的构造要求及其分类。

(2)掌握普通箍筋柱与螺旋箍筋柱的承载力计算。

(3)掌握偏心受压构件的受力特点和破坏性态。

(4)掌握矩形截面偏心受压构件的强度计算。

3. 素质目标

通过对钢筋混凝土受压构件的学习,培养学生在实际工作中能够综合运用受压构件和受弯构件的能力和严谨求实的工作作风。

任务6.1 掌握轴心受压构件承载力计算

6.1.1 任务目标

1. 能力目标

能够设计轴心受压构件。

2. 知识目标

(1)掌握钢筋混凝土轴心受压构件的构造要求及其分类。

(2)掌握普通箍筋柱与螺旋箍筋柱的承载力计算。

3. 素质目标

针对于普通箍筋柱与螺旋箍筋柱的不同承载力计算,培养学生严谨求实的工作作风。

6.1.2 相关配套知识

在实际工程中,有一些钢筋混凝土受压构件,在外荷载作用下,在外表产生了纵向裂缝或是垂直于轴心的裂缝,这将严重影响柱的承载能力。由项目 4 我们知道,如果梁的正截面承载力不足,将沿正截面(垂直裂缝)方向发生破坏。所以设计钢筋混凝土受弯构件时,必须满足正截面受弯承载力要求。那么对于钢筋混凝土柱的这些破坏现象是否是由于柱的承载力不足引起的呢? 是否要配置钢筋来满足承载力的要求呢? 答案是肯定的,因此本项目需要解决钢筋混凝土受压构件承载力计算的问题。

1. 概述

受压构件是工程结构中最基本和最常见的构件之一,主要以承受轴向压力为主,通常还有弯矩和剪力作用。如图 6.1 所示,框架结构房屋的柱、单层厂房柱及屋架的受压腹杆等均为受压构件。

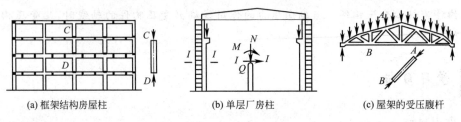

(a) 框架结构房屋柱　　　　　(b) 单层厂房柱　　　　　(c) 屋架的受压腹杆

图 6.1　常见的受压构件

根据轴向压力的作用点与截面重心的相对位置不同,受压构件又可分为轴心受压构件、单向偏心受压构件及双向偏心受压构件,如图 6.2 所示。

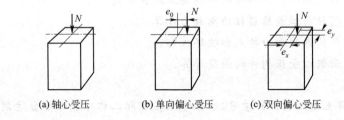

(a) 轴心受压　　　　　(b) 单向偏心受压　　　　　(c) 双向偏心受压

图 6.2　受压构件类型

钢筋混凝土受压构件通常配有纵向受力钢筋和箍筋,如图 6.3 所示。在轴心受压构件中,纵向受力钢筋的主要作用是帮助混凝土受压,箍筋的主要作用是防止纵向受力钢筋压屈,并与纵向受力钢筋形成骨架以便施工。在偏心受压构件中,纵向受力钢筋的主要作用是:一部分纵向受力钢筋帮助混凝土受压,另一部分纵向受力钢筋抵抗由偏心压力产生的弯矩。箍筋的主要作用是抵抗剪力。

2. 受压构件一般构造要求

(1)截面形式及尺寸

轴心受压构件的截面多采用方形或矩形,有时也采用圆形或多边形。方形柱的截面尺寸不宜小于 250 mm×250 mm。偏心受压构件一般为矩形截面,矩形截面长边与弯矩作用方向平行。为了使矩形截面受压构件不致因长细比过大而使承载力降低过多,常取 $l_0/b \leqslant 30$,或 $l_0/h \leqslant 25$。此处 l_0 为柱的计算长度,b 为矩形截面短边边长,h 为矩形截面长边边长。柱截面尺寸宜符合模数,800 mm 及以下的,取 50 mm 的倍数,800 mm 以上的,可取 100 mm 的倍数。

(2)材料强度要求

由于混凝土强度等级对受压构件的承载能力影响较大,故为了减小构件的截面尺

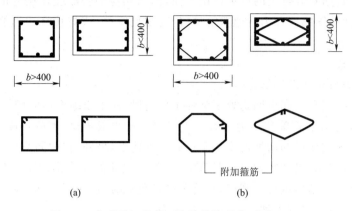

图 6.3　方形及矩形截面柱的箍筋形式(单位:mm)

寸,节省钢材,宜采用强度等级较高的混凝土。一般采用 C25、C30、C35、C40 等,对于高层建筑的底层柱,必要时可采用更高强度等级的混凝土。纵向钢筋一般采用 HRB400 级、HRB335 级和 RRB400 级。由于高强度钢筋与混凝土共同受压时,不能充分发挥其作用,故不宜采用。箍筋一般采用 HPB300 级、HRB335 级钢筋,也可采用 HRB400 级钢筋。

(3)纵筋

轴心受压构件的纵向受力钢筋应沿截面的四周均匀放置,钢筋根数不得少于 4 根,如图 6.3(a)所示。偏心受压构件的纵向受力钢筋应放置在偏心方向截面的两边。当截面高度 $h \geqslant 600$ mm 时,在侧面应设置直径为 10~16 mm 的纵向构造钢筋,并相应地设置附加箍筋或拉筋,如图 6.3(b)所示。轴心受压构件、偏心受压构件全部纵筋的配筋率不应小于 0.6%;同时,一侧钢筋的配筋率不应小于 0.2%。纵向钢筋直径不宜小于 12 mm,通常在 16~32 mm 范围内选用。为了减少钢筋在施工时可能产生的纵向弯曲,宜采用较粗的钢筋。从经济、施工以及受力性能等方面来考虑,全部纵筋配筋率不宜超过 5%。柱内纵筋的混凝土保护层厚度对一级环境取 30 mm。纵筋净距不应小于 50 mm。在水平位置上浇注的预制柱,其纵筋最小净距可减小,但不应小于 30 mm 和 1.5d(d 为钢筋的最大直径)。纵向受力钢筋彼此间的中距不应大于 350 mm。纵筋的连接接头宜设置在受力较小处。钢筋的接头可采用机械连接接头,也可采用焊接接头和搭接接头。但对于直径大于 28 mm 的受拉钢筋和直径大于 32 mm 的受压钢筋,不宜采用绑扎的搭接接头。

(4)箍筋

柱中箍筋应符合下列规定:为防止纵筋压曲,柱中箍筋须做成封闭式;其间距在绑扎骨架中不应大于 15d,在焊接骨架中则不应大于 20d(d 为纵筋最小直径),且不应大于 400 mm,也不大于构件横截面的短边尺寸。箍筋直径不应小于 d/4(d 为纵筋最大直径),且不应小于 6 mm。当纵筋配筋率超过 3%时,箍筋直径不应小于 8 mm,其间距不应大于 10d(d 为纵筋最小直径),且不应大于 200 mm。当截面短边不大于 400 mm,且纵筋不多于四根时,可不设置复合箍筋,如图 6.3(a)所示;当构件截面各边纵筋多于 3 根时,应设置复合箍筋,如图 6.3(b)所示。

3. 轴心受压构件的承载力计算

钢筋混凝土轴心受压构件箍筋的配置方式有两种:普通箍筋和螺旋箍筋(或焊接环式箍

筋)。由于这两种箍筋对混凝土的约束作用不同,因而相应的轴心受压构件的承载力也不同。习惯上把配有普通箍筋的柱称为普通箍筋柱,配有螺旋箍筋(或焊接环式箍筋)的柱称为螺旋箍筋柱。

(1)普通箍筋柱

①短柱的受力特点和破坏形态

当荷载较小时,混凝土和钢筋均处于弹性工作阶段,柱子压缩变形的增加与荷载的增加成正比,混凝土压应力 σ_c 和钢筋压应力 σ'_s 增加与荷载增加也成正比;当荷载较大时,由于混凝土塑性变形的发展,压缩变形的增加速度快于荷载增加速度,另外,在相同荷载增量下,钢筋压应力 σ'_s 比混凝土压应力 σ_c 增加得快,亦即钢筋和混凝土之间的应力出现了重分布现象;随着荷载的继续增加,柱中开始出现微细裂缝,在临近破坏荷载时,柱四周出现明显的纵向裂缝,箍筋间纵筋压屈,向外凸出,混凝土被压碎,柱子即告破坏。

在构件计算时,通常以应变达到 0.002 为控制条件,认为此时混凝土达到了轴心抗压强度 f_c。相应地,纵筋的应力 $\sigma'_s \approx 0.002 \times 2 \times 10^5 = 400 (\mathrm{N/mm^2})$。因此,如果构件采用热轧钢筋(HPB235、HRB335、HRB400 和 RRB400)为纵筋,则破坏时其应力已达到屈服强度;如果采用高强钢筋为纵筋,则破坏时其应力达不到屈服强度,只能达到 $0.002E_s$。

②细长轴心受压构件的承载力降低现象

当柱子比较细长时,其破坏是由于丧失稳定所造成的。破坏时柱子侧向挠度增大,一侧混凝土被压碎,另一侧出现横向裂缝。与截面尺寸、混凝土强度等级和配筋相同的短柱相比,长柱的破坏荷载较小,一般是采用纵向稳定系数 φ 来表示长柱承载能力的降低程度。即受压柱越细长,则 φ 值越小,承载力越低。

③ 轴心受压构件的承载力计算

配有纵向钢筋和普通箍筋的轴心受压承载力(图 6.4)计算公式为

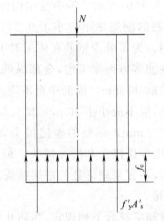

$$\gamma_0 N \leqslant 0.9\varphi(f_c A + f'_y A'_s) \qquad (6.1)$$

式中　γ_0——结构重要性系数;

　　　N——荷载设计值;

　　　f_c——混凝土轴心抗压强度设计值;

　　　f'_y——纵向钢筋抗压强度设计值;

　　　A——构件截面面积,当纵向钢筋配筋率大于 3%时,应扣除钢筋所占的混凝土面积,即将 A 改为 A_c,$A_c = A - A'_s$;

　　　A'_s——全部纵向钢筋的截面面积;

　　　0.9——为了使轴心受压构件承载力与考虑偏心距影响的偏心受压构件的承载力有相似的可靠度而引入的折减系数。

《混凝土结构设计规范》(GB 50010—2010)给出的钢筋混凝土轴心受压构件稳定系数 φ 值见表 6.1。

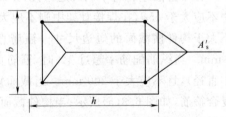

图 6.4　普通箍筋柱受压承载力计算简图

④设计方法

轴心受压构件的设计问题可分为截面设计和截面复核两类。

表 6.1 钢筋混凝土轴心受压构件稳定系数

l_0/b	l_0/d	l_0/i	φ	l_0/b	l_0/d	l_0/i	φ
≤8	≤7	≤28	≤1.0	30	26	104	0.52
10	8.5	35	0.96	32	28	111	0.48
12	10.5	42	0.95	34	29.5	118	0.44
14	12	48	0.92	36	31	125	0.40
16	14	55	0.87	38	33	132	0.36
18	15.5	62	0.81	40	34.5	139	0.32
20	17	69	0.75	42	36.5	146	0.29
22	19	76	0.70	44	38	153	0.26
24	21	83	0.65	46	40	160	0.23
26	22.5	90	0.60	48	41.5	167	0.21
28	24	97	0.56	50	43	174	0.19

注:表中 l_0 为构件计算长度;b 为矩形截面的短边尺寸;d 为圆形截面的直径;i 为截面的最小回转半径。

a. 截面设计

一般已知轴心压力设计值(N),材料强度设计值(f_c、f_y'),构件的计算长度 l_0,求构件截面面积(A 或 $b×h$)及纵向受压钢筋面积(A_s')。

由公式(6.1)知,仅有一个公式需求解三个未知量(φ、A、A_s'),无确定解,故必须增加或假设一些已知条件。一般可以先选定一个合适的配筋率 ρ'(即 A_s'/A),通常可取 ρ' 为 $1.0\%\sim1.5\%$,再假定 $\varphi=1.0$,然后代入公式(6.1)求解 A。根据 A 来选定实际的构件截面尺寸($b×h$)。由长细比 l_0/b 查表 6.1 确定 φ,再代入式(6.1)求实际的 A_s'。当然,最后还应检查是否满足最小配筋率要求。

b. 截面复核

截面复核比较简单,只需将有关数据代入式(6.1),如果式(6.1)成立,则满足承载力要求。

【例 6.1】 某钢筋混凝土轴心受压柱,计算长度 $l_0=4.9$m,承受轴向力设计值 $N=1\,580$ kN,结构重要性系数 $\gamma_0=1.0$,采用 C25 级混凝土和 HRB400 级钢筋,求柱截面尺寸($b×h$)及纵筋截面面积(A_s')。

【解】 (1)估算截面尺寸

查表 2.1,$f_c=11.9$ N/mm²;查表 2.3,$f_y'=360$ N/mm²。假定 $\rho'=A_s'/A=1\%$,$\varphi=1.0$,代入式(6.1)得

$$A=\frac{N}{0.9\varphi(f_c+\rho'f_y')}=\frac{1\,580×10^3}{0.9×1.0×(11.9+0.01×360)}=113\,262(\text{mm}^2)$$

$$b=h=\sqrt{A}=336.54(\text{mm})$$

实取 $b=h=350$ mm,$A=122\,500$ mm²。

(2)求稳定系数

$l_0/b=4\,900/350=14$,查表 6.1 得 $\varphi=0.92$。

(3)求纵筋面积

假设 $\rho'\leqslant3\%$,由式(6.1)得

$$A'_s = \frac{\gamma_0 N - 0.9\varphi f_c A}{0.9\varphi f'_y} = \frac{1.0 \times 1\,580 \times 10^3 - 0.9 \times 0.92 \times 11.9 \times 350 \times 350}{0.9 \times 0.92 \times 360} = 1\,251 (\text{mm}^2)$$

(4)验算配筋率

总配筋率 $3\% > \rho' = \dfrac{1\,251}{350 \times 350} = 1.02\% > \rho'_{\min} = 0.5\%$，可以。

实选 4Φ20 钢筋（$A'_s = 1\,265\ \text{mm}^2$）。

(2)螺旋箍筋柱

配置有螺旋箍筋或焊接环形钢筋的柱用钢量大，施工复杂，造价较高，一般较少采用。当柱子需要承受较大的轴向压力，而截面尺寸又受到限制，增加钢筋和提高混凝土强度均无法满足要求的情况下，可以采用螺旋箍筋或焊接环形箍筋（统称为间接钢筋）以提高柱子的承载力。螺旋箍筋柱的构造形式如图 6.5 所示。间接钢筋的间距不应大于 80 mm 及 $d_{cor}/5$（d_{cor} 为按间接钢筋内表面确定的核心截面直径），且不小于 40 mm；间接钢筋的直径要求与普通柱箍筋相同。

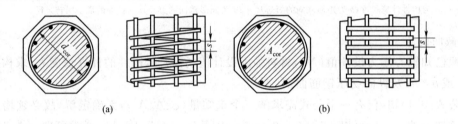

(a)　　　　　　　　　　　　　　　(b)

图 6.5　螺旋箍筋和焊接环形箍筋柱

①受力特点及破坏特征

螺旋箍筋柱的受力性能与普通箍筋柱有很大不同，图 6.6 为螺旋箍筋柱与普通箍筋柱的荷载—应变曲线的对比。由图中可见，荷载不大（$\sigma_c \leqslant 0.8 f_c$）时，两条曲线并无明显区别，当荷载增加至应变达到混凝土的峰值应变 ε_0 时，混凝土保护层开始剥落，由于混凝土截面减小，荷载有所下降。但由于核芯部分混凝土产生较大的横向变形，使螺旋箍筋产生环向拉力，亦即核芯部分混凝土受到螺旋箍筋的径向压力，处在三向受压的状态，其抗压强度超过了 f_c，曲线逐渐回升。随着荷载的不断增大，箍筋的环向拉力随核芯混凝土横向变形的不断发展而提高，对核芯混凝土的约束也不断增大。当螺旋箍筋达到屈服时，不再对核芯混凝土有约束作用，混凝土抗压强度也不再提高，混凝土被压碎，构件破坏。破坏时，螺旋箍筋柱的承载力及应变都要比普通箍筋柱大（压应变达到 0.01以上）。试验资料表明，螺旋箍筋的配箍率越大，柱的承载力越高，延性越好。

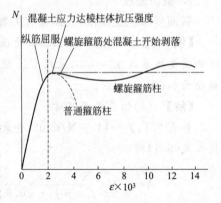

图 6.6　轴心受压柱的荷载—应变曲线

②承载力计算

螺旋箍筋柱承载能力极限状态设计表达式为

$$\gamma_0 N \leqslant N_u = 0.9(f_c A_{cor} + f'_y A'_s + 2\alpha f_y A_{ss0}) \tag{6.2}$$

$$A_{ss0}=\frac{\pi d_{cor}A_{ss1}}{s} \tag{6.3}$$

式中　N——轴向压力设计值;

　　　f'_y——间接钢筋(即螺旋箍筋或焊接环筋)抗拉强度设计值;

　　　A_{cor}——构件核心截面面积,即间接钢筋内表面范围内的混凝土面积;

　　　A_{ss0}——螺旋式或焊接环式间接钢筋的换算截面面积;

　　　d_{cor}——构件的核心截面直径,即间接钢筋内表面的距离;

　　　A_{ss1}——螺旋式或焊接环式单根间接钢筋的截面面积;

　　　α——螺旋箍筋对混凝土约束的折减系数:当混凝土强度等级不大于C50时,取1.0;当混凝土强度等级为C80时,取0.85;其间按直线内插法确定。

应用式(6.2)设计时,应注意以下几个问题:

a. 按式(6.2)算得的构件受压承载力不应比按式(6.1)算得的大50%。这是为了保证混凝土保护层在标准荷载下不过早剥落,不会影响正常使用。

b. 当$l_0/d>12$时,不考虑螺旋箍筋的约束作用,应用式(6.1)进行计算。这是因为长细比较大时,构件破坏时实际处于偏心受压状态,截面不是全部受压,螺旋箍筋的约束作用得不到有效发挥。由于长细比较小,故式(6.2)没考虑稳定系数φ。

c. 当螺旋箍筋的换算截面面积A_{ss0}小于纵向钢筋的全部截面面积的25%时,不考虑螺旋箍筋的约束作用,应用式(6.1)进行计算。这是因为螺旋箍筋配置得较少时,很难保证它对混凝土发挥有效的约束作用。

d. 按式(6.2)算得的构件受压承载力不应小于按式(6.1)算得的受压承载力。

【例 6.2】　某展示厅内的一根钢筋混凝土柱,按建筑设计要求截面为圆形,直径不大于500 mm。该柱承受的轴心压力设计值$N=4\ 600$ kN,构件安全等级为二级,柱的计算长度$l_0=5.25$m,混凝土强度等级为C25,纵筋用HRB335级钢筋,箍筋用HPB300级钢筋。试进行该柱的设计。

【解】　(1)按普通箍筋柱设计

由$l_0/d=5\ 250/500=10.5$,查表6.1得$\varphi=0.95$,代入式(6.1)得

$$A'_s=\frac{1}{f'_y}\left(\frac{N}{0.9\varphi}-f_cA\right)=\frac{1}{300}\left(\frac{4\ 600\times10^3}{0.9\times0.95}-11.9\times\frac{\pi\times500^2}{4}\right)=10\ 149(mm^2)$$

$$\rho'=\frac{A'_s}{A}=\frac{10\ 149}{\frac{\pi\times500^2}{4}}=0.051\ 7=5.17\%$$

由于配筋率太大,且长细比又满足$l_0/d<12$的要求,故考虑按螺旋箍筋柱设计。

(2)按螺旋箍筋柱设计

假定纵筋配筋率$\rho'=4\%$,则$A'_s=0.04\times\frac{\pi\times500^2}{4}=7\ 850(mm^2)$,选16$\phi$25,$A'_s=7\ 854.4$ mm²。

取混凝土保护层为40 mm,则$d_{cor}=500-40\times2=420(mm)$。

$$A_{cor}=\frac{\pi d_{cor}^2}{4}=\frac{\pi\times420^2}{4}=135\ 844(mm^2)$$

混凝土 C25 强度小于 C50，取 $\alpha=1.0$。

$$A_{ss0}=\frac{N/0.9-(f_cA_{cor}+f'_yA'_s)}{2f_y}=\frac{4\ 600\times10^3/0.9-(11.9\times135\ 844+300\times7\ 854.4)}{2\times270}$$

$$=2\ 107.87(mm^2)>0.25A'_s=1\ 963.6(mm^2)\ (满足要求)$$

假定螺旋箍筋直径 $d=10$ mm，则 $A_{ss1}=78.5$ mm²，由式(6.3)得

$$s=\frac{\pi d_{cor}A_{ss1}}{A_{ss0}}=\frac{3.14\times420\times78.5}{2\ 107.87}=49(mm)$$

实取螺旋箍筋为 Φ10@45。

任务 6.2　理解偏心受压构件承载力计算

6.2.1　任务目标

1. 能力目标

能够设计偏心受压构件。

2. 知识目标

(1)掌握偏心受压构件的受力特点和破坏性态。

(2)了解矩形截面偏心受压构件的强度计算。

3. 素质目标

通过对偏心受压构件的认识，培养学生的实际应用能力。

6.2.2　相关配套知识

1. 偏心受压构件正截面承载力计算

偏心受压构件大部分只考虑轴向压力 N 沿截面一个主轴方向的偏心作用，即按单向偏心受压进行截面设计。离偏心压力 N 较近一侧的纵向钢筋受压，其截面面积用 A'_s 表示；而另一侧的纵向钢筋则随轴向压力 N 偏心距的大小可能受拉也可能受压，其截面面积用 A_s 表示。

(1)偏心受压构件正截面的破坏特征

偏心受压构件截面上同时作用有弯矩 M 和轴向压力 N，轴向压力对截面重心的偏心距 $e_0=M/N$。我们可把偏心受压状态视为轴心受压与受弯之间的过渡状态，故能断定，偏心受压截面中的应变和应力分布特征将随着偏心距 e_0 值的逐渐减小而从接近于受弯构件的状态过渡到接近于轴心受压状态。

钢筋混凝土偏心受压构件正截面的受力特点和破坏特征与轴向压力偏心距大小、纵向钢筋的数量、钢筋强度和混凝土强度等等因素有关，一般可分为以下两类：

第一类——受拉破坏，亦称为"大偏心受压破坏"；第二类——受压破坏，亦称为"小偏心受压破坏"。

①大偏心受压破坏

当构件截面中轴向压力的偏心距较大，而且没有配置过多的受拉钢筋时，就将发生这种类型的破坏。

这类构件由于 e_0 较大，即弯矩 M 的影响较为显著，它具有与适筋受弯构件类似的受力特

点。在偏心距较大的轴向压力 N 作用下,远离纵向偏心力一侧截面受拉。当 N 增大到一定
程度时,受拉边缘混凝土将达到极限拉应变,出现垂直于构件
轴线的裂缝。这些裂缝将随着荷载的增大而不断加宽并向受
压一侧发展,裂缝截面中的拉力将全部转由受拉钢筋承担。随
着荷载的增大,受拉钢筋将首先屈服。随着钢筋屈服后的塑性
伸长,裂缝将明显加宽并进一步向受压一侧延伸,从而使受压
区面积减小,受压边缘的压应变逐步增大。最后当受压边缘混
凝土达到其极限压应变 ε_{cu} 时,受压区混凝土被压碎而导致构件
的最终破坏。这类构件的混凝土压碎区一般都不太长,破坏时
受拉区形成一条较宽的主裂缝。试验所得的典型破坏状况示
于图 6.7(a) 中。只要受压区相对高度不致过小,混凝土保护层
不是太厚,即受压钢筋不是过分靠近中和轴,而且受压钢筋的
强度也不是太高,则在混凝土开始压碎时,受压钢筋应力一般
都能达到屈服强度。

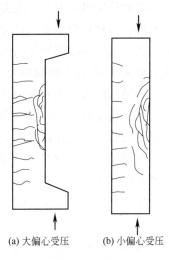

(a)大偏心受压   (b)小偏心受压

图 6.7　偏心受压构件的破坏

　　大偏心受压关键的破坏特征是受拉钢筋首先屈服,然后受
压钢筋也达到屈服,最后由于受压区混凝土压碎而导致构件破坏,这种破坏形态在破坏前有明
显的预兆,属于塑性破坏。所以这类破坏也称为受拉破坏。破坏阶段截面中的应变及应力分
布图形如图 6.8(a) 所示。

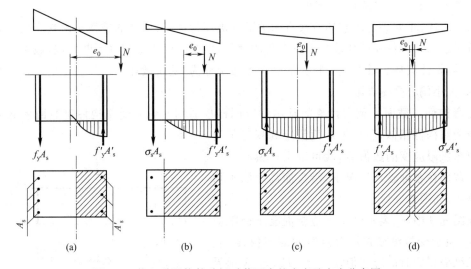

图 6.8　偏心受压构件破坏时截面中的应变及应力分布图

(a)大偏心受压;(b)、(c)、(d)小偏心受压

②小偏心受压破坏

　　若构件截面中轴向压力的偏心距较小或虽然偏心距较大,但配置过多的受拉钢筋时,构件
就会发生这种类型的破坏。此时,截面可能处于大部分受压而少部分受拉状态。当荷载增加
到一定程度时,受拉边缘混凝土将达到其极限拉应变,从而沿构件受拉边将出现一些垂直于构
件轴线的裂缝。在构件破坏时,中和轴距受拉钢筋较近,钢筋中的拉应力较小,受拉钢筋达不
到屈服强度,因此也不可能形成明显的主拉裂缝。构件的破坏是由受压区混凝土的压碎引起

的,而且压碎区的长度往往较大。当柱内配置的箍筋较少时,还可能于混凝土压碎前在受压区内出现较长的纵向裂缝。在混凝土压碎时,受压一侧的纵向钢筋只要强度不是过高,其压应力一般都能达到屈服强度。这种情况下的构件典型破坏状况示于图 6.7(b),破坏阶段截面中的应变及应力分布图形则如图 6.8(b)所示。这里需要注意的是,由于受拉钢筋中的应力没有达到屈服强度,因此在截面应力分布图形中其拉应力只能用 σ_s 来表示。

当轴向压力的偏心距很小时,也发生小偏心受压破坏。此时,构件截面将全部受压,只不过一侧压应变较大,另一侧压应变较小。这类构件的压应变较小一侧在整个受力过程中自然也就不会出现与构件轴线垂直的裂缝。构件的破坏是由压应变较大一侧的混凝土压碎引起的。在混凝土压碎时,接近纵向偏心力一侧的纵向钢筋只要强度不是过高,其压应力一般均能达到屈服强度。这种受压情况破坏阶段截面中的应变及应力分布图形如图 6.8(c)所示。由于受压较小一侧的钢筋压应力通常也达不到屈服强度,故在应力分布图形中它的应力也用 σ_s 表示。

此外,小偏心受压的一种特殊情况是:当轴向压力的偏心距很小,而远离纵向偏心压力一侧的钢筋配置得过少,靠近纵向偏心压力一侧的钢筋配置较多时,截面的实际重心和构件的几何形心不重合,重心轴向纵向偏心压力方向偏移,且越过纵向压力作用线。此时,破坏阶段截面中的应变和应力分布图形如图 6.8(d)所示。可见远离纵向偏心压力一侧的混凝土的压应力反而大,出现远离纵向偏心压力一侧边缘混凝土的应变先达到极限压应变,混凝土被压碎,导致构件破坏的现象。由于压应力较小一侧钢筋的应力通常也达不到屈服强度,故在截面应力分布图形中其应力只能用 σ_s' 来表示。

综上所述,小偏心受压破坏所共有的关键性破坏特征是:构件的破坏是由受压区混凝土的压碎所引起的。构件在破坏前变形不会急剧增长,但受压区垂直裂缝不断发展,破坏时没有明显预兆,属脆性破坏。具有这类特征的破坏形态统称为"受压破坏"。

(2)大小偏心受压界限

受弯构件正截面承载力计算的基本假定同样也适用于偏心受压构件正截面承载力的计算。与受弯构件相似,利用平截面假定和规定了受压区边缘极限应变的数值后,就可以求得偏心受压构件正截面在各种破坏情况下,沿截面高度的平均应变分布,如图 6.9 所示。

在图 6.9 中,ε_{cu} 表示受压区边缘混凝土极限应变值;ε_y 表示受拉纵筋在屈服点时的应变值;ε_y' 表示受压纵筋屈服时的应变值,$\varepsilon_y'=f_y'/E_s$;x_{0b} 表示界限状态时截面受压区的实际高度。

从图 6.9 可看出,当受压区太小,混凝土达到极限应变值时,受压纵筋的应变很小,以至达不到屈服强度。当受压区达到 x_{0b} 时,混凝土和受拉筋分别达到极限压应变值和屈服点应变值即为界限破坏形态。相应于界限破坏形态的相对受压区高度 ξ_b 与受弯构件相同。

当 $\xi \leqslant \xi_b$ 时为大偏心受压破坏形态,$\xi > \xi_b$ 时为

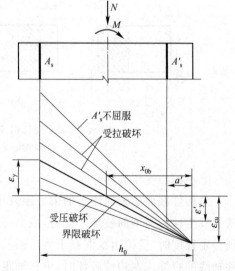

图 6.9　偏心受压构件正截面破坏时应变分布

小偏心受压破坏形态。

（3）轴向力偏心距增大系数

根据我国《混凝土结构设计规范》偏心受压构件控制截面的实际弯矩应为

$$M=N(e_0+\Delta)=N\frac{e_0+\Delta}{e_0}e_0=N\eta e_0 \tag{6.4}$$

式中 η 为偏心距增大系数。对偏心距增大系数 η，按照《混凝土结构设计规范》规定，计算偏心受压构件承载力时，应采用初始偏心距 e_i，则

$$\eta=1+\frac{1}{1\ 400\ \dfrac{e_i}{h_0}}\left(\frac{l_0}{h}\right)^2\zeta_1\zeta_2 \tag{6.5}$$

式中　l_0——构件的计算长度；

　　　h——截面高度；

　　　h_0——截面有效高度。

$$\zeta_1=\frac{0.5f_cA}{N} \tag{6.6}$$

式中　ζ_1——偏心受压构件的截面曲率修正系数，当 $\xi_1>10$ 时，取 $\zeta_1=1.0$；

　　　A——构件的截面面积，对 T 形和 I 形截面，均取 $A=bh+2(b'_f-b)h'_f$。

$$\zeta_2=1.15-0.01\frac{l_0}{h} \tag{6.7}$$

式中　ζ_2——构件长细比对截面曲率的影响系数：当 $l_0/h<15$ 时，$\zeta_2>1.0$；当 $l_0/h=15\sim30$ 时，按式（6.7）计算。

（4）矩形截面偏心受压构件正截面承载力计算公式

①大偏心受压

大偏心受压破坏时，承载能力极限状态下截面的实际应力和应变图如图 6.10（a）所示。与受弯构件的处理方法相同，将受压区混凝土曲线应力图用等效矩形应力分布图来代替，应力值为 α_1f_c，受压区高度为 x，则大偏心受压破坏的截面计算图如图 6.10（b）所示。

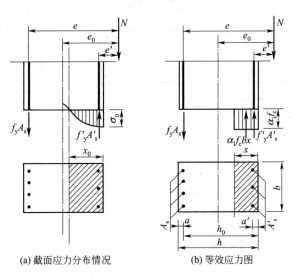

(a) 截面应力分布情况　　　　(b) 等效应力图

图 6.10　大偏心受压应变和应力图

由轴向力为零和各力对受拉钢筋合力点的力矩为零两个平衡条件得

$$N_u = \alpha_1 f_c b x + f_y' A_s' - f_y A_s \qquad (6.8)$$

$$N_u e = \alpha_1 f_c b x \left(h_0 - \frac{x}{2}\right) + f_y' A_s'(h_0 - a') \qquad (6.9)$$

式中　　N_u——偏心受压承载力设计值;

　　　　α_1——系数:当混凝土强度等级不大于 C50 时,取 1.0;混凝土强度等级为 C80 时,取 0.94;其间按线性内插法确定;

　　　　x——受压区计算高度;

　　　　e——轴向力作用点到受拉钢筋 A_s 合力点之间的距离。

$$e = \eta e_i + \frac{h}{2} - a \qquad (6.10)$$

$$e_i = e_0 + e_a$$

适用条件:

a. 为保证为大偏心受压破坏,亦即破坏时受拉钢筋应力先达到屈服强度,必须满足 $x \leqslant \xi_b h_0$;

b. 为了保证构件破坏时,受压钢筋应力能达到抗压强度设计值 f_y',应满足 $2a' \leqslant x$。

②小偏心受压

小偏心受压破坏时,承载能力极限状态下截面的应力图形如图 6.11 所示。受压区的混凝土曲线应力图仍然用等效矩形应力图来代替。

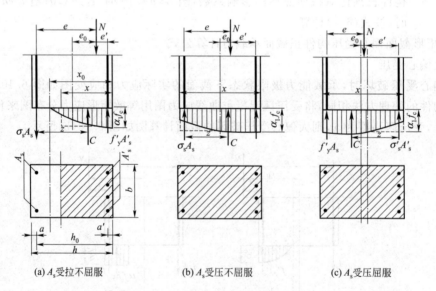

(a) A_s 受拉不屈服　　　　　(b) A_s 受压不屈服　　　　　(c) A_s 受压屈服

图 6.11　小偏心受压应力图

根据力的平衡条件及力矩平衡条件得

$$N_u = \alpha_1 f_c b x + f_y' A_s' - \sigma_s A_s \qquad (6.11)$$

$$N_u e = \alpha_1 f_c b x \left(h_0 - \frac{x}{2}\right) + f_y' A_s'(h_0 - a') \qquad (6.12)$$

或　　　　$$N_u e' = \alpha_1 f_c b x \left(\frac{x}{2} - a'\right) - \sigma_s A_s(h - a') \qquad (6.13)$$

式中　　N_u——偏心受压承载力设计值;

σ_s——钢筋 A_s 的应力值，可根据应变符合平截面假定的条件得到：

$$\sigma_s = \varepsilon_{cu} E_s \left(\frac{\beta_1}{\xi} - 1 \right) \tag{6.14}$$

《混凝土结构设计规范》规定，当 $N > f_c bh$ 时，尚应按下列公式进行验算：

$$Ne' \leqslant f_c bh \left(h_0' - \frac{h}{2} \right) + f_y' A_s (h_0' - a) \tag{6.15}$$

$$e' = \frac{h}{2} - a' - (e_0 - e_a) \tag{6.16}$$

式中 h_0'——钢筋 A_s' 合力点至离轴向压力较远一侧边缘的距离，即 $h_0' = h - a'$。

（5）非对称配筋矩形截面偏心受压构件正截面承载力计算方法

①大小偏心受压构件的判别

无论是截面设计还是截面复核，都必须先对构件进行大小偏心的判别。在截面设计时，由于 A_s 和 A_s' 未知，因而无法利用相对受压区高度 ξ 来进行判别。计算时，一般可以先用偏心距来进行判别。

常用的各种混凝土强度等级和常用钢筋的相对界限偏心距的最小值 $e_{0b,min}/h_0$ 见表 6.2。计算时近似取其平均值 $e_{0b/min}/h_0 = 0.3$。

表 6.2 最小相对界限偏心距 $e_{0b,min}/h_0$

钢筋	混凝土						
	C20	C30	C40	C50	C60	C70	C80
HRB335 级	0.303	0.294	0.288	0.284	0.291	0.298	0.306
HRB400 或 RRB400 级	0.321	0.312	0.306	0.302	0.308	0.315	0.322

在截面设计时，若 $\eta e_i < 0.3 h_0$，总是属于小偏心受压破坏，可以按小偏心受压进行设计；若 $\eta e_i \geqslant 0.3 h_0$，则可能属于大偏心受压破坏，也可能属于小偏心受压破坏，所以，可先按大偏心受压进行设计，然后再判断其是否满足适用条件，如不满足，则应按小偏心受压重新设计。

②截面设计

此时，截面尺寸（$b \times h$）、材料强度（f_c、f_y、f_y'）、构件长细比（l_0/h）以及内力设计值 N 和 M 均已知，求纵向钢筋截面面积。求解时可先算出偏心距增大系数 η，再初步判断构件的偏心类型：当 $\eta e_i \geqslant 0.3 h_0$ 时，先按大偏心受压计算，求出钢筋截面面积和 x 后，若 $x \leqslant x_b$，说明原假定大偏心受压是正确的，否则需按小偏心受压重新计算；若 $\eta e_i < 0.3 h_0$，则按小偏心受压设计。在所有情况下，A_s 和 A_s' 均需满足最小配筋率要求，同时，$(A_s + A_s')$ 不宜大于 $0.005bh$。最后，要按轴心受压构件验算垂直于弯矩作用平面的受压承载力。

a. 大偏心受压

令 $N = N_u$，由式（6.11）和式（6.12）可得大偏心受压构件设计基本公式如下：

$$N = \alpha_1 f_c bx + f_y' A_s' - f_y A_s \tag{6.17}$$

$$Ne = \alpha_1 f_c bx \left(h_0 - \frac{x}{2} \right) + f_y' A_s' (h_0 - a') \tag{6.18}$$

式中，$e = \eta e_i + \frac{h}{2} - a$。

与双筋受弯构件一样，以上两个基本公式的适用条件为

$$2a' \leqslant x \leqslant \xi_b h_0$$

若 $x < 2a'$，则近似取 $x = 2a'$，对 A_s' 合力重心取矩，得此时唯一的计算公式：

$$Ne' = f_y A_s (h_0 - a') \tag{6.19}$$

$$e' = \eta e_i - \frac{h}{2} + a' \tag{6.20}$$

ⓐ第一种情况：求 A_s 和 A_s'

此时，有 A_s、A_s' 和 x 三个未知数而只有式（6.17）和式（6.18）两个基本方程，因而无唯一解。与双筋受弯构件类似，为使总钢筋面积（$A_s + A_s'$）最小，应取 $x = \xi_b h_0$，将其代入式（6.18）则得计算 A_s' 的公式：

$$A_s' = \frac{Ne - \alpha_1 f_c b h_0^2 \xi_b (1 - 0.5 \xi_b)}{f_y'(h_0 - a')} \tag{6.21}$$

若算得的 $A_s' \geqslant \rho_{\min} bh = 0.002bh$，则将 A_s' 值和 $x = \xi_b h_0$ 代入式（6.17），便可由下式求出 A_s：

$$A_s = \frac{\alpha_1 f_c b \xi_b h_0 + f_y' A_s' - N}{f_y} \tag{6.22}$$

若算得的 $A_s' < \rho_{\min} bh = 0.002bh$，应取 $A_s' = \rho_{\min} bh = 0.002bh$，按 A_s' 已知的第二种情况计算。

ⓑ第二种情况：已知 A_s'，求 A_s

可按下式直接算出 x：

$$x = h_0 - \sqrt{h_0^2 - \frac{2[Ne - f_y' A_s'(h_0 - a')]}{\alpha_1 f_c b}} \tag{6.23}$$

若 $2a' \leqslant x \leqslant \xi_b h_0$，则将 x 代入式（6.17）得

$$A_s = \frac{\alpha_1 f_c b x + f_y' A_s' - N}{f_y} \tag{6.24}$$

若 $x > \xi_b h_0$，说明原 A_s' 过少，应按 A_s 和 A_s' 均未知的第一种情况重新计算。

若 $x < 2a'$，则据式（6.19）有：

$$A_s = \frac{Ne'}{f_y(h_0 - a')} \tag{6.25}$$

式中，$e' = \eta e_i - \dfrac{h}{2} + a'$。

b. 小偏心受压

当 $\eta e_i < 0.3h_0$ 时，应按小偏心受压进行设计：

$$N = \alpha_1 f_c b x + f_y' A_s' - \sigma_s A_s = \alpha_1 f_c b \xi h_0 + f_y' A_s' - \sigma_s A_s \tag{6.26}$$

$$Ne = \alpha_1 f_c b x \left(h_0 - \frac{x}{2}\right) + f_y' A_s'(h_0 - a') = \alpha_1 f_c b h_0^2 \xi (1 - 0.5\xi) + f_y' A_s'(h_0 - a') \tag{6.27}$$

其中，$\sigma_s = \dfrac{\xi - \beta_1}{\xi_b - \beta_1} f_y$，应满足 $-f_y' \leqslant \sigma_s \leqslant f_y$。

$$e = \eta e_i + \frac{h}{2} - a \tag{6.28}$$

式（6.26）和式（6.27）两个基本方程有 A_s、A_s' 及 ξ 三个未知数，故无唯一解。可取 $A_s = \rho_{\min} bh = 0.002bh$，这样算得的总用钢量（$A_s + A_s'$）一般为最少。

此外，当 $N > f_c bh$ 时，为使 A_s 配置不致过少，根据式（6.13）计算的 A_s 应满足：

$$A_s \geqslant \frac{Ne' - f_c bh\left(h_0' - \dfrac{h}{2}\right)}{f_y'(h_0' - a)} \tag{6.29}$$

综上所述,当 $N > f_c bh$ 时, A_s 应取 $0.002bh$ 和按式(6.29)算得的两数值中之大者。

A_s 确定后,代入式(6.26)和式(6.27),解二元二次方程组,就可求出 ξ 和 A_s' 的唯一解。

根据算出的 ξ 值,可分为以下三种情况。

ⓐ若 $\xi < \xi_{cv}$,则所得的 A_s' 值即为所求受压钢筋面积。

ⓑ若 $\xi_{cy} \leqslant \xi \leqslant h/h_0$,此时 $\sigma_s = -f_y'$,式(6.26)和式(6.27)转化为

$$N = \alpha_1 f_c b\xi h_0 + f_y' A_s' + f_y' A_s \tag{6.30}$$

$$Ne = \alpha_1 f_c bh_0^2 \xi(1 - 0.5\xi) + f_y' A_s'(h_0 - a') \tag{6.31}$$

将 A_s 值代入以上两式,重新求解 ξ 和 A_s'。

ⓒ若 $\xi > h/h_0$,此时为全截面受压,应取 $x = h$,同时取混凝土应力图形系数 $\alpha_1 = 1$,代入式(6.27)直接解得

$$A_s' = \frac{Ne - f_c bh(h_0 - 0.5h)}{f_y(h_0 - a')} \tag{6.32}$$

设计小偏心受压构件时,还应注意须满足 $A_s' \geqslant 0.002bh$ 的要求。

③ 截面复核

截面复核问题一般是已知截面尺寸 $b \times h$,配筋 A_s 和 A_s',混凝土强度等级与钢筋品种,构件长细比 l_0/h,轴向力设计值 N 及偏心距 e_0,验算截面是否能承受此 N 值;或已知 N 值时,求所能承受的弯矩设计值 M。

2. 对称配筋矩形截面偏心受压构件正截面承载力计算方法

实际工程中,偏心受压构件截面在各种不同内力组合下,可能承受方向相反的弯矩,当两个方向的弯矩相差不大,或即使相差较大,但按对称配筋设计算得的纵向钢筋总用量比按不对称配筋设计增加不多时,均宜采用对称配筋($A_s = A_s'$)。装配式柱为避免吊装出错,一般采用对称配筋。

(1)判别大小偏心类型

对称配筋时, $A_s = A_s'$, $f_y = f_y'$,代入式(6.17)得

$$x = \frac{N}{\alpha_1 f_c b} \tag{6.33}$$

当 $x \leqslant \xi_b h_0$ 时,按大偏心受压构件计算;当 $x > \xi_b h_0$ 时,按小偏心受压构件计算。

不论是大小偏心受压构件的设计, A_s 和 A_s' 都必须满足最小配筋率的要求。

(2)大偏心受压

若 $2a_s' \leqslant x \leqslant \xi_b h_0$,则将 x 代入式(6.12)得

$$A_s = A_s' = \frac{Ne - \alpha_1 f_c bx(h_0 - 0.5x)}{f_y'(h_0 - a')} \tag{6.34}$$

$$e = \eta e_i + \frac{h}{2} - a$$

若 $x < 2a'$,亦可按不对称配筋大偏心受压计算方法一样处理,由式(6.19)得

$$A_s = A_s' = \frac{Ne'}{f_y(h_0 - a')} \tag{6.35}$$

$$e' = \eta e_i - \frac{h}{2} + a'$$

(3)小偏心受压

对于小偏心受压破坏,将 $A_s = A'_s, f_y = f'_y, \sigma_s = \dfrac{\xi - \beta_1}{\xi_b - \beta_1} f_y$ 代入式(6.26)和式(6.27)得

$$N = \alpha_1 f_c b x + f_y A_s - \frac{x/h_0 - \beta_1}{\xi_b - \beta_1} f_y A_s \tag{6.36}$$

$$Ne = \alpha_1 f_c b x \left(h_0 - \frac{x}{2}\right) + f_y A_s (h_0 - a') \tag{6.37}$$

【例 6.3】 某矩形截面钢筋混凝土柱,截面尺寸 $b = 400\ \text{mm}, h = 600\ \text{mm}$,柱的计算长度 $l_0 = 3.0\ \text{m}, a = a' = 40\ \text{mm}$。控制截面上的轴向力设计值 $N = 1\ 030\ \text{kN}$,弯矩设计值 $M = 425\ \text{kN·m}$。混凝土采用 C25,纵筋采用 HRB335 级钢筋。采用对称配筋,求钢筋截面面积 A_s 和 A'_s。

【解】 (1)判别大小偏心

根据已知条件,有 $f_c = 11.9\ \text{N/mm}^2, \xi_b = 0.55, \alpha_1 = 1.0, \beta_1 = 0.8$。

由式(6.33)得

$$x = \frac{N}{\alpha_1 f_c b} = \frac{1\ 030 \times 10^3}{1.0 \times 11.9 \times 400} = 216.4\ (\text{mm})$$

$x < \xi_b h_0 = 0.55 \times 560 = 308\ (\text{mm})$,故为大偏心受压。

(2)配筋计算

$$e_0 = \frac{M}{N} = \frac{425 \times 10^6}{1\ 030 \times 10^3} = 412.62\ (\text{mm})$$

$$e_a = h/30 = 600/30 = 20\ (\text{mm})$$

$$e_i = e_0 + e_a = 412.62 + 20 = 432.62\ (\text{mm})$$

因 $l_0/h = 3\ 000/600 = 5$,故取 $\eta = 1.0$。

$$e = \eta e_i + \frac{h}{2} - a = 1.0 \times 432.62 + 300 - 40 = 692.62\ (\text{mm})$$

因 $x > 2a' = 80\ \text{mm}$,故将 x 代入式(6.34):

$$A_s = A'_s = \frac{Ne - \alpha_1 f_c b x (h_0 - 0.5x)}{f'_y (h_0 - a')}$$

$$= \frac{1\ 030 \times 10^3 \times 692.62 - 1.0 \times 11.9 \times 400 \times 216.4 \times (560 - 0.5 \times 216.4)}{300 \times (560 - 40)}$$

$$= 1\ 590\ (\text{mm}^2)$$

$$> 0.002bh = 0.002 \times 400 \times 600 = 480\ (\text{mm}^2)$$

A_s 和 A'_s 均选 2Φ25+2Φ20 [$A_s = A'_s = 982 + 628 = 1\ 610\ (\text{mm}^2)$]。

 项目小结

(1)在钢筋混凝土轴心受压柱中,若配置螺旋箍或焊接环箍,因其对核心混凝土的约束作用,故与普通箍筋柱相比,螺旋箍筋柱或焊接环筋柱的承载力提高了。

(2)在轴心受压柱的计算中引入稳定系数 φ 表示长柱承载力的降低程度;对偏心受压长柱,则引入偏心距增大系数 η 来考虑由于构件纵向弯曲和结构侧移引起的二阶弯矩的影响。

(3)平截面假定对偏心受压构件仍适用,故偏心受压构件的相对界限受压区高度 ξ_b 与受

弯构件适筋和超筋的界限相同。当 $\xi \leqslant \xi_b$ 时为大偏心受压；当 $\xi > \xi_b$ 时为小偏心受压。

(4)由于大偏心受压和双筋受弯构件截面的破坏形态及其特征相同,因而不对称配筋大偏心受压构件正截面承载力计算的基本公式、适用条件和计算方法都与双筋受弯构件类似。

(5)偏心受压构件的计算较复杂,计算的要点一是掌握计算简图、基本公式和适用条件与补充条件,二是在计算过程中随时注意是否符合适用条件和补充条件以及处理方法。

复习思考题

1. 试说明轴心受压普通箍筋柱和螺旋箍筋柱的区别。
2. 怎样确定轴心受压和偏心受压的计算长度?
3. 试分析偏心受压短柱的两种破坏形态,形成这两种破坏形态的条件各是什么?
4. 简要说明偏心距增大系数 η 是如何推导的。
5. 什么情况下采用 $\eta e_i = 0.3 h_0$ 来判别大小偏心受压? 为什么说这只是一个近似判别方法?
6. 在非对称配筋矩形截面偏心受压构件的截面配筋计算中,若 $\eta e_i > 0.3 h_0$,需求 A_s 和 A_s',应如何计算?
7. 在非对称配筋矩形截面偏心受压构件的截面配筋计算中,若 $\eta e_i > 0.3 h_0$,已知 A_s' 求 A_s。
8. 对称配筋矩形截面大偏心受压构件正截面承载力如何计算?
9. 对称配筋矩形截面小偏心受压构件求 ξ 的近似公式是如何导出的?
10. 对称配筋矩形截面偏心受压构件如何进行承载力复核?
11. 如何设计双向偏心受压构件?
12. 如何计算偏心受压构件的斜截面受剪承载力?
13. 已知某多层现浇钢筋混凝土框架结构,首层柱高 $H = 5.6$ m,中柱承受的轴向力设计值 $N = 1\,900$ kN,截面尺寸 $b = h = 400$ mm。混凝土强度等级为 C25,钢筋为 HRB335 级钢筋。求所需纵向钢筋面积 A_s'。
14. 已知现浇钢筋混凝土轴心受压柱,截面尺寸为 $b = h = 300$ mm,计算长度 $l_0 = 4.8$ m,混凝土强度等级为 C30,配有 4⌀25 的纵向受力钢筋。求该柱所能承受的最大轴向力设计值。
15. 已知圆形截面现浇钢筋混凝土柱,因使用要求,其直径不能超过 400 mm。承受轴心压力设计值 $N = 2\,900$ kN,计算长度 $l_0 = 4.2$ m。混凝土强度等级为 C25,纵向受力钢筋采用 HRB335 级钢筋,箍筋采用 HRB235 级钢筋。试设计该柱。
16. 一钢筋混凝土偏心受压柱,其截面尺寸为 $b = 300$ mm,$h = 500$ mm,$a = a' = 40$ mm,计算长度 $l_0 = 3.9$ m。混凝土强度等级为 C25,纵向受力钢筋采用 HRB335 级钢筋。承受的轴向压力设计值 $N = 310.2$ kN,弯矩设计值 $M = 282.8$ kN·m。

(1)计算当采用非对称配筋时的 A_s 和 A_s'；
(2)如果受压钢筋已配置了 3⌀18,试计算 A_s；
(3)计算当采用对称配筋时的 A_s 和 A_s'；
(4)比较上述三种情况的钢筋用量。

项目7 钢筋混凝土构件的变形和裂缝宽度验算

项目描述

按照正常使用极限状态的要求,除了对钢筋混凝土构件在必要的情况下进行施工阶段的应力验算外,还要对构件挠度和裂缝宽度进行验算,从而满足结构构件的适用性和耐久性。通过本项目的学习,要求学生具备施工及设计时必要的钢筋混凝土构件变形和裂缝宽度计算及验算复核的能力。

学习目标

1. 能力目标

(1)具备钢筋混凝土构件的变形计算能力。

(2)具备钢筋混凝土构件的裂缝宽度验算复核能力。

2. 知识目标

(1)掌握正常使用极限状态下的变形验算。

(2)掌握挠度及预拱度的设置。

(3)掌握正常使用极限状态下的裂缝宽度的验算。

3. 素质目标

通过对正常使用极限状态的学习,使学生能够综合运用构件的强度、刚度和稳定性,引导学生积极思考,培养学生发现问题、分析问题和解决问题的能力。

任务7.1 理解钢筋混凝土构件的变形计算

7.1.1 任务目标

1. 能力目标

熟练掌握钢筋混凝土构件的变形验算方法。

2. 知识目标

(1)掌握变形(挠度)计算公式及应用。

(2)掌握挠度限值和预拱度的设置。

3. 素质目标

培养学生积极思考、理论联系实际的能力以及分析问题、解决问题的能力。

7.1.2 相关配套知识

钢筋混凝土构件在正常使用极限状态下的裂缝宽度,应按作用(或荷载)短期效应组合并考虑长期效应影响进行验算;钢筋混凝土受弯构件,在正常使用极限状态下的挠度,可根据给定的构件刚度用结构力学的方法计算。

1. 构件在使用阶段按短期效应组合的挠度计算

一般地说,满足梁的强度要求,应是问题的主要方面。可是对构件的刚度问题也不能忽视,特别是当使用要求对变形限制较严格或构件截面过于单薄时,刚度要求可能在梁的设计中起控制作用。

(1)结构力学中的挠度计算公式

对于普通的匀质弹性梁在不同荷载作用下的变形(挠度)计算,可用《材料力学》中的相应公式求解。例如,在均布荷载作用下,简支梁的最大挠度为

$$f=\frac{5ML^2}{48EI} \quad \text{或} \quad f=\frac{5qL^4}{384EI} \tag{7.1}$$

当集中荷载作用在简支梁跨中时,梁的最大挠度为

$$f=\frac{ML^2}{12EI} \quad \text{或} \quad f=\frac{PL^3}{48EI} \tag{7.2}$$

由这些公式可以看出,不论荷载形式和大小如何,梁的挠度 f 总是与 EI 值成反比。EI 值越大,挠度 f 就愈小;反之,挠度 f 就加大。EI 值反映了梁的抵抗弯曲变形的能力,故 EI 又称为受弯构件的抗弯刚度。

(2)钢筋混凝土受弯构件的挠度计算公式

钢筋混凝土受弯构件在使用荷载作用下的变形(挠度)计算,可按上述式(7.1)和式(7.2)进行。但是在应用时,还需要认真考虑钢筋混凝土材料的特殊本质,因为钢筋混凝土由两种不同性质的材料所组成。混凝土是一种非匀质的弹塑性体,受力后除弹性变形外,还有塑性变形。钢筋混凝土受弯构件在使用荷载作用下会产生裂缝,其受拉区成为非连续体,这就决定了钢筋混凝土受弯构件的变形(挠度)计算中涉及的抗弯刚度不能直接采用匀质弹性梁的抗弯刚度 EI。钢筋混凝土受弯构件的抗弯刚度通常用 B 表示,用 B 取代式(7.1)和式(7.2)中的 EI,钢筋混凝土受弯构件的变形(挠度)计算公式可写成下列两式:

$$f_s=\frac{5qL^4}{384B} \quad \text{或} \quad f_s=\frac{PL^3}{48B}$$

《公路钢筋混凝土及预应力混凝土桥涵设计规范》(JTG 3362—2018)规定,对于钢筋混凝土受弯构件的刚度按下式计算:

$$B=\frac{B_0}{\left(\dfrac{M_{cr}}{M_s}\right)^2+\left[1-\left(\dfrac{M_{cr}}{M_s}\right)^2\right]\dfrac{B_0}{B_{cr}}} \tag{7.3}$$

$$M_{cr}=\gamma \cdot f_{kt}W_0 \tag{7.4}$$

$$\gamma=\frac{2S_0}{W_0} \tag{7.5}$$

式中　B——开裂构件等效截面的抗弯刚度;

B_0——全截面的抗弯刚度，$B_0 = 0.95E_cI_0$；

B_{cr}——开裂截面的抗弯刚度，$B_{cr} = E_cI_{cr}$；

M_s——按作用（或荷载）短期效应组合计算的弯矩值；

M_{cr}——开裂弯矩；

γ——构件受拉区混凝土塑性影响系数；

S_0——全截面换算截面重心轴以上（或以下）部分面积对重心轴的面积矩；

W_0——换算截面抗裂边缘的弹性抵抗矩；

I_0——全截面换算截面惯性矩；

I_{cr}——开裂截面换算截面惯性矩；

f_{kt}——混凝土轴心抗压强度标准值。

2. 受弯构件在使用阶段的长期挠度 f_1

《公路钢筋混凝土及预应力混凝土桥涵设计规范》(JTG 3362—2018)规定：钢筋混凝土受弯构件的挠度要考虑作业长期效应的影响，即随着时间的增长，构件的刚度要降低，挠度要加大。原因如下：

(1)受压区的混凝土要发生徐变；

(2)受拉区裂缝间混凝土与钢筋之间的粘结逐渐退出工作，钢筋平均应变增大；

(3)受压区与受拉区混凝土收缩不一致，构件曲率增大；

(4)混凝土的弹性模量降低。

因此，《公路钢筋混凝土及预应力混凝土桥涵设计规范》(JTG 3362—2018)规定的刚度计算的挠度值要乘以挠度长期增长系数 η_0；挠度增长系数 η_0 可按下列规定取用：①当采用 C40 以下混凝土时，$\eta_0 = 1.60$；②当采用 C40～C80 混凝土时，$\eta_0 = 1.45～1.35$；③中间强度等级可按直线内插取用。受弯构件在使用阶段的长期挠度为

$$f_1 = \eta_0 f_s$$

式中　f_s——按作用短期效应组合计算的挠度值。

3. 挠度限值及预拱度

(1)限值

钢筋混凝土受弯构件按上述计算的长期挠度值，在消除结构自重产生的长期挠度后，梁式桥主梁的最大挠度处不应超过计算跨径的 1/600；梁式桥主梁的悬臂端不应超过悬臂长度的 1/300，即

$$\eta_0(f_s - f_G) \leqslant L/600 \text{ 或 } L/300 \tag{7.6}$$

式中　f_G——结构自重产生的挠度；

　　　　L——结构的计算跨径。

(2)预拱度

在使用荷载作用下，受弯构件的变形（挠度）系由两部分组成，一部分是由永久荷载产生的挠度，另一部分是由基本可变荷载所产生的。永久荷载产生的挠度，可以认为是在长期荷载作用下所引起的构件变形，它可以通过在施工时设置预拱度的办法来消除；而基本可变荷载即短期荷载所产生的挠度，则需要通过验算来分析是否符合要求。

钢筋混凝土受弯构件的预拱度可按下列规定设置：

①当作用短期效应组合并考虑作用称其效应影响产生的长期挠度不超过计算跨径的 1/1 600 时,可不设预拱度;

②当不符合上述规定时应设预拱度,且其值应按结构自重和 1/2 可变作用频遇值计算的长期挠度值之和采用。

汽车荷载频遇值为汽车荷载标准值的 0.7 倍,人群荷载频遇值为其标准值。

4. 铁路桥规采用的刚度计算方法

铁路桥规规定,计算结构变形时,截面刚度按 $0.8E_cI$ 计算,E_c 为混凝土受压弹性模量,I 按下列规定采用:

(1)静定结构——不计混凝土受拉区面积,计入钢筋截面面积,即 I 为开裂处换算截面惯性矩。

(2)超静定结构——包括全部混凝土截面,不计钢筋截面面计,即采用毛截面惯性矩。

现结合例 7.1 讲述公路桥规中对刚度和挠度的计算步骤。

【例 7.1】　某装配式钢筋混凝土简支 T 梁,其计算跨径 $L=19.5$ m,截面尺寸如图 7.1 所示,混凝土的强度等级为 C30($f_{tk}=2.01$ MPa)、主筋采用 HRB400 钢筋($8\phi32,A_s=64.34$ cm^2),焊接钢筋骨架。恒载弯矩标准值 $M_{GK}=766$ kN·m,汽车荷载弯矩标准值 $M_{Q1K}=660.8$ kN·m[其中包括冲击系数 $(1+\mu)=1.19$],人群荷载弯矩标准值 $M_{Q2K}=85.5$ kN·m,试计算此 T 梁的跨中挠度。

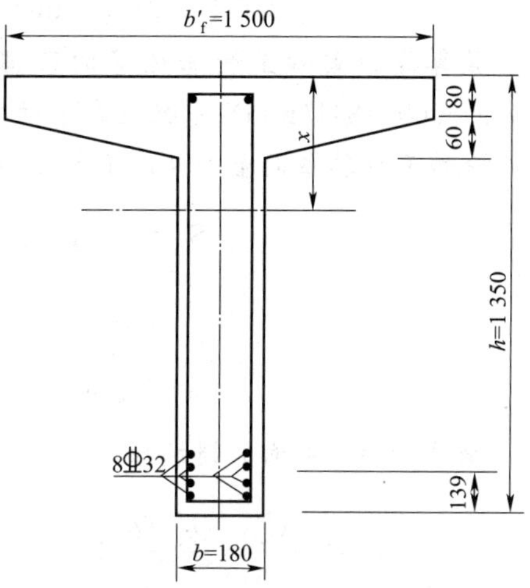

【解】　(1)计算截面的几何特性

C30 混凝土弹性模量 $E_c=3\times10^4$ MPa;HRB400 钢筋的弹性模量 $E_s=2\times10^5$ MPa;$\alpha_{ES}=E_s/E_c=6.67$。

翼缘平均厚度:$h_f'=(140+80)/2=110$(mm)

截面有效高度:$h_0=1\,350-139=1\,211$(mm)

图 7.1　T 梁截面(单位:mm)

①确定 T 形截面类型:

受压区高度计算公式　　　　　　　$x_0=\sqrt{A^2+B}-A$　　　　　　　　　　(a)

$$A=\frac{\alpha_{ES}A_s+h_f'(b_f'-b)}{b}=\frac{6.67\times6\,434+110\times(1\,500-180)}{180}=1\,045.1$$

$$B=\frac{(h_f')^2(b_f'-b)+2\alpha_{ES}A_sh_0}{b}$$

$$=\frac{110^2\times(1\,500-180)+2\times6.67\times6\,434\times1\,211}{180}=666\,175.54$$

将 A、B 代入式(a),得 $x_0=281$ mm。$x_0=281$ mm$>h_f'=110$ mm,说明截面中性轴位于梁肋之内,属于第二类 T 形截面。

②开裂截面换算截面的惯性矩:

$$I_{cr}=\frac{1}{3}b_f'x_0^3-\frac{1}{3}(b_f'-b)(x_0-h_f')^3+\alpha_{ES}A_s(h_0-x_0)^2$$

$$= \frac{1}{3} \times 1\ 500 \times 281^3 - \frac{1}{3} \times (1\ 500 - 180) \times (281 - 110)^3 + 6.67 \times 6\ 434 \times (1\ 211 - 281)^2$$

$$= 460.1 \times 10^8 (\text{mm}^4)$$

全截面的换算截面面积：

$$A_0 = bh + (b'_f - b)h'_f + (\alpha_{ES} - 1)A_s$$

$$= 180 \times 1\ 350 + (1\ 500 - 180) \times 110 + (6.67 - 1) \times 6\ 434$$

$$= 424\ 680.8 (\text{mm}^2)$$

对截面上边缘的静矩：

$$S_{0a} = \frac{1}{2}bh^2 + \frac{1}{2}(b'_f - b)(h'_f)^2 + (\alpha_{ES} - 1)A_s h_0$$

$$= \frac{1}{2} \times 180 \times 1\ 350^2 + \frac{1}{2}(1\ 500 - 180) \times 110^2 + (6.67 - 1) \times 6\ 434 \times 1\ 211$$

$$= 216\ 189\ 224.6 (\text{mm}^3)$$

换算截面重心至受压边缘的距离 $y'_0 = S_{0a}/A_0 = 509 (\text{mm})$，至受拉边缘的距离 $y_0 = 1\ 350 - 509 = 841 (\text{mm})$；中性轴在梁肋内。

全截面换算截面重心轴以上部分面积对重心轴的面积矩：

$$S_0 = \frac{1}{2}b y_0'^2 + (b'_f - b)h'_f \left(y'_0 - \frac{1}{2}h'_f \right)$$

$$= \frac{1}{2} \times 180 \times 509^2 + (1\ 500 - 180) \times 110 \times \left(509 - \frac{1}{2} \times 110 \right)$$

$$= 892\ 380\ 90 (\text{mm}^3)$$

全截面换算截面的惯性矩 I_0：

$$I_0 = \frac{b'_f y_0'^3}{3} - \frac{(b'_f - b)}{3}(y'_0 - h'_f)^3 + \frac{1}{3}b(h_0 - y'_0)^3 + (\alpha_{ES} - 1)A_s(h_0 - y'_0)^2$$

$$= \frac{1}{3} \times 1\ 500 \times 509^3 - \frac{1}{3} \times (1\ 500 - 180) \times (509 - 110)^3 + \frac{1}{3} \times 180 \times (1\ 211 -$$

$$509)^3 + (6.67 - 1) \times 6\ 434 \times (1\ 211 - 509)^2 = 767.2 \times 10^8 (\text{mm}^4)$$

对受拉边缘的弹性抵抗矩 W_0：

$$W_0 = I_0/y_0 = 767.2 \times 10^8/841 = 9.12 \times 10^7 (\text{mm}^3)$$

(2)计算构件的刚度 B

作用短期效应组合：

$$M_s = M_{GK} + 0.7 M_{Q1K}(1 + \mu) + M_{Q2K} = 766 + 0.7 \times 660.8/1.19 + 85.5 = 1\ 240.2 (\text{kN} \cdot \text{m})$$

全截面的抗弯刚度：

$$B_0 = 0.95 E_c I_0 = 0.95 \times 3 \times 10^4 \times 767.2 \times 10^8 = 2\ 186.52 \times 10^{12} (\text{N} \cdot \text{mm}^2)$$

开裂截面的抗弯刚度：

$$B_{cr} = E_c I_{cr} = 3 \times 10^4 \times 460.1 \times 10^8 = 1\ 380.3 \times 10^{12} (\text{N} \cdot \text{mm}^2)$$

构件受拉区混凝土塑性影响系数：$\gamma = \dfrac{2S_0}{W_0} = \dfrac{2 \times 89\ 238\ 090}{9.12 \times 10^7} = 1.96$

开裂弯矩：

$$M_{cr} = \gamma \cdot f_{tk} W_0 = 1.96 \times 2.01 \times 9.12 \times 10^7 = 35.93 \times 10^7 (\text{N·mm})$$

将以上数据代入式(7.3)得　　　　$B = 1\ 424.4 \times 10^{12} (\text{N·mm}^2)$

(3)荷载短期效应作用下跨中截面挠度

$$f_s = \frac{5M_s L^2}{48B} = \frac{5 \times 1\ 240.2 \times 10^6 \times 19\ 500^2}{48 \times 1\ 424.4 \times 10^{12}} = 34.5 (\text{mm})$$

长期挠度为

$$f_1 = \eta_\theta f_s = 1.6 \times 34.5 = 55.2 (\text{mm}) > L/1\ 600 = 19\ 500/1\ 600 = 12.2 (\text{mm})$$

应设置预拱度,按结构自重和 1/2 可变作用频遇值计算的长期挠度值之和采用。

$$f_p' = \eta_\theta \times \frac{5}{48} \times \frac{\{M_{GK} + 0.5 \times [0.7M_{Q1K}/(1+\mu) + M_{Q2K}]\}}{B} \times L^2$$

$$= 1.6 \times \frac{5}{48} \times \frac{766 + 0.5 \times (0.7 \times 660.8/1.19 + 85.5)}{1\ 424.4 \times 10^{12}} \times 10^6 \times 195\ 00^2 = 44.7 (\text{mm})$$

消除自重影响后的长期挠度为

$$f_{LQ} = \eta_\theta \times \frac{5}{48} \times \frac{M_s - M_{GK}}{B} \times L^2 = 1.6 \times \frac{5}{48} \times \frac{(1\ 240.2 - 766) \times 10^6}{1\ 424.4 \times 10^{12}} \times 19\ 500^2$$

$$= 21.1 (\text{mm}) < L/600 = 32.5 (\text{mm})$$

计算挠度满足规范要求。

任务 7.2　理解钢筋混凝土构件裂缝宽度计算

7.2.1　任务目标

1. 能力目标

熟练掌握钢筋混凝土构件裂缝宽度的计算方法。

2. 知识目标

(1)掌握裂缝的类型。

(2)掌握影响裂缝宽度的因素。

(3)掌握钢筋混凝土构件裂缝宽度的计算。

3. 素质目标

通过对本任务的学习,培养学生积极思考、乐于实践、理论联系实际的能力。

7.2.2　相关配套知识

1. 裂缝的类型

钢筋混凝土结构的裂缝按其产生的原因可分为以下几类：

(1)由荷载效应(如弯矩、剪力、扭矩及拉力等)引起的裂缝

这类裂缝是由于构件下缘拉应力早已超过混凝土抗拉强度而使受拉区混凝土产生的

裂缝。例如 C25 混凝土,其轴心抗拉标准值为 1.78 MPa,采用 HRB335 钢筋,则弹性模量比等于 7.14。在使用中,当构件下缘混凝土应力达到 1.78 MPa 截面即将开裂时,与混凝土粘结在一起的钢筋应力仅为 12.7 MPa,可见,当受拉钢筋应力达到其设计应力时,构件下缘混凝土早已开裂。所以,通常按承载能力极限状态设计的钢筋混凝土构件,在使用阶段总是有裂缝的。

(2)由外加变形或约束变形引起的裂缝

外加变形或约束变形一般有地基的不均匀沉降、混凝土的收缩及温度差等。约束变形越大,裂缝宽度也越大。例如在钢筋混凝土薄腹 T 梁的腹板表面上出现中间宽两端窄的竖向裂缝,这是混凝土结硬时,腹板混凝土受到四周混凝土及钢筋骨架的约束而引起的裂缝。

(3)钢筋锈蚀裂缝

由于保护层混凝土碳化或冬期施工中掺氯盐(是一种混凝土促凝、早强剂)过多导致钢筋锈蚀,锈蚀产物的体积比钢筋被侵蚀的体积大 2~3 倍,体积膨胀使外围混凝土产生相当大的拉应力,引起混凝土的开裂,甚至使混凝土保护层剥落。

上述第一种裂缝总是要产生的,习惯上称之为正常裂缝;而后两种就称为非正常裂缝。过多的裂缝或过大的裂缝宽度会影响结构的外观,造成使用者的不安。同时,某些裂缝的发生或发展,将会影响结构的使用寿命。为了保证钢筋混凝土构件的耐久性,必须在设计、施工等方面控制裂缝。对于非正常裂缝,只要在设计与施工中采取相应的措施,大部分是可以限制并被克服的,而正常裂缝则需要进行裂缝宽度的验算。

2. 裂缝宽度的计算

(1)概述

目前,国内外有关裂缝宽度的计算公式很多,尽管各种公式所考虑的参数不同,但就其研究的方法来说,可将其分为两类:第一类是以粘结—滑移理论为基础的半理论半经验的计算方法,按照这种理论,裂缝的间距取决与钢筋与混凝土间粘结应力的分布,裂缝的开展是由于钢筋与混凝土间的变形不再维持协调,出现相对滑移而产生。第二类是以数理统计为基础的经验计算方法,即从大量的试验资料中分析影响裂缝的各种因素,保留主要因素,舍去次要因素,给出简单适用而又有一定可靠性的经验计算公式。

(2)影响裂缝宽度的因素

根据试验研究结果分析,影响裂缝宽度的主要因素有:钢筋应力、钢筋直径、配筋率、保护层厚度、钢筋外形、作用性质(短期、长期、重复作用)、构件的受力性质(受弯、受拉、偏心受拉等)等。

①受拉钢筋应力 σ_s

在国内外文献中,一致认为受拉钢筋应力 σ_s 是影响裂缝开展宽度的最主要因素。但裂缝宽度与 σ_s 的关系则有不同的表达形式。在使用荷载作用下,裂缝最大宽度与钢筋应力 σ_s 成线形关系,其表达式为 $w_f = k_1 \sigma_s + k_1'$,式中 k_1 和 k_1' 是由试验资料决定的系数。

②受拉钢筋直径

试验表明,在受拉钢筋配筋率和钢筋应力大致相同的情况下,裂缝宽度随钢筋直径的增大而增大。

③受拉钢筋配筋率

试验表明,当钢筋直径相同、钢筋应力大致相同的情况下,裂缝宽度随着钢筋配筋率的增加而减小,当钢筋配筋率接近某一数值,裂缝宽度接近不变。

④混凝土保护层厚度

保护层厚度对裂缝间距和裂缝宽度均有影响,保护层愈厚,裂缝宽度愈宽。但是,从另一方面讲,保护层愈厚,钢筋锈蚀的可能性就愈小。因此,保护层对裂缝宽度的影响可大致抵消。同时,一般构件保护层厚度与截面有效高度之比变化范围不大,故在裂缝宽度计算公式中,暂时也不考虑保护层厚度的影响。

⑤受拉钢筋的外形影响

受拉钢筋表面形状对钢筋与混凝土之间的粘结力影响颇大,而粘结力又对裂缝开展存在一定影响。

⑥荷载作用性质的影响

原南京理工学院(现南京理工大学)的试验资料指出,构件的平均及最大裂缝宽度会随荷载作用时间的延续,以逐渐减低的比率增加。中国建筑科学研究院有限公司的试验资料指出,重复荷载作用下发展的裂缝宽度是初始使用荷载作用下裂缝宽度的 $1.0\sim1.5$ 倍。因而,人们又在裂缝宽度计算中采用扩大系数来考虑长期或重复荷载的影响。

⑦构件形式的影响

实践证明,具有腹板的受弯构件抗裂性能比板式受弯构件稍好,因此,人们在裂缝宽度计算公式中又引入了一个与构件形式有关的系数。

(3)裂缝宽度的计算公式

裂缝宽度具有很大的离散性,取实测裂缝宽度与平均裂缝宽度的比值为 τ,测量数据表明,τ 基本为正态频率分布,因此超载概率为 5% 的最大裂缝宽度可由式(7.7)求得

$$w_{max} = w_m(1+1.645\delta) = w_m\tau \tag{7.7}$$

式中,δ 为裂缝宽度变异系数,w_m 为平均裂缝宽度。

要注意 w_{max} 并不是实测的最大裂缝宽度,只表明实际裂缝宽度不超过 w_{max} 的保证率约为 95%,故也称为特征裂缝宽度。

根据试验统计,对受弯构件 $\delta=0.4$,故取裂缝扩大系数 $\tau=1.66$;对轴心受拉构件和偏心受拉构件,取最大裂缝宽度的扩大系数为 $\tau=1.9$。

《公路钢筋混凝土及预应力混凝土桥涵设计规范》(JTG 3362—2018)规定,矩形、T 形和工形截面钢筋混凝土构件,其最大裂缝宽度 w_{fk} 可按式(7.8)计算:

$$w_{fk} = C_1 C_2 C_3 \frac{\sigma_{ss}}{E_s}\left(\frac{30+d}{0.28+10\rho}\right) \tag{7.8}$$

式中 w_{fk}——受弯构件最大裂缝宽度(mm);

C_1——考虑钢筋表面形状的系数,光圆钢筋 $C_1=1.4$,螺纹钢筋 $C_1=1.0$;

C_2——作用(或荷载)长期效应影响系数,$C_2=1+(0.5N_1/N_s)$,式中 N_1、N_s 分别为按作用(或荷载)长期效应组合和短期效应组合计算的内力值(弯矩或轴向力);

C_3——与结构受力性质有关的系数,钢筋混凝土板式受弯构件 $C_3=1.15$,其他受弯构件 $C_3=1.0$,轴心受拉构件 $C_3=1.2$,偏心受拉构件 $C_3=1.1$,偏心受压构件 $C_3=0.9$;

σ_{ss}——钢筋应力,按式(7.9)的规定计算;

d——纵向受拉钢筋的直径(mm),当用不同直径的钢筋时,d 改用换算直径。

$$d_e = \frac{\sum n_i d_i^2}{\sum n_i d_i}$$

式中,对钢筋混凝土构件,n_i 为受拉区第 i 种普通钢筋的根数,d_i 为受拉区第 i 种普通钢筋的公称直径。对混合配筋的预应力混凝土构件,预应力钢筋为由多根钢筋或钢绞线组成的钢丝束或钢绞线束。式中 d_i 为普通钢筋公称直径、钢丝束或钢绞线束的等代直径 d_{pe},$d_{pe} = \sqrt{n}d$,此处,n 为钢丝束中钢丝根数或钢绞线束中钢绞线根数,d 为单根钢丝或钢绞线的公称直径;对于钢筋混凝土构件中的焊接钢筋骨架,公式中的 d 或 d_e 应乘以 1.3 系数。ρ 为纵向受拉钢筋配筋率,对矩形及 T 形截面 $\rho = \frac{A_s}{bh_0}$;对带有受拉区翼缘的 T 形截面 $\rho = \frac{A_s}{bh_0 + (b_f - b)h_f}$,其中 b_f 为受拉翼缘宽度;h_f 为受拉翼缘厚度;A_s 为受拉区纵向钢筋截面面积。当 $\rho > 0.02$ 时,取 $\rho = 0.02$;当 $\rho < 0.006$ 时,取 $\rho = 0.006$。对于轴心受拉构件,ρ 按全部受拉钢筋截面面积 A_s 的一半计算。

式(7.7)中开裂截面纵向受拉钢筋的应力 σ_{ss} 可按式(7.9)计算(受弯构件):

$$\sigma_{ss} = \frac{M_s}{0.87 A_s h_0} \qquad (7.9)$$

式中,M_s 为作用(或荷载)短期效应组合计算的弯矩值。

(4)裂缝宽度的限值

《混凝土结构设计规范》(GB 50010—2010)规定,钢筋混凝土结构,其计算的最大裂缝宽度不应超过下列规定的限值:I 类环境为 0.30 mm,II 类和 III 类环境为 0.2 mm。

【例7.2】　根据例7.1的已知条件,验算该 T 形梁跨中截面裂缝宽度。

【解】　正常使用极限状态裂缝宽度计算,采用作用短期效应组合,并考虑作用长期效应的影响。

作用短期效应组合:　　　　　$M_s = 1\ 240.2\ kN \cdot m$

作用长期效应组合:　　$M_l = M_{GK} + 0.4[M_{Q1K}/(1+\mu) + M_{Q2K}]$
　　　　　　　　　　　　$= 766 + 0.4 \times (660.8/1.19 + 85.5)$
　　　　　　　　　　　　$= 1\ 022.3(kN \cdot m)$

$C_1 = 1.0, C_2 = 1 + 0.5\frac{M_1}{M_s} = 1 + 0.5 \times \frac{1\ 022.3}{1\ 240.2} = 1.41;\quad C_3 = 1.0$。

$\rho = \frac{A_s}{bh_0} = \frac{6\ 434}{180 \times 1\ 248.4} = 0.029 > 0.02$,取 $\rho = 0.02$。

$$\sigma_{ss} = \frac{M_s}{0.87 A_s h_0} = \frac{1\ 240.2 \times 10^6}{0.87 \times 6\ 434 \times 1\ 248.4} = 177.5(MPa)$$

将以上数据代入式(7.7)得

$$W_{fk} = C_1 C_2 C_3 \frac{\sigma_{ss}}{E_s}\left(\frac{30+d}{0.28+10\rho}\right) = 1.41 \times \frac{177.5}{2 \times 10^5} \times \left(\frac{30+1.3 \times 32}{0.28+10 \times 0.02}\right)$$
$$= 0.19(mm) < 0.2(mm)$$

所以满足规范要求。

 项目小结

(1)钢筋混凝土受弯构件的预拱度设置原则

①当作用短期效应组合并考虑作用长期效应影响产生的长期挠度不超过计算跨径的 1/1600 时,可不设预拱度;

②当不符合上述规定时应设预拱度,且其值应按结构自重和 1/2 可变作用频遇值计算的长期挠度值之和采用。

(2)裂缝的主要类型及影响裂缝宽度的因素

裂缝的类型主要有:由荷载效应引起的裂缝、由外加变形或约束变形引起的裂缝、钢筋锈蚀裂缝。

影响裂缝宽度的因素:受拉钢筋应力 σ_s、受拉钢筋直径、受拉钢筋配筋率、混凝土保护层厚度、受拉钢筋的外形影响、荷载作用性质的影响、构件形式的影响。

 复习思考题

1. 为什么要进行变形计算?

2. 结构变形验算的目的是什么? 钢筋混凝土桥梁在进行变形验算时有哪些要求?

3. 对钢筋混凝土受弯构件预拱度的设置有哪些要求和规定? 预拱度如何设置?

4. 钢筋混凝土受弯构件挠度的限值是多少? 如何应用?

5. 钢筋混凝土结构的裂缝有哪些类型? 影响裂缝宽度的主要因素有哪些?

6. 裂缝宽度计算公式中的"C_1、C_2、C_3"分别指什么? 如何取值?

7. 钢筋混凝土构件中的裂缝对结构有哪些不利的影响?

8. 某装配式钢筋混凝土板桥,每块宽 $b=1\,000$ mm,板厚 $h=300$ mm,采用 C30 混凝土, HRB335 级钢筋配置受拉钢筋 $8\phi16$($A_s=1\,609$ mm^2),承受计算弯矩 $M_k^l=160$ kN·m,试验算正截面应力。

9. 某 T 形梁截面尺寸为 $h_f'=12$ mm,$h=135$ mm,$h_0=124$ mm,$b_f'=1\,600$ mm,$b=180$ mm,配有 $10\phi25$ 纵向钢筋。恒载弯矩标准值 $M_{GK}=750$ kN·m,汽车荷载弯矩标准值 $M_{Q1K}=590$ kN·m[其中包括冲击系数 $(1+\mu)=1.20$],人群荷载弯矩标准值 $M_{Q2K}=60$ kN·m,试计算此 T 梁的跨中最大裂缝宽度及跨中挠度。

项目 8   预应力混凝土结构

 项目描述

采用预应力混凝土结构是避免混凝土过早开裂、有效利用高强材料的有效方法之一。通过本项目的学习,要求学生掌握预应力混凝土结构特点、分类、材料和施工工艺。

 学习目标

1. 能力目标
具备能够根据预应力混凝土结构特点和材料性质设计施工的能力。
2. 知识目标
(1)掌握预应力混凝土结构特点和分类。
(2)掌握预应力混凝土结构的材料。
(3)掌握预加应力的设备。
(4)掌握预应力混凝土梁的施工工艺。
3. 素质目标
通过对预应力混凝土结构的学习,使学生认识到混凝土结构的不用分类,以及对这种新型工艺的认识,引导学生积极思考,培养学生发现问题、分析问题、解决问题的能力。

任务 8.1   了解预应力混凝土结构

8.1.1   任务目标

1. 能力目标
具备能够说明预应力混凝土结构的原理和特点的能力。
2. 知识目标
(1)掌握预应力混凝土结构的特点。
(2)掌握预应力度的定义。
(3)掌握加筋混凝土结构的分类。
(4)掌握预应力混凝土结构对所用钢材和混凝土的要求。
3. 素质目标
培养学生积极思考,善于发现问题的能力。

8.1.2   相关配套知识

1. 预应力混凝土结构的基本原理
对混凝土或钢筋混凝土的受拉区预先施加压应力,是一种人为建立的应力状态,这种应力的大小和分布规律,能有利抵消由于荷载作用产生的应力,因而使混凝土构件在使用荷载下允许出现拉应力而不致开裂,或推迟开裂,或者限制裂缝宽度大小。下面通过一个例子,进一步说明混凝土预加应力的原理。

图 8.1 所示为一根由 C25 混凝土制作的素混凝土梁,跨径 $L=4$ m,截面尺寸为 200 mm×300 mm,截面模量 $W=200\times300^2/6=3\times10^6$ mm³,在 $q=15$ kN/m 的均布荷载作用下的跨中弯矩 $M=qL^2/8=15\times4^2/8=30$ kN·m。跨中截面上产生的最大应力:

$$\sigma=M/W=\pm30\times10^6/(3\,000\times10^3)=\pm10\;(\text{MPa})$$

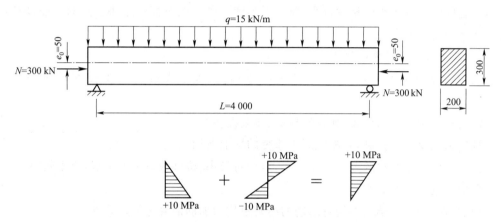

图 8.1　预应力混凝土梁的受力情况(单位:mm)

对于 C25 混凝土来说,抗压强度设计值 $f_c=11.9$ MPa,而抗拉强度设计值 $f_t=1.27$ MPa,所以,C25 混凝土承受 10 MPa 的压应力是没有问题的。但若承担 10 MPa 的拉应力,则是根本不可能的。实际上,这样一根素混凝土梁在 $q=15$ kN/m 的均布荷载作用下早已断裂。

如果在梁端加一对偏心距 $e_0=50$ mm,纵向力 $N=300$ kN 的预加力,在此预加力作用下,梁跨中截面上下边缘混凝土所受到的预应力为

$$\sigma=\frac{N}{A}\pm\frac{Ne_0}{W}=\frac{300\times10^3}{200\times300}\pm\frac{300\times10^3\times50}{3\,000\times10^3}=\begin{cases}0\\+10\end{cases}\;(\text{MPa})$$

这样,在梁的下缘预先储备了 10 MPa 的压应力,用以抵抗外荷载作用的拉应力。在外荷载和预加纵向力的共同作用下截面上下边缘应力为

$$\sigma^{\max}_{\min}=\frac{N}{A}\pm\frac{Ne_0}{W}\pm\frac{M}{W}=\begin{cases}0\\+10\end{cases}+\begin{cases}+10\\-10\end{cases}=\begin{cases}+10\\0\end{cases}\;(\text{MPa})$$

显然,这样的梁承受 $q=15$ kN/m 的均布荷载是没问题的,而且整个截面始终处于受压工作状态。从理论上讲,没有拉应力,也就不会出现裂缝。

2. 预应力混凝土结构的特点

(1)预应力混凝土结构的优点

①提高了构件的抗裂度和刚度。对构件施加预应力,大大推迟了裂缝的出现。在使用荷载作用下,构件可不出现裂缝,或使裂缝推迟出现,因而也提高了构件的刚度,增加了结构的耐久性。

②可以节省材料,减小自重。预应力混凝土必须采用高强度材料,因而可以减小钢筋用量和减小构件截面尺寸,使自重减轻,利于预应力混凝土构件建造大跨度承重结构。

③减小梁的竖向剪力和主拉应力。预应力混凝土梁的曲线钢筋(束),可使梁内支座附近的竖向剪力减小;又由于混凝土截面上预压应力的存在,使荷载作用下的主拉应力相应减小。有利于减小梁的腹板厚度,使预应力混凝土梁的自重可以进一步减小。

④结构质量安全可靠。施加预应力时,钢筋(束)与混凝土都同时经受了一次强度检验。如果在张拉钢筋时构件质量表现良好,那么,在使用时也认为是安全可靠的。

⑤预应力可作为结构构件链接的手段,促进了桥梁结构新体系与施工方法的发展。

此外,还可以增加结构的耐疲劳性能。因为具有强大预应力的钢筋,在使用阶段由加荷或卸荷所引起的应力变化幅度相对较小,所以引起疲劳破坏的可能性也小。这对承受动荷载的桥梁结构来说是很有利的。

(2)预应力混凝土结构的缺点

①预应力混凝土工艺较复杂,对质量要求高,因而需要配备一支技术较熟练的专业队伍。

②需要有一定的专门设备,如张拉机具、灌浆设备等。

③预应力反拱不易控制,它随混凝土徐变的增加而加大。

④预应力混凝土结构的开工费用较大,对于跨径小、构件数量少的工程,成本较高。

3. 预应力混凝土的分类

国内通常把混凝土结构内配有纵筋的结构总称为加筋混凝土结构系列。

根据国内工程界的习惯,将采用加筋的混凝土结构按其预应力度分成全预应力混凝土、部分预应力混凝土和钢筋混凝土等三种结构。

(1)预应力度的定义

《铁路桥涵设计规范》(TB 10002—2017)将预应力度 λ 定义为

$$\lambda = \frac{\sigma_c}{\sigma} \tag{8.1}$$

式中　σ_c——扣除全部预应力损失后的预加力在构件抗裂边缘产生的预压应力;

　　　　σ——由运营荷载(不包括预加力)引起的构件控制截面受拉边缘的应力。

对于预应力混凝土受弯构件,预应力度也可定义为:由预应力大小确定的消压弯矩(也就是消除构件控制截面受拉区边缘混凝土的预压应力,使其恰好为零的弯矩)M_0 与按作用(荷载)短期效应组合计算的弯矩值 M_s 的比值,即 $\lambda = M_0/M_s$。

(2)加筋混凝土结构的分类

①全预应力混凝土:$\lambda \geqslant 1$,沿预应力筋方向的正截面不出现拉应力。

②部分预应力混凝土:$1 > \lambda > 0$,沿预应力筋方向的正截面出现拉应力或出现不超过规定宽度的裂缝。当对拉应力加以限制时,为部分预应力混凝土 A 类构件;当拉应力超过限值或出现不超过限值的裂缝时,为部分预应力混凝土 B 类构件。

③钢筋混凝土:$\lambda = 0$,无预加应力。

4. 预应力混凝土的材料

(1)钢材

用于预应力混凝土结构中的钢材有钢筋、钢丝、钢绞线三大类。工程上对于预应力钢材有下列要求:

①在混凝土中建立的预应力取决于预应力钢筋张拉应力的大小。张拉应力愈大,构件的抗裂性能就愈好。但为了防止张拉钢筋时所建立的应力因预应力损失而丧失殆尽,对预应力钢材要求有很高的强度。

②在先张法中预应力钢筋与混凝土之间必须有较高的黏着自锚强度,以防止钢筋在混凝土中滑移。

③预应力钢材要有足够的塑性和良好的加工性能。所谓良好的加工性能是指焊接性能良好及采用镦头锚具时钢筋头部经过镦粗后不影响原有的力学性能。

④应力松弛损失要低。钢筋的应力随时间增长而降低的现象称为松弛(也叫徐舒)。由于预应力混凝土结构中预应力筋张力完成后长度基本保持不变,应力松弛是对预应力筋性能的一个主要影响因素。应力松弛值的大小因钢的种类而异,并随着应力的增加和作用(荷载)持续的时间增长而增加。为满足此要求,可对钢筋进行超张拉,或采用低松弛钢丝、钢绞线。

(2)工程中常用的预应力钢筋

①精轧螺纹钢筋

专用于中、小型构件或竖、横向预应力钢筋。其级别有 JL540、JL785、JL930 三种;直径一般为 18 mm、25 mm、32 mm、40 mm。要求 10 小时松弛率不大于 1.5%。

②钢丝

用于预应力混凝土构件中的钢丝有消除应力的三面刻痕钢丝、螺旋肋钢丝和光滑钢丝三种。

③钢绞线

钢绞线是把多根平行的高强钢丝围绕一根中心芯丝用绞盘绞捻成束而形成的。常用的钢绞线有 $7\phi4$ 和 $7\phi5$ 两种。

(3)混凝土

为了充分发挥高强钢筋的抗拉性能,预应力混凝土结构也要相应地采用高强度混凝土。因此,预应力混凝土构件不应低于 C40。

用于预应力混凝土结构中的混凝土,不仅要求高强度,而且要求有很高的早期强度,以使其能早日施加预应力,从而提高构件的生产效率和设备的利用率。此外,为了减少预应力损失,还要求混凝土具有较小的收缩值和徐变值。工程实践证明,采用干硬性混凝土、施工中注意水泥品种选择、适当选用早强剂和加强养护是配制高等级和低收缩率混凝土的必要措施。

任务 8.2　熟悉部分预应力混凝土与无粘结预应力混凝土

8.2.1　任务目标

1. 能力目标

能够分析预应力混凝土结构的受力特征和无粘结预应力混凝土结构受力性能。

2. 知识目标

(1)掌握部分预应力混凝土结构和无粘结预应力混凝土结构的概念。

　　（2）掌握部分预应力混凝土结构的受力特征。

　　（3）掌握无粘结预应力混凝土结构受力性能。

　　3. 素质目标

　　培养学生观察问题和分析问题的基本素养。

8.2.2　相关配套知识

　　1. 部分预应力混凝土结构的基本概念

　　预应力混凝土结构都是按全预应力混凝土来设计的。认为施加预应力的目的只是用混凝土承受的预压应力来抵消外加作用（荷载）引起的混凝土的拉应力，混凝土不受拉，就不会出现裂缝。这种在承受全部外加作用（荷载）时必须保持全截面受压的设计，通常称为全预应力混凝土设计。"零应力"或"无拉应力"则是全预应力混凝土设计的基本准则。

　　全预应力混凝土结构虽有刚度大、抗疲劳、防渗漏等优点，但是在工程实践中也发现一些严重缺点，例如：结构构件的反拱过大，在恒载小、活载大、预加力大且在长期承受持续作用（荷载）时，梁的反拱会不断增大，影响行车顺畅；当预加力过大时，锚下混凝土横向拉应变超出极限拉应变，易出现沿预应力钢筋纵向不能恢复的水平裂缝。

　　部分预应力混凝土结构是针对全预应力混凝土在理论和实践中存在的这些问题，在最近十几年发展起来的一种新的预应力混凝土。它是介于全预应力混凝土结构和普通钢筋混凝土结构之间的预应力混凝土结构。即这种构件按正常使用极限状态时，对作用（荷载）短期效应组合，容许其截面受拉边缘出现拉应力或出现裂缝。部分预应力混凝土结构，一般采用预应力钢筋和非预应力钢筋混合钢筋，不仅能充分发挥预应力钢筋的作用，同时也充分发挥非预应力钢筋的作用，从而节约了预应力钢筋，进一步改善了预应力混凝土使用性能。同时，它又促进了预应力混凝土结构设计思想的重大发展，使设计人员可以根据结构使用要求来选择适当的预应力度，进行合理的结构设计。

　　2. 部分预应力混凝土结构的受力特征

　　为了理解部分预应力混凝土梁的工作性能，需要观察不同预应力强度条件下梁的荷载—挠度曲线。图 8.2 中①、②、③分别表示具有相同正截面承载能力 M_u 的全预应力、部分预应力和普通钢筋混凝土梁的弯矩—挠度关系曲线示意图。

　　从图中可以看出，部分预应力混凝土梁的受力特征，介于全预应力混凝土梁和普通钢筋混凝土梁之间。在荷载较小时，部分预应力混凝土梁（曲线②）受力特征与全预应力混凝土梁（曲线①）相似；在自重与有效预加力 N_p（扣除相应阶段的预应力损失）作用下，它具有反拱度 f_{yb}，但其值较全预应力混凝土梁的反拱度小；当荷载（荷载）增加，弯矩 M 达到 B 点时，表示外加作用使梁产生的下挠度与预应力反拱度相对，两者正好相互抵消，这时梁的挠度为零，但此时受拉区边缘混凝土的应力并不为零。

　　当作用（荷载）继续增加，达到曲线②的 C 点时，外加作用（荷载）产生的梁底混凝土拉应力正好与梁底有效预应力互相抵消，使梁底受拉边缘的混凝土应力为零，此时相应的外加作用（荷载）弯矩 M_0，就称为消压弯矩。

　　截面下边缘消压后，如继续加载至 D 点，混凝土的边缘拉应力达到极限抗拉强度。随着外加作用（荷载）增加，受拉区混凝土就进入塑性阶段，构件的刚度下降，达到 D' 点时表示构件

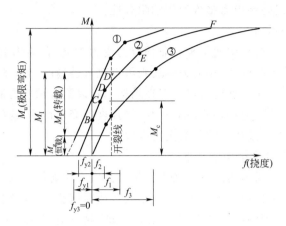

图 8.2 不同受力状态下的弯矩—挠度关系曲线

即将出现裂缝,此时相应的弯矩称为预应力混凝土构件的抗裂弯矩 M_{pr},显然$(M_{pr}-M_0)$就相当于相应的钢筋混凝土构件的截面抗裂弯矩 M_{cr},即 $M_{cr}=M_{pr}-M_0$。

从 D' 点开始,外加作用(荷载)加大,裂缝开展,刚度继续下降,挠度增加速度加快。而达到 E 点时,受拉钢筋屈服。E 点以后裂缝进一步扩展,刚度进一步下降,挠度增加速度更快,直到 F 点,构件达到承载能力极限状态而破坏。

3. 部分预应力混凝土结构的优缺点

(1)部分预应力混凝土结构的优点

①部分预应力改善了构件的使用性能,如减小或避免梁纵向和横向裂缝;减小了构件弹性和徐变变形所引起的反拱度,以保证桥面行车顺畅。

②节省高强预应力钢材,简化施工工艺,降低工程造价。部分预应力构件预应力度较低,在保证构件极限承载力的条件下,可以用普通钢筋来代替一部分预应力钢筋承受破坏极限状态设计的外加作用(荷载),也可以用强度(品种)较低的钢筋来代替高强度钢丝,或者减少高强度预应力钢丝束的数量,这样,对构件的设计、施工、使用以及经济方面都会带来好处。

③提高构件的延性。和全预应力混凝土相比,由于配置了非预应力钢筋,所以部分预应力混凝土受弯构件破坏所呈现的延性较全预应力混凝土好,提高了结构在承受反复作用时的能量耗散能力,因而使结构有利于抗震、抗爆。

④可以合理的控制裂缝。与钢筋混凝土相比,由于配置了非预应力钢筋,所以部分预应力混凝土梁由于具有适量的预应力,其挠度与裂缝宽度较小,尤其是当作用(荷载)最不利效应组合出现概率极小,即使是允许开裂的 B 类构件,在正常使用状态下,其裂缝实际上也是经常闭合的。所以部分预应力混凝土构件的综合使用性能一般都比钢筋混凝土构件好。

(2)部分预应力混凝土结构的缺点

与全预应力混凝土相比抗裂性略低,刚度较小,设计计算略为复杂;与钢筋混凝土相比,所需的预应力工艺复杂。

总之,部分预应力混凝土能够获得良好的综合使用性能,克服了全预应力混凝土结构由于长期处于高压应力状态下,预应力反拱度大,破坏时呈现脆性等弊病。部分预应力混凝土结构预加应力较小,因此,预加应力产生的横向拉应变也小,减小了沿预应力筋方向可能出现纵向裂缝的可能性,有利于提高预应力结构使用的耐久性。

4. 非预应力钢筋的作用

在部分预应力混凝土结构中通常配有非预应力受力钢筋,预应力筋可以平衡一部分作用(荷载),提高抗裂度,减少挠度;非预应力钢筋则可以改善裂缝的分布,增加极限承载力和提高破坏时的延性。同时非预应力筋还可以配置在结构中难以配置预应力筋的部分。部分预应力混凝土结构中配置的非预应力筋,一般都采用中等强度的变形钢筋,这种钢筋对分散裂缝的分布、限制裂缝宽度以及提高破坏时的延性更为有效。

5. 无粘结预应力混凝土结构的基本概念

无粘结预应力混凝土梁是指配置主筋为无粘结预应力钢筋的后张法预应力混凝土梁。而无粘结预应力钢筋是指单根或多根高强钢丝、钢绞线或粗钢筋,沿其全长涂有专用防腐油脂涂料层和外包层,使之与周围混凝土不建立粘结力,张拉时可沿着纵向发生相对滑动的预应力钢筋。

无粘结预应力钢筋的一般做法是将预应力钢筋沿其全长的外表面涂刷有沥青、油脂等润滑防锈材料,然后用纸带或塑料带包裹或套以塑料管。在施工时,跟普通钢筋一样,可以直接放入模板中,然后浇注混凝土,待混凝土达到强度要求后,即可利用混凝土构件本身作为支承件张拉钢筋。待张拉到控制应力之后,用锚具将无粘结预应力钢筋锚固于混凝土构件上而构成无粘结预应力混凝土构件。这样省去了传统后张法预应力混凝土的预埋管道、穿束、压浆等工艺,节省了施工设备,简化了施工工艺,缩短了工期;另外,在张拉时,由于摩阻力小,可有效的应用于曲线配筋的梁体,故其综合经济性好。

但是,它也存在不足之处,即开裂荷载相对较低,而且在荷载作用下开裂时,将仅出现一条或几条裂缝,随着荷载的少量增加,裂缝的宽度与高度将迅速扩展,使构件很快破坏。为此,需要设置一定数量的非预应力钢筋以改善构件的受力性能。

早在 20 世纪 20 年代,德国的 R.Farber 就提出了采用无粘结预应力筋的概念,并取得了专利,但当时并未推广,直到 20 世纪 40 年代后期才开始用于桥梁结构。现在,无粘结预应力混凝土结构已为许多国家采用,美国的 ACI、英国的 CP110 及德国的 DIN4227 等结构设计规范,对无粘结预应力混凝土的设计与应用都作了具体规定,应用前景可观。

在我国,近年来无粘结预应力混凝土结构获得广泛应用,其技术是国家教科委和建设部"八五"科技成果重点推广项目之一,同时还编制了中华人民共和国建设部行业标准《无粘结预应力混凝土结构技术规程》(JGJ 92—2016)。无粘结预应力混凝土技术也已成功地被用于公路桥梁,例如在四川省已修建了三座跨径 18~20 m 的无粘结预应力混凝土空心板梁桥;在江苏省建成的云阳大桥为主孔 70 m 跨径的无粘结预应力混凝土系杆拱桥。

6. 无粘结预应力混凝土受弯构件的受力性能

无粘结预应力混凝土梁,一般分为纯无粘结预应力混凝土梁和无粘结部分预应力混凝土梁。前者是受力主筋全部采用无粘结预应力钢筋,而后者是指其受力主筋采用无粘结预应力钢筋与适当数量非预应力有粘结钢筋形成混合配筋的梁。这两种无粘结预应力混凝土梁在荷载作用下的结构性能及破坏特征不同,下面分别介绍。

(1)纯无粘结预应力混凝土梁

在试验荷载作用下,在梁最大弯矩截面附近出现一条或少数几条裂缝。随着荷载的增加,已出现的裂缝的宽度与延伸高度都迅速发展,并且通常在裂缝的顶部开裂,如图 8.3(b)所示。

梁开裂后,在作用(荷载)增加不多的情况下,随着裂缝宽度与高度的急剧增加,受压区混凝土压碎而引起梁的破坏,具有明显的脆性破坏特征。试验分析表明,纯无粘结预应力混凝土梁一经开裂,梁的结构性能就变得接近于带拉杆的扁拱而不像梁。

纯无粘结预应力混凝土梁不仅裂缝形态及发展与同样条件下的有粘结预应力混凝土梁不同[图 8.3(a)],而且其作用(荷载)—跨中挠度曲线也不同。由图 8.4 可见,有粘结预应力混凝土梁的作用(荷载)—挠度曲线具有三直线形式,而纯无粘结预应力混凝土梁的曲线不仅没有第三阶段,连第二阶段也没有明显的直线段。

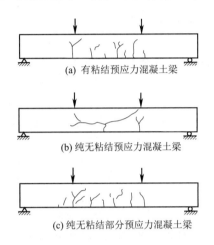

图 8.3　有粘结和无粘结预应
力混凝土梁的裂缝状态

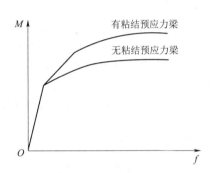

图 8.4　粘结力对预应力混凝
土梁挠度影响示意图

在梁最大弯矩截面上,无粘结预应力钢筋应力随作用(荷载)变化的规律,亦与有粘结预应力钢筋不同。无粘结预应力钢筋的应力增量,总是低于有粘结预应力钢筋的应力增量,而且,随着荷载的增大,这个差距就越来越大。在梁的最大弯矩截面处,无粘结筋的应力比有粘结筋的应力增加得少。

纯无粘结筋梁的抗弯强度比有粘结筋梁的要低;在荷载的作用下,裂缝少且发展迅速;破坏呈明显的脆性。这些不足,可以通过采用混合配筋的方法改变。

(2)无粘结部分预应力混凝土梁的受力性能

对于采用非预应力钢筋与无粘结预应力钢筋混合配筋的受弯构件,有关单位进行了系统的试验研究,从试验梁观察到的现象及主要结论如下:

①混合配筋无粘结预应力混凝土梁的作用(荷载)—挠度曲线(图 8.4),和混合配筋有粘结预应力混凝土梁的一样,也具有三段直线的形状,反映三个不同的工作阶段。

②混合配筋的无粘结预应力混凝土梁的裂缝,由于受到非预应力有粘结钢筋的约束,其钢筋根数及裂缝间距与配有同样钢筋的普通钢筋混凝土梁非常接近,如图 8.3(c)所示。

③一般情况下,混合配筋的无粘结预应力混凝土梁,先是普通钢筋屈服,裂缝向上延伸,直到受压区边缘混凝土达到极限压应变时,梁才呈现弯曲破坏。

④混合配筋梁的无粘结预应力钢筋,虽仍具有沿全长应力相等(忽略摩擦影响)和在梁破坏时极限应力不超过条件屈服强度 $\sigma_{0.2}$ 的无粘结筋特点,但极限应力的量值较纯无粘结梁的要大得多。

⑤混合配筋的无粘结预应力钢筋,在梁达到破坏时的应力增量,与梁的综合配筋指标有密切关系。

⑥对于混合配筋的无粘结预应力混凝土梁,在三分点荷载作用下,跨高比对应力增量无明显影响;在跨中一点荷载作用下,跨高比对应力增量有一定的影响。

任务 8.3 预应力损失的估算及减小损失的措施

8.3.1 任务目标

1. 能力目标

能够估算预应力损失,根据具体情况采取合理措施,科学降低预应力损失。

2. 知识目标

(1)掌握预应力损失的成因、分类、特性。

(2)掌握减小预应力损失的措施。

3. 素质目标

培养学生灵活处理实际问题的能力。

8.3.2 相关配套知识

受施工因素、材料性能和环境条件等的影响,预应力钢筋在拉伸时所建立的预拉应力(称张拉控制应力)将会有所降低,这些减少的应力称为预应力损失。

预应力钢筋的实际存余的预应力称为有效预应力,其数值取决于张拉时的控制应力和预应力损失,即

$$\sigma_{pe} = \sigma_{con} - \sigma_l \tag{8.2}$$

式中 σ_{pe}——预应力钢筋中的有效预应力;

σ_{con}——张拉控制应力;

σ_l——预应力损失。

张拉控制应力按《铁路桥涵设计规范》(TB 10002—2017)的规定取用。

钢丝、钢绞线: $\sigma_{con} \leqslant 0.75 f_{pk}$

精轧螺纹钢筋: $\sigma_{con} \leqslant 0.9 f_{pk}$

式中 f_{pk}——预应力钢筋抗拉强度标准值。

引起预应力损失的原因与施工工艺、材料性能及环境影响等有关,影响因素复杂,一般根据试验数据确定。如无可靠试验资料,则可按《铁路桥涵设计规范》(TB 10002—2017)的规定计算。

一般情况下,可主要考虑以下六项预应力损失值。但对于不同锚具、不同施工方法,可能还存在其他应力损失,如锚圈口摩阻损失等,应根据具体情况逐项考虑其影响。

1. 预应力钢筋与管道壁之间的摩擦引起的应力损失 σ_{l1}

在后张法中,由于张拉时预应力钢筋与管道壁之间接触而产生摩阻力,此项摩阻力与作用力的方向相反,因此,钢筋中的实际应力较张拉端拉力计中的读数要小,即造成预应力钢筋中的应力损失 σ_{l1}。

σ_{l1}可按式(8.3)计算:

$$\sigma_{l1}=\sigma_{con}\left[1-e^{-(\mu\theta+kx)}\right] \tag{8.3}$$

式中 σ_{con}——张拉钢筋时锚下的控制应力;

μ——钢筋与管道壁间的摩阻系数,可按表8.1采用;

θ——从张拉端至计算截面间平面曲线管道部分切线的夹角(rad),如图8.5所示;

k——管道每米局部偏差对摩擦的影响系数,按表8.1采用;

x——从张拉端至计算截面的曲线管道长度(m),可近似地以其在构件纵轴上的投影长度代替,如图8.5所示。

式(8.3)中的$1-e^{-(\mu\theta+kx)}$值见表8.2。

表 8.1 系数 k 和 μ 值

管道成型方式	k	μ
橡胶管或抽芯成型的管道	0.001 5	0.55
铁皮套管	0.003 0	0.35
金属波纹管	0.002 0~0.003 0	0.20~0.26

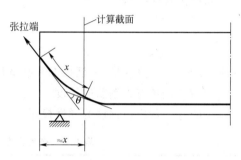

图 8.5 计算 σ_{l1} 时所取的 θ 与 x 值

表 8.2 $1-e^{-(\mu\theta+kx)}$ 值

$\mu\theta$	kx									
	0.00	0.01	0.02	0.03	0.04	0.05	0.06	0.07	0.08	0.09
0	0.000	0.010	0.020	0.030	0.040	0.049	0.058	0.068	0.077	0.086
0.1	0.095	0.104	0.113	0.112	0.131	0.139	0.148	0.156	0.165	0.173
0.2	0.181	0.189	0.197	0.205	0.213	0.221	0.229	0.237	0.244	0.252
0.3	0.259	0.267	0.274	0.281	0.288	0.295	0.302	0.309	0.316	0.323
0.4	0.33	0.336	0.343	0.349	0.356	0.362	0.368	0.375	0.381	0.387
0.5	0.393	0.398	0.405	0.411	0.417	0.423	0.429	0.434	0.44	0.446
0.6	0.451	0.457	0.462	0.467	0.473	0.478	0.483	0.488	0.493	0.498
0.7	0.503	0.508	0.513	0.518	0.523	0.528	0.532	0.537	0.542	0.546
0.8	0.551	0.555	0.56	0.564	0.568	0.573	0.577	0.581	0.585	0.589
0.9	0.593	0.597	0.601	0.605	0.609	0.613	0.617	0.621	0.625	0.628
1.0	0.632	0.636	0.639	0.643	0.647	0.65	0.654	0.657	0.66	0.664

减少 σ_{l1} 损失的措施有:

(1)对于较长的构件可在两端进行张拉,则靠原锚固端一侧的预应力筋的应力损失大大减少,损失最大的截面转移到构件的中部,采取两端张拉约可减少一半摩擦损失。

(2)采用超张拉工艺。超张拉工艺一般的张拉程序是:从应力为零开始张拉至 $1.1\sigma_{con}$,持荷 2 min 后,卸载至 $0.85\sigma_{con}$,持续 2 min,再张拉至 σ_{con}。应当注意,对于一般夹片锚具,不宜采用超张拉工艺。因为超张拉后的钢筋拉应力无法在 锚固前回降至 σ_{con}，一回降，钢筋就回缩，同时也就带动夹片进行锚固。这样就相当于提高了 σ_{con} 值，而与超张拉的意义不符。

(3)在接触材料表面涂水溶性润滑剂，以减少摩擦系数。

(4)提高施工质量，减少钢筋位置偏差。

2. 锚具变形、钢筋回缩和拼装构件的接缝压缩引起的应力损失 σ_{l2}

在张拉预应力钢筋达到控制应力 σ_{con} 后，便把预应力钢筋锚固在台座或构件上。由于锚具、垫板与构件之间的缝隙被压紧，以及预应力钢筋在锚具中的滑动，造成预应力钢筋回缩而产生预应力损失 σ_{l2}。

σ_{l2} 可按式(8.4)计算，即

$$\sigma_{l2} = \frac{\sum \Delta l}{l} E_{\text{p}} \tag{8.4}$$

式中　Δl——锚具变形、钢筋回缩和接缝压缩值，可按表 8.3 采用；

　　　l——预应力钢筋的长度；

　　　E_{p}——预应力钢筋的弹性模量。

表 8.3　锚具变形、钢筋回缩和接缝压缩值(mm)

锚具、接缝类型		Δl
钢丝束的钢制锥形锚具		8(6)
夹片式锚具	有顶压时	4(4)
	无顶压时	6(6)
带螺帽锚具的螺帽缝隙		1(1)
镦头锚具		无(1)
每块后加垫板的缝隙		1(1)
水泥砂浆接缝		1(1)
环氧树脂砂浆接缝		0.05(1)

注：括号外为铁路桥规数值，括号内为公路桥规数值。

该项预应力损失在短跨梁中或在钢筋不长的情况下应予以重视。对于分块拼装构件应尽量减少块数，以减少接缝压缩损失。而锚具变形引起的预应力损失，只需考虑张拉端，这是因为固定端的锚具在张拉钢筋过程中已被挤紧，不会再引起预应力损失。

在用先张法制作预应力混凝土构件时，当将已达到张拉控制应力的预应力钢筋锚固在台座上时，同样会造成这项损失。

减少 σ_{l2} 损失的措施有：

(1)选择锚具变形小或使预应力钢筋内缩小的锚具、夹具，尽量少用垫板。

(2)增加台座长度，因为 σ_{l1} 值与台座长度成反比，采用先张拉法生产的台座，当张拉台座长度为 100 m 以上时，σ_{l1} 可忽略不计。

(3)采用超张拉施工方法。

3. 混凝土加热养护时，预应力钢筋与台座之间的温度引起的应力损失 σ_{l3}

用先张法制作预应力混凝土构件时，张拉钢筋是在常温下进行的。当混凝土采用加热

养护时,即形成钢筋与台座之间的温度差。升温时,混凝土尚未结硬,钢筋受热自由伸长,产生温度变形(由于两端的台座埋在地下,基本上不发生变化),造成钢筋变松,引起预应力损失 σ_{l3},这就是所谓的温差损失。降温时,混凝土已结硬且与钢筋之间产生了粘结作用,又由于二者具有相近的温度膨胀系数,随温度降低而产生相同的收缩,升温时所产生的应力损失无法恢复。

温差损失的大小与蒸气养护时的加热温度有关。σ_{l3} 可按式(8.5)计算,即

$$\sigma_{l3}=2(t_2-t_1) \tag{8.5}$$

式中　t_1——张拉钢筋时,制造场地的温度(℃);

　　　t_2——混凝土加热养护时,受拉钢筋的最高温度(℃)。

可采用以下措施减少该项损失:

(1)采用两次升温养护。先在常温下养护,或将初次升温与常温的温度差控制在 20 ℃ 以内,待混凝土强度达到 7.5～10 MPa 时再逐渐升温至规定的养护温度,此时可认为钢筋与混凝土已粘结成整体,能够一起胀缩而无损失。

(2)在钢模上张拉预应力钢筋或台座与构件共同受热变形,可以不考虑此项损失。

4. 混凝土的弹性压缩引起的应力损失 σ_{l4}

当预应力混凝土构件受到预压应力而产生压缩应变 ε_c 时,则对于已经张拉并锚固于混凝土构件上的预应力钢筋来说,亦将产生与该钢筋重心水平处混凝土同样的压缩应变 $\varepsilon_c=\varepsilon_p$,因而产生一个预拉应力损失,并称为混凝土弹性压缩损失,以 σ_{l4} 表示。引起应力损失的混凝土弹性压缩量,与预加应力的方式有关。

(1)先张法构件

先张法中,构件受压时已与混凝土粘结,两者共同变形,由混凝土弹性压缩引起钢筋中的应力损失为

$$\sigma_{l4}=\alpha_{EP}\sigma_{pc} \tag{8.6}$$

式中　σ_{pc}——在计算截面的钢筋重心处,由全部钢筋预加力产生的混凝土法向应力(MPa)。

可按下式计算:

$$\sigma_{pc}=\frac{N_{p0}}{A_0}+\frac{N_{p0}e_{p0}^2}{I_0};\quad N_{p0}=A_p\sigma_p^*$$

　　N_{p0}——混凝土应力为零时的预应力钢筋的预加力(扣除相应阶段的预应力损失);

　　A_0,I_0——预应力混凝土受弯构件的换算截面面积和换算截面惯性矩;

　　e_{p0}——预应力钢筋重心至换算截面重心轴的距离;

　　σ_p^*——张拉锚固前预应力筋中的预应力,$\sigma_p^*=\sigma_{con}-\sigma_{l2}-\sigma_{l3}-0.5\sigma_{l5}$;

　　α_{EP}——预应力钢筋弹性模量与混凝土弹性模量之比。

(2)后张法构件

在后张法预应力混凝土构件中,混凝土的弹性压缩发生在张拉过程中,张拉完毕后,混凝土的弹性压缩也随即完成。故对于一次张拉完成的后张法构件,无须考虑混凝土弹性压缩引起的应力损失,因为此时混凝土的全部弹性压缩是和钢筋的伸长同时发生的。但是,事实上由于受张拉设备的限制,钢筋往往分批进行张拉锚固,并且在多数情况下是采用逐束(根)进行张拉锚固。这样,当张拉第二批钢筋时,混凝土所产生的弹性压缩会使第一批已张拉锚固的钢筋产生预应力损失。同理,当张拉第三批时,又会使第一、第二批已张拉锚固的钢筋都产生预应力损失,以此类推。故这种在后张法中的弹性压缩损失又称为分批张拉预应力损失 σ_{l4}。

后张法构件，分批张拉时，先张拉的钢筋由张拉后批钢筋所引起的混凝土弹性压缩预应力损失可按下式计算：

$$\sigma_{l4} = \alpha_{EP} \sum \Delta\sigma_{pc} \tag{8.7a}$$

式中　$\sum \Delta\sigma_{pc}$——在计算截面钢筋重心，由后张拉各批钢筋产生的混凝土法向应力（MPa）。

后张法预应力混凝土构件，当同一截面的预应力钢筋逐束张拉时，由混凝土弹性压缩引起的预应力损失，可按下式计算：

$$\sigma_{l4} = \frac{m-1}{2}\alpha_{EP}\Delta\sigma_{pc} \tag{8.7b}$$

式中　m——预应力钢筋的束数；

$\Delta\sigma_{pc}$——在计算截面的全部钢筋重心处，由张拉一束预应力钢筋产生的混凝土法向压应力（MPa），取各束的平均值。

分批张拉时，由于每批钢筋的应力损失不同，则实际有效预应力不等。补救方法如下：

①重复张拉先张拉过的预应力钢筋。

②超张拉先张拉的预应力钢筋。

5. 钢筋松弛引起的应力损失 σ_{l5}

钢筋或钢筋束在一定拉力作用下，长度保持不变，则其应力将随时间的增长而逐渐降低，这种现象称为钢筋的应力松弛，亦称徐舒。钢筋的松弛将引起预应力钢筋中的应力损失，这种损失称为钢筋应力松弛损失 σ_{l5}。这种现象是钢筋的一种塑性特征，其值因钢筋的种类而异，并随着应力的增加和作用（荷载）持续时间的长久而增加，一般是在第一小时最大，两天后即可完成大部分，一个月后这种现象基本停止。

由钢筋应力松弛引起的应力损失终极值，可按下式计算：

（1）对于精轧螺纹钢筋

一次张拉：　　　　$\sigma_{l5} = 0.05\sigma_{con}$ 　　　　(8.8)

超张拉：　　　　$\sigma_{l5} = 0.035\sigma_{con}$ 　　　　(8.9)

（2）对于钢丝，钢绞线

$$\sigma_{l5} = \zeta\sigma_{con} \tag{8.10}$$

式中　ζ——钢筋松弛系数，按《铁路桥涵钢筋混凝土和预应力混凝土结构设计规范》取值。

减少 σ_{l5} 损失的措施是采用低松弛预应力筋或者采用超张拉增加持荷时间。

6. 混凝土收缩和徐变引起的预应力钢筋应力损失 σ_{l6}

收缩变形和徐变变形是混凝土所固有的特性。由于混凝土的收缩和徐变，预应力混凝土构件缩短，预应力钢筋也随之回缩，因而引起预应力损失。由于收缩与徐变有着密切的联系，许多影响收缩的因素，也同样影响徐变的变形值，故将混凝土的收缩与徐变值的影响综合在一起进行计算。此外，在预应力梁中所配制的非预应力筋对混凝土的收缩、徐变变形也有一定的影响，计算时应予以考虑。

《铁路桥涵设计规范》(TB 10002—2017)（简称"铁路桥规"）推荐的收缩、徐变应力损失计算，（受拉受压区公式统一）可按下式计算：

$$\sigma_{l6} = \frac{0.8n_p\varphi(t_u,t_0) + E_p\varepsilon_{cs}(t_u,t_0)}{1+\left[1+\frac{\varphi(t_u,t_0)}{2}\right]\rho\rho_{ps}} \tag{8.11}$$

$$\rho = \frac{n_pA_p + n_sA_s}{A}$$

式中　$\varphi(t_u, t_0)$——加载龄期为 t_0 时混凝土的徐变系数终极值,按《铁路桥规》数值采用;

　　　　$\varepsilon_{cs}(t_u, t_0)$——混凝土龄期为 t_0 开始的收缩应变终极值,按《铁路桥规》数值采用;

　　　　n_s——非预应力钢筋弹性模量与混凝土弹性模量比值。

表 8.4　混凝土收缩应变和徐变系数终极值

预加力时混凝土的龄期(d)	收缩应变终极值 $\varepsilon_{cs}(t_u, t_0) \times 10^6$				徐变系数终极值 $\varphi(t_u, t_0)$			
	理论厚度 h(mm)				理论厚度 h(mm)			
	100	200	300	≥600	100	200	300	≥600
3	250	200	170	110	3.00	2.50	2.30	2.00
7	230	190	160	110	2.60	2.20	2.00	1.80
10	217	186	160	110	2.40	2.10	1.90	1.70
14	200	180	160	110	2.20	1.90	1.70	1.50
28	170	160	150	110	1.80	1.50	1.40	1.20
≥60	140	140	130	100	1.40	1.20	1.10	1.00

表中数值适用于年平均相对湿度高于 40% 条件下使用的结构,在年平均相对湿度低于 40% 条件下使用的结构表列 $\varphi(t_u, t_0)$、$\varepsilon_{cs}(t_u, t_0)$ 值应增加 30%。

减少混凝土收缩和徐变引起的应力损失的措施有:

(1)采用高强度水泥,减少水泥用量,降低水灰比,采用干硬性混凝土;

(2)采用级配较好的骨料,加强振捣,提高混凝土的密实性;

(3)加强养护,以减少混凝土的收缩。

应当指出:混凝土收缩、徐变引起的预应力损失与钢筋的松弛应力损失等是相互影响的,目前采用单独计算然后叠加的方法不够完善,有待完善。

以上各项预应力损失的估算值,可以作为一般设计的依据。但由于材料、施工条件等的不同,实际的预应力损失值与按上述方法计算的数值会有所出入。为了确保预应力混凝土结构在施工,使用阶段的安全,除加强施工管理外,还应作好应力损失值的实测工作,用所测得的实际应力损失值调整张拉应力。

任务 8.4　掌握预应力混凝土的施工工艺

8.4.1　任务目标

1. 能力目标

掌握先张法与后张法预应力混凝土构件的预制过程。

2. 知识目标

(1)掌握预应力混凝土的制作、运输、浇筑、养护、拆模等。

(2)掌握预应力钢筋的分类、检验、制作、下料、铺设、绑扎,钢筋张拉、放张、锚固等。

(3)掌握预留孔道的预制、压浆及封锚等。

3. 素质目标

培养学生将理论运用到实际的能力。

8.4.2　相关配套知识

对于预应力混凝土预制梁而言,对梁施加预应力是一件非常重要的工作。如何施加预应力、施加预应力时质量的控制、施加预应力过多或过少都会影响到梁的质量,所以必须按施工及设计要求精确的施加预应力。目前在桥梁工程中常用的方法有先张法和后张法。

1. 后张法预应力混凝土梁的施工工艺

后张法是先预留孔道,浇筑混凝土,待混凝土达到设计强度后穿筋、张拉、压浆、封锚,形成预应力混凝土梁。后张法施工工艺流程如图 8.6 所示。

(1)张拉前的准备工作

张拉前需完成预留孔道、制索、制锚等准备工作。

①预应力筋伸长值的计算与要求

在预应力混凝土结构张拉施工时,预应力筋的张拉采用双控,即张拉应力和伸长值控制。控制以张拉应力为主,同时校核预应力筋的伸长值,若张拉过程中张拉伸长值超过规范偏差范围,应立即停止操作检查原因,待采取措施并排除故障后才能继续张拉。实际伸长值与理论伸长值的误差应控制在 6% 以内。

②预留孔道工艺

为了能在梁体混凝土内形成钢束管道,应在浇筑混凝土前安置制孔器。按照制孔的方式不同可分为预埋式制孔器和抽拔式制孔器两大类。预埋式制孔器按预应力筋设计位置和形状固定在钢筋骨架中,本身便是孔道。橡胶管制孔器是按设计位置固定在钢筋骨架中,待混凝土达到一定强度时,再将控制器抽拔出以形成孔道。

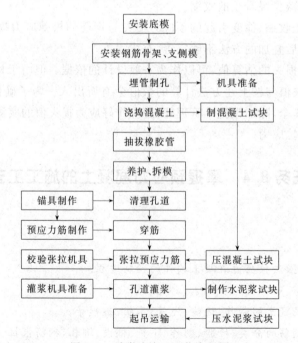

图 8.6　后张法施工工艺流程图

a. 预埋式制孔器

包括金属波纹管和塑料波纹管等。金属波纹管由制管机卷制而成,横向刚度大,纵向也便

于制成各种线性,与混凝土梁的粘结较好。塑料波纹管是一种新型成孔材料,与金属波纹管相比,它具有以下优点:

ⓐ塑料波纹管为连续挤出成型,密封性好无渗水漏浆现象。

ⓑ塑料波纹管原材料为高密度聚乙烯,简称为"HDPE"。耐酸碱腐蚀,耐老化,永不生锈。

ⓒ塑料波纹管与钢绞线的摩擦系数小,能有效的减小张拉过程中的预应力摩擦损失。

ⓓ塑料波纹管柔韧性好,环向刚度高,不怕踩压。

ⓔ塑料波纹管不导电,可以防止杂散电流腐蚀。

ⓕ塑料波纹管弯曲度大,连接方便,可以大力提高施工效率。

b. 抽拔式制孔器

为了增加橡胶管的刚度和控制位置的准确,需在橡胶管内设置圆钢筋(又称芯棒),以便在先抽出芯棒之后,橡胶管易于从梁体内拔出。

制孔器的抽拔:人工逐根或机械分批抽拔。

抽拔顺序:先抽芯棒,后拔胶管;先拔下层胶管,后拔上层胶管。

抽拔时间:混凝土初凝之后与终凝之前,其抗压强度达 4～8 MPa 时为宜。

经验公式:

$$t = 100/T$$

式中 t——混凝土浇筑完毕至抽拔制孔器的时间(h);

T——预制构件所处的环境温度(℃)。

③夹具和锚具

夹具和锚具是在制作预应力构件时锚固预应力钢筋的工具。一般以构件制成后能够重复使用的称为夹具;永远锚固在构件上,与构件联成一体共同受力,不再取下的称为锚具。为了简化起见,有时也将夹具和锚具统称为锚具。

a. 对锚具的要求

无论是先张法所用的临时夹具,还是后张法所用的永久性工作锚具,都是保证预应力混凝土施工安全、结构可靠的技术关键性设备。因此,在设计、制造或选择锚具时,应注意满足受力安全可靠;预应力损失要小;构造简单、紧凑、制作方便,用钢量少;张拉锚固方便迅速,设备简单。

b. 锚具的分类

锚具的形式繁多,按其传力锚固的受力原理,可分为:

ⓐ依靠摩阻力锚固的锚具。如楔形锚、锥形锚和用于锚固钢绞线的 JM 锚具等,都是借张拉筋束的回缩或千斤顶顶压,带动锥销或夹片将筋束楔紧于锥孔中而锚固的。

ⓑ依靠承压锚固的锚具。如镦头锚,钢筋螺纹锚等,是利用钢丝的镦粗头或钢筋螺纹承压进行锚固的。

ⓒ依靠粘结力锚固的锚具。如先张法的筋束锚固,以及后张法固定端的钢绞线压花锚具等,都是利用筋束与混凝土之间的粘结力进行锚固的。

对于不同形式的锚具,往往需要有专门的张拉设备配套使用。因此,在设计施工中,锚具与张拉设备的选择,应同时考虑。

c. 目前桥梁结构中几种常用的锚具

ⓐ锥形锚

锥形锚(又称为弗式锚)主要用于钢丝束的锚固。它由锚圈和锚塞(又称锥销)两个部分组成。锥形锚是通过张拉钢束时顶压锚塞,把预应力钢丝楔紧在锚圈与锚塞之间,借助摩阻力锚固(图 8.7)。

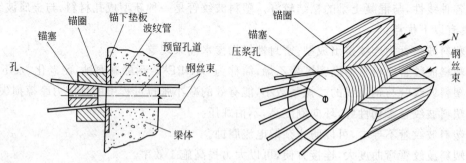

图 8.7　锥形锚具

目前在桥梁中常用的锥形锚有锚固 $18\Phi^s5$ mm 和锚固 $24\Phi^s5$ mm 的钢丝束等两种,并配用 600 kN 双作用千斤顶或 YZ85 型三作用千斤顶张拉。

锥形锚的优点是:锚固方便,锚具面积小,便于在梁体上分散布置。但锚固时钢丝的回缩量较大,预应力损失较其他锚具大。同时,它不能重复张拉和接长,使筋束设计长度受到千斤顶行程的限制。为防止松动,必须及时给预留孔道压浆。

ⓑ镦头锚

镦头锚主要用于锚固钢丝束,也可锚固直径在 14 mm 以下的钢筋束。钢丝的根数和锚具尺寸,依设计张拉力的大小选定(图 8.8)。国内镦头锚首先是由同济大学桥梁研究室研制成功的,目前有锚固 12～133 根 Φ^s5 mm 和 12～84 根 Φ^s7 两种锚具系列,配套的镦头机有 LD-10 型和 LD-20 型两种形式。

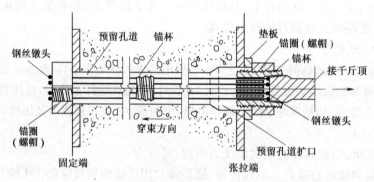

图 8.8　墩头锚工作示意图

镦头锚适于锚固直线式配筋束,对于较缓和的曲线筋束也可采用。目前斜拉桥中锚固斜拉索的高振幅锚具——HiAm 式冷铸镦头锚,因锚杯内填入了环氧树脂、锌粉和钢球的混合料,使之具有较好的耐疲劳性能。

ⓒ钢筋螺纹锚具

当采用高强粗钢筋作为预应力筋束时,可采用螺纹锚具固定,即利用粗钢筋两端的螺纹,在钢筋张拉后直接拧上螺帽进行锚固,钢筋的回缩力由螺帽经支承垫板承压传递给梁体而获得预应力(图 8.9)。

螺纹锚具受力明确,锚固可靠;构造简单,施工方便;预应力损失小,在短构件中也可使用,并能重复张拉、放松或拆卸;还可简便地采用套筒接长。

ⓓ夹片锚具

夹片锚具体系主要作为锚固钢绞线筋束之用。由于钢绞线与周围接触的面积小,且强度

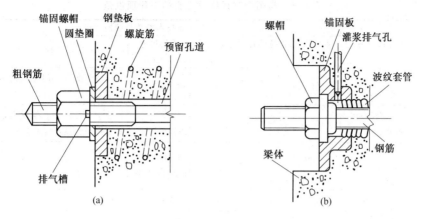

图 8.9　钢筋螺纹锚具

高,硬度大,故对其锚固性能要求很高。JM 锚是我国 20 世纪 60 年代研制的钢绞线夹片锚具。后来又先后研制了 XM 锚具、QM 锚具、YM 锚具及 OVM 锚具系列等,图 8.10 所示为 YM-15 锚具。这些锚具体系都经过严格检测、鉴定后定型,锚固性能均达到国际预应力混凝土协会(FIP)标准,并已广泛地应用于桥梁、水利、房屋等各种土建结构工程中。

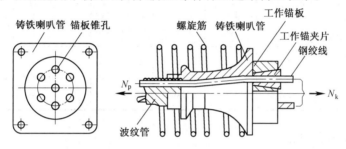

图 8.10　夹片锚具配套示意图

④千斤顶

各种锚具都必须配置相应的张拉设备,才能顺利地进行张拉、锚固。与夹片式锚具配套的张拉设备,是一种大直径的穿心孔径千斤顶(图 8.11),它常与夹片锚具配套研制。其他各种锚具也都有各自适用的张拉千斤顶,表 8.5 所列为国产锚具常用的千斤顶设备。由于篇幅有限,未将各千斤顶列全,需要时请查阅各生产厂家的产品目录。

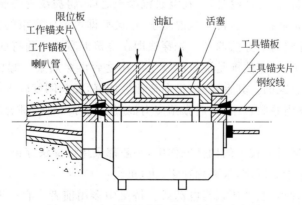

图 8.11　夹片锚具张拉千斤顶安装示意图

表 8.5　与国产常用锚具配套的千斤顶设备

锚具型号	千斤顶型号	主要技术参数与结构特点				
		张拉力 (kN)	张拉行程 (mm)	穿心孔径 (mm)	外形尺寸 (mm)	特　　点
LM 锚具 (螺纹锚)	YG60 YC60A	600	150 200	55	φ195×765	亦适于配有专门锚具的钢丝束与钢绞线束
GZM 锚具 (钢质锥形锚)	YZ85 (或 YC60A)	850	250~600		φ326× (840~1 190)	适于 φ5、φ7 mm 钢丝束；丝数不同,仅需变换卡丝盘及分丝头
DM 锚具 (镦头锚)	YC60A YC100 YC200	1 000 2 000	200 400	65 104	φ243×830 φ320×1 520	
JM 锚具	YCL120	1 200	300	75	φ250×1 250	
BM 锚具 (扁形)或单根钢绞线张拉	QYC230 YCQ25 YC200D YCL22	238 250 255 220	150~200 150~200 200 100	18 18 31 25	φ160×565 φ110×400 φ116×387 φ100×500	属前卡式,将工具锚移至前端靠近工作锚
XM 锚具	YCD1 200 YCD2 000 (或 YCW、YCT)	1 450 2 200	180 180	128 160	φ315×489 φ398×489	前端设顶压器、夹片属顶压锚固
QM 锚具	YCQ100 YCQ200 (YCL、YCW 等)	1 000 2 000	150 150	90 130	φ258×440 φ340×458	前端设限位板,夹片属无顶压自锚
OVM 锚具	YCW100 YCW150 YC250 (或 YCT)	1 000 1 500 2 500	150 150 150	90 130 140	φ250×480 φ310×510 φ380×491	前端设限位板,夹片属无顶压自锚

⑤预加应力的其他设备

按照施工工艺的要求,预加应力尚需有以下一些设备或配件。

a. 制孔器

预制后张法构件时,需预留预应力钢筋的孔道。目前,国内桥梁构件预留孔道所用的制孔器主要有两种:抽拔橡胶管与螺旋金属波纹管。

ⓐ抽拔橡胶管。在钢丝网胶管内事先穿入钢筋(称芯棒),再将胶管(连同芯棒一起)放入模板内,待浇筑完混凝土且其强度达到要求后,抽去芯棒,再拔出胶管,则形成预留孔道。

ⓑ螺旋金属波纹管(简称波纹管)。在浇筑混凝土之前,将波纹管按筋束设计位置,绑扎于与箍筋焊接在一起的钢筋托架上,再浇筑混凝土,结硬后即可形成穿束的孔道。使用波纹管制孔的穿束方法,有先穿法与后穿法两种。先穿法即在浇筑混凝土之前将筋束穿入波纹管中,绑扎就位后再浇筑混凝土;后穿法则是浇筑混凝土成孔之后再穿筋束。螺旋金属波纹管是用薄钢带经卷管机压波后卷成的。其重量轻,纵向弯曲性能好,径向刚度较大,连接方便,与混凝土粘结良好,与筋束的摩阻系数也小,是后张预应力混凝土构件一种较理想的制孔器。

b. 穿索机

在桥梁悬臂施工和尺寸较大的构件制作中,一般都采用后穿法穿束。对于大跨径桥梁,有的筋束很长,人工穿束十分困难,故采用穿索(束)机。

穿索(束)机有两种类型:液压式与电动式。桥梁中多用前者。它一般采用单根钢绞线穿入,穿束时应在钢绞线前端套一子弹形帽子,以减小穿束阻力。

c. 水泥浆及压浆机

ⓐ水泥浆。在后张法预应力混凝土构件中,筋束张拉锚固后必须给预留孔道压注水泥浆,以免钢筋锈蚀,并使筋束与梁体混凝土结合为一整体。为保证孔道内水泥浆密实,应严格控制水灰比,一般以 0.40～0.45 为宜。如加入适量的减水剂(如加入占水泥质重 0.25% 的木质素磺酸钙等)则水灰比可降低 10%～15%;另外可在水泥浆中加入约占水泥重 0.005%～0.015% 的铝粉,可使水泥浆在硬化过程中膨胀,但应控制其膨胀率不大于 5%。所用水泥不应低于 42.5 级,水泥浆的强度不应低于构件混凝土强度的 80%,且不低于 30 MPa。

ⓑ压浆机。压浆机是孔道灌浆的主要设备,它主要由灰浆搅拌桶、贮浆桶和压送灰浆的灰浆泵以及供水系统组成。压浆机的最大工作压力可达 1.50 MPa(15 个大气压),可压送的最大水平距离为 150 m,最大竖直高度为 40 m。

d. 张拉台座

采用先张法生产预应力混凝土构件时,需设置用作张拉和临时锚固筋束的张拉台座。因台座需要承受张拉筋束的巨大回缩力,设计时应保证它具有足够的强度、刚度和稳定性。批量生产时,有条件的应尽量设计成长线式台座,以提高生产效率。张拉台座的台面,即预制构件的底模,有的构件厂已采用了预应力混凝土滑动台面,可防止在使用过程中台面开裂,提高产品质量。

(2)预应力筋的张拉

满足设计要求后才可进行穿束张拉,设计无要求时,应在梁体混凝土的强度达到设计强度的 75% 以上,混凝土养生时间不少于 14 d 时,才可进行穿束前用空压机吹风等清理孔道内的污物和积水,以确保孔道畅通。

(3)孔道压浆与封锚

①孔道压浆

压浆目的是防护预应力筋免于锈蚀,使之与构件相粘结而形成整体。减轻锚具受力,提高梁承载力、耐久性、抗裂性能。压浆是用压浆机将水泥浆压入孔道,要使孔道从一端到另一端充满,并且不使水泥浆在凝结前漏掉,需设带阀压浆嘴的接口和排气孔。

水泥浆的强度不低于 42.5 级普通硅酸盐水泥,或不低于 42.5 级矿渣硅酸盐水泥,水灰比 0.4～0.45,水泥浆强度不低于混凝土强度的 80%,并不宜低于 C30,流动度为 120～170 mm,搅拌后 3 h 的泌水率宜控制在 2%,最大不超过 3%。掺加适量的减水剂、膨胀剂,以增加水泥浆的流动性,使凝固时的体积稍大于体积收缩,使孔道能充分填满。

压浆工艺有"一次压注法"和"二次压注法"两种,前者用于不太陡的直线形孔道,后者用于较长的孔道或曲线形孔道。

二次压浆时,第一次由甲端压入直至乙端流出浓浆时,将乙端的阀关闭,待灰浆压力达到要求且各部再无漏水现象时,再将甲端的阀关闭。待第一次压浆 30 min 后,打开甲、乙端的阀,自乙端再进行第二次压浆,重复上述步骤,待第二次压浆完成 30 min 后,卸除压浆管,压浆工作完成。

在压浆操作中应注意以下几点:

a. 压浆前应割除锚外钢丝,封锚,用高压水冲洗并吹去孔内积水。在冲洗孔道时如发现串孔,则应改成两孔同时压注。

b. 开始压浆时应先对下孔道压浆,然后对上孔道压浆;直线孔道应从构件的一端到另一端压浆;曲线孔道应从孔道最低处向两端进行压浆。

c. 每个孔道的压浆作业必须一次完成,不得中途停顿,停顿时间超过 20 min 时,则应用清水冲洗已压浆的孔道,重新压注。

d. 水泥浆从拌制到压入孔道的间隔时间不得超过 40 min,在此时间内,应不断地搅拌水泥浆。

e. 输浆管的长度最多不得超过 40 m,当超过 30 m 时,就要提高压力 100~200 kPa,以补偿输浆过程中的压力损失。

f. 压浆工人应戴防护眼镜,以免灰浆喷出时射伤眼睛。

g. 压浆完毕后应认真填写压浆记录。

②真空灌浆

真空灌浆是后张预应力混凝土结构施工中的一项新技术,其基本原理是:在孔道的一端采用真空泵对孔道抽真空,使之产生 0.08~0.1 MPa 左右的真空度,然后用灌浆泵将优化后的特种水泥浆从孔道的另一端灌入,直至充满整条孔道,并加以 0.5~0.7 MPa 以下的正压力,持压 1~2 min,以提高预应力孔道灌浆的饱满度和密实度。采用真空灌浆工艺是提高后张预应力混凝土结构安全度和耐久性的有效措施。

真空辅助压浆施工工艺优点:

a. 真空状态下,孔道内的空气、水分以及混在水泥浆中的气泡被消除,使孔隙、泌水现象减少。

b. 灌浆过程中孔道良好的密封性,使浆体保压及充满整个孔道得到保证。

c. 工艺及浆体的优化,消除了裂缝的产生,使灌浆的饱满性及强度得到保证。

d. 真空灌浆过程是一个连续且迅速的过程,使灌浆时间缩短。

③封端

孔道压浆后应立即将梁端水泥浆冲洗干净,并将端面混凝土凿毛。在绑扎端部钢筋网和安装封端模板时要妥善固定,以免在灌注混凝土时因模板走动而影响梁长。封端混凝土的强度应不低于梁体的强度。浇完封端混凝土并静置 1~2 h 后,按一般规定进行浇水养护。封锚混凝土强度一般不低于梁体混凝土强度的 80%,并不低于 C30。

2. 先张法预应力混凝土梁的施工工艺

先张法是在浇筑混凝土构件前把张拉后的预应力钢筋(丝)临时锚固在台座(在固定的台座上生产时)或钢模(机组中流水生产时)上,然后浇筑混凝土构件,待混凝土达到一定强度时放松预应力,借助混凝土与预应力钢筋(丝)之间的粘结,对混凝土产生预压应力。先张法施工设备包括台座、张拉机具和夹具等。先张法施工工艺流程如图 8.12 所示。

图 8.12　先张法施工工艺流程图

(1)台座

①墩式台座

墩式台座是靠自重和土压力来平衡张拉力所产生的倾覆力矩,并靠土壤的反力和摩擦力来抵抗水平位移。台座由台面、承力架、横梁和定位钢板等组成,如图 8.13 所示。

台面是制梁的底模,有整体式混凝土台面和装配式台面两种;它横梁将预应力筋张拉力传给承力架;承力架承受全部的张拉力,它们都须进行专门的设计计算。定位钢板用来固定预应力筋的位置,其厚度必须保证承受张拉力后具有足够的刚度。定位板上的圆孔位置则按构件中预应力筋的设计位置确定。

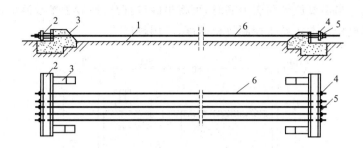

图 8.13　墩式台座构造示意图

1—台面；2—横梁；3—承力架；4—定位钢板；5—夹具；6—预应力筋

②槽式台座

当现场地质条件较差,台座又不很长时,可以采用由台面、传力柱、横梁、横系梁等构件组成的槽式台座,如图 8.14 所示。传力柱和横系梁一般用钢筋混凝土做成,其他部分与墩式台座相同。

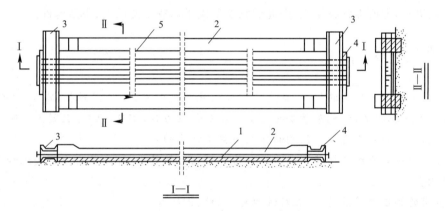

图 8.14　槽式台座构造示意图

1—台面；2—传力柱；3—横梁；4—定位钢板；5—横系梁

(2)张拉

为了避免台座承受过大的偏心力,应先张拉靠近台座截面重心处的预应力筋。

放张时,混凝土应达到设计规定的放张强度,若设计无规定,则不得低于设计混凝土强度标准值的75%。在台座上将预应力筋的张拉力放松,逐渐将此力传递到混凝土构件上。

①千斤顶放松

在台座上安装千斤顶后,先将预应力筋稍张拉至能够逐步扭松端部固定螺帽的程度,然后逐渐放松千斤顶,让钢筋慢慢回缩(图 8.15)。

②砂筒放松

张拉预应力之前,在承力架和横梁之间各放一个灌满烘干细砂的砂筒(图 8.16),张拉时

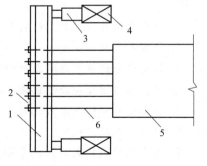

图 8.15　千斤顶放松示意图

1—横梁；2—夹具；3—千斤顶；4—承力架；
5—构件；6—钢丝

筒内砂子被压实。当需要放松预应力筋时,可将出砂口打开,使砂子慢慢流出,活塞徐徐顶入,直至张拉力全部放松。本法易于控制放松速度,应用较广。

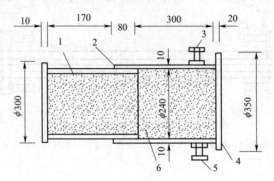

图 8.16　砂筒放松示意图(单位:mm)
1—活塞;2—钢套管;3—进砂孔;4—钢套箱底板;5—出砂孔;6—砂子

　　将先张法和后张法对比可以看出,先张法的生产工序少、工艺简单、质量容易保证。不用锚具、成本较低,适合于工厂内成批生产中、小型预应力构件。后张法不需要台座,比较灵活,可以在工地进行,但所需锚具量大,因此后张法适用于运输不便的大、中型构件。

项目小结

　　(1)预应力混凝土结构的优点:提高了构件的抗裂度和刚度;节省材料,减小自重;减小梁的竖向剪力和主拉应力;结构质量安全可靠。施加预应力时,钢筋(束)与混凝土同时经受了一次强度检验;预应力可促进桥梁结构新体系与施工方法的发展。

　　(2)预应力混凝土结构按其预应力度分为全预应力混凝土、部分预应力混凝土和钢筋混凝土三种结构。

　　(3)常用的预应力钢筋有:精轧螺纹钢筋、钢丝、钢绞线。

　　(4)常用的预应力混凝土施工方法有:先张法和后张法两种。

复习思考题

　　1. 什么是预应力混凝土结构? 与普通钢筋混凝土相比有何特点?

　　2. 什么是预应力度?

　　3. 简述部分预应力混凝土结构的受力特征。

　　4. 非预应力筋在部分预应力混凝土结构中有何作用?

　　5. 什么是无粘结预应力混凝土结构?

　　6. 什么是预应力损失?

　　7. 减小预应力损失的措施有哪些?

　　8. 预加应力的方法有哪些? 有何区别?

　　9. 预应力混凝土结构对锚具有哪些要求?

项目 9　钢结构概述

项目描述

本项目主要介绍了钢结构的特点、钢结构的发展、钢结构的分类和应用以及钢结构的性质和任务。

学习目标

1. 能力目标

(1)具备掌握钢结构优点的能力。

(2)具备掌握钢结构发展状况的能力。

2. 知识目标

(1)掌握钢结构的特点。

(2)掌握钢结构的分类和应用。

(3)了解钢结构的发展。

3. 素质目标

通过对钢结构这部分内容的介绍,引导学生积极思考,培养学生发现问题、分析问题和解决问题的能力。

任务 9.1　掌握钢结构的特点

9.1.1　任务目标

1. 能力目标

具备掌握钢结构特点的能力。

2. 知识目标

掌握钢结构的特点。

3. 素质目标

培养学生积极思考和理论联系实际的能力。

9.1.2　相关配套知识

1. 钢结构的概念

钢结构是把各种型钢或钢板通过焊接或螺栓连接等方法组成基本构件,再根据使用要求按照一定的规律制造而成的工程结构。钢结构在工程建设中应用较广,如高层建筑、大跨度空间结构、轻钢结构、工业厂房；道路工程中的钢桥；水工建筑中的钢闸门、加油站的钢顶棚等。

在进行钢结构设计时，必须考虑具体的材料性能，综合运用建筑材料、理论力学、材料力学、结构力学知识及工程实践知识，按照工程结构使用的目的，研究结构在使用环境中各种荷载作用下的工作状况，设计出既安全适用，又经济合理的结构。

2. 钢结构的特点

钢结构是由钢板、热轧型钢、薄壁型钢和钢管等构件组合而成的结构，它是土木工程的主要结构形式之一。目前，钢结构在房屋建筑、地下建筑、桥梁、塔桅和海洋平台中都得到广泛应用，这是由于钢结构与其他材料的结构相比，具有如下优点：

(1)建筑钢材强度高，塑性和韧性好。钢材与混凝土、木材相比，虽然密度较大，但其强度较混凝土和木材要高得多，其密度与强度的比值一般较混凝土和木材小，因此在同样受力的情况下，钢结构与钢筋混凝土结构和木结构相比，构件较小，质量较轻，适用于建造跨度大、高度高和承载重的结构。钢结构塑性好，在一般条件下不会因超载而突然断裂，只会增大变形，逐渐破坏，故容易被发现。此外，还能将局部高峰应力重分配，使应力变化趋于平缓。

由于韧性好，钢结构适宜在动力荷载下工作，因此在地震区采用钢结构较为有利。

(2)钢结构的质量轻。钢材密度大，强度高，做成的结构却比较轻。结构的轻质性可用材料的密度 ρ 和强度 f 的比值密强化 α 来衡量，α 值越小，结构相对越轻。建筑钢材的 α 值在 $(1.7\sim3.7)\times10^{-4}/m$ 之间；木材的 α 值为 $5.4\times10^{-4}/m$；钢筋混凝土的 α 值约为 $18\times10^{-4}/m$。以同样的跨度承受同样的荷载，钢屋架的质量最多不过为钢筋混凝土屋架的 $1/4\sim1/3$。

(3)材质均匀，比较符合力学计算的假定。钢材内部组织比较均匀，接近各向同性，可视为理想的弹—塑性体材料，因此，钢结构的实际受力情况和工程力学的计算结果比较接近。在计算中采用的经验公式不多，计算的不确定性较小，计算结果比较可靠。

(4)工业化程度高，工期短。钢结构所用材料皆可由专业化的金属结构厂轧制成各种型材，加工制作简便，准确度和精密度都较高。制成的构件可运到现场拼装，采用焊接或螺栓连接。因构件较轻，故安装方便、施工机械化程度高、工期短，为降低造价、发挥投资的经济效益创造了条件。

(5)密封性好。钢结构采用焊接连接后可以做到安全密封，能够满足一些要求气密性和水密性好的高压容器、大型油库、气柜油罐和管道等的要求。

(6)抗震性能好。钢结构由于自重轻和结构体系相对较柔，所以受到的地震作用较小，钢材又具有较高的抗拉和抗压强度以及较好的塑性和韧性，因此在国内外的历次地震中，钢结构是损坏最轻的结构，被公认为抗震设防地区特别是强震区的最合适结构。

(7)耐热性较好。温度在 200 ℃ 以内时钢材性质变化很小，当温度达到 300 ℃ 以上时，强度逐渐下降，600 ℃ 时，强度几乎为零。因此，钢结构可用于温度不高于 200 ℃ 的场合。在有特殊防火要求的建筑中，钢结构必须采取保护措施。

钢结构的下列缺点有时会影响钢结构的应用：

(1)耐腐蚀性差。钢材在潮湿环境中，特别是在处于有腐蚀性介质的环境中容易锈蚀。因此，新建造的钢结构应定期刷涂料加以保护，维护费用较高。目前国内外正在发展各种高性能的涂料和不易锈蚀的耐候钢,钢结构耐锈蚀性差的问题有望得到解决。

(2)耐火性差。钢结构耐火性较差,在火灾中,未加防护的钢结构一般只能维持 20 min 左右。因此在需要防火时,应采取防火措施,如在钢结构外面包混凝土或其他防火材料,或在构件表面喷涂防火涂料等。

(3)钢结构在低温条件下可能发生脆性断裂。钢结构在低温和某些条件下,可能发生脆性断裂,还有厚板的层状撕裂等,都应引起设计者的特别注意。

任务 9.2　掌握钢结构的分类

9.2.1　任务目标

1. 能力目标

具备掌握钢结构的分类及发展的能力。

2. 知识目标

(1)掌握钢结构的分类和应用。

(2)了解钢结构的发展。

3. 素质目标

培养学生积极思考、理论联系实际的能力,分析问题、解决问题的能力。

9.2.2　相关配套知

1. 钢结构的分类和应用

过去由于受钢材生产量的限制,钢结构应用范围不大。近年来我国钢产量有了很大的发展,加之钢结构形式的改进,钢结构的应用有了很大的发展,如西气东输、西电东输、南水北调、青藏铁路、2008 年北京奥运会场馆、2010 年上海世博会园区等重大工程的建设,均大量使用了钢结构。

钢结构制造工艺严格,具备批量生产和高精度的特点,是目前工业化程度最高的一种结构。加之钢结构具有自重轻、强度高、塑性韧性好和施工速度快等优点,应用范围较广。

按不同的标准,钢结构有不同的分类方法,下面仅按其应用领域和结构体系进行分类说明。

(1)按应用领域分类

①民用建筑钢结构

民用建筑钢结构以房屋钢结构为主要对象。按传统的耗钢量大小来区分,大致可分为重型钢结构和轻型钢结构。其中重型钢结构指采用大截面和厚板的结构,如高层钢结构、重型厂房和某些公共建筑等;轻型钢结构指采用轻型屋面和墙面的门式刚架房屋、多层建筑、薄壁压型钢板拱壳屋盖等,网架、网壳等空间结构也可属于轻型钢结构范畴。除上述主要钢结构类型外,还有索膜结构、玻璃幕墙支承结构、组合和复合结构等。

建筑钢结构与混凝土、木结构等相比,具有轻质、高强、受力均匀、易于工业化、能耗小、绿色环保、可循环使用、符合可持续发展等优点。同时,其造价较高,对设计、制造、安装的要求较高,需要相关的辅助材料与之配套(尤其是住宅房屋),其发展受多种因素影响。

按照中国钢结构协会的分类标准,民用建筑结构分为高层钢结构(如上海期货大厦),大跨度空间钢结构(如 2008 年北京奥运会主体育场——鸟巢、广州新体育馆)。

"十一五"期间,我国建筑钢结构发展已取得巨大成就,"十二五"期间仍将继续坚持鼓励发展钢结构的相关政策措施,保持其连续性、稳定性。推广和扩大钢结构的应用,要加强科技导向措施的规划和指导作用,促使钢结构整体的持续发展。在今后相当长的一段时间内,钢结构的需求将保持持续增长的趋势,目前要加快钢结构住宅建设的研究开发和工程应用,使钢结构的住宅建筑更加完善配套,提高住宅建筑的工业化、产业化水平。

在钢结构行业"十三五"整体发展规划中,重点发展的领域涉及建筑钢结构、桥梁钢结构、能源钢结构、军工钢结构等。计划到 2025 年,我国钢结构制造业整体素质大幅提升,钢结构工程技术水平整体上要达到国际先进水平,钢结构技术标准与国际标准全面接轨。

②一般工业钢结构

一般工业钢结构主要包括单层厂房、双层厂房、多层厂房等,及用于主要重型车间的承重骨架。例如冶金工厂的平炉车间、出轧车间、混凝土炉车间,重型机械厂的铸钢车间、水压机车间、锻压车间,造船厂的船体车间,电厂的锅炉框架,飞机制造厂的装配车间,以及其他工业跨度较大的车间屋架、吊车梁等。我国鞍钢、武钢、包钢和上海宝钢等几个著名的冶金联合企业的多数车间都采用了钢结构厂房,上海重型机械厂、上海江南造船厂也采用了高大的钢结构厂房。

③桥梁钢结构

钢桥建造简便、迅速,易于修复,因此钢结构广泛用于中等跨度和大跨度桥梁。著名的杭州钱塘江大桥(1934—1937 年)就是我国自行设计的钢桥,此后的武汉长江大桥(1957 年)、南京长江大桥(1968 年)均为钢结构桥梁。20 世纪 90 年代以来,我国连续刷新桥梁跨度的记录,现在建设的钢桥已不再仅采用全钢结构,而是综合运用钢、钢—混凝土组合结构、钢管混凝土结构及钢骨混凝土结构。目前我国钢桥建设正处于一个迅速发展的阶段,不管是铁路钢桥、公路钢桥还是市政钢桥,从材料的开发应用、科研成果的应用,到设计水平、制造水平、施工技术水平的提高,都取得了长足发展。我国新建和再建的钢桥,其建筑跨度、建筑规模、建筑难度和建筑水平都达到了一个新的高度,如上海卢浦大桥、南京第二长江大桥、九江长江大桥、芜湖长江大桥等。国外著名的钢桥有美国的金门大桥、法国的米劳大桥、日本的明石海峡大桥等。

④密闭压力容器钢结构

密闭压力容器钢结构主要用于要求密闭的容器,如大型储液库、煤气库等炉壳,要求能承受很大内力。温度急剧变化的高炉结构、大直径高压输油管和输气管道等均采用钢结构,一些容器、管道、锅炉、油罐等的支架也都采用钢结构。

锅炉行业近几年来发展迅猛,特别是由于经济发展的需要,发电厂的锅炉都向着大型化的方向发展。发电厂主厂房和锅炉钢结构用钢量增加很快,其大量采用中厚板、热轧 H 型钢,主要是 Q235 和 Q345 钢。

⑤塔桅钢结构

塔桅钢结构是指高度较大的无线电桅杆、微波塔、广播和电视发射塔架、高压输电线路塔架、石油钻井架、大气监测塔、旅游瞭望塔、火箭发射塔等。我国在 20 世纪 60~70 年代建成的大型塔桅结构有:广州电视塔(高 200 m)、上海电视塔(高 210 m)、南京跨越长江输电线路塔(高 194 m)、北京环境气象桅杆(高 325 m)、大庆电视塔(高 260 m)等。

随着广播电视事业迅速发展,广播电视塔桅结构工程技术也不断发展,20 世纪 90 年代又建成一批有代表性的电视塔,如中央电视塔(高 405 m)、上海东方明珠电视塔(高 468 m)、广州新电视塔(高 610 m)等。

塔桅钢结构除了自重轻、便于组装外,还因构件截面小而大大减小了风荷载,因此取得了很好的经济效益。

⑥船舶海洋钢结构

人类在开发和利用海洋的活动中,形成了海洋产业,发展了种类繁多的海洋工程结构物。人们一般将江、河、湖、海中的结构物统称为海洋钢结构,海洋钢结构主要用于资源勘测、采油作业、海上施工、海上运输、海上潜水作业、生活服务、海上抢险救助以及海洋调查等。

船舶海洋钢结构基本上可分为舰船和海洋工程装置两大类。近年来,我国已研制出高技术、高附加值的大型与超大型新型船舶,以及具有先进技术的战斗舰船和具有高风险、高投入、高回报、高科技、高附加值的海洋工程结构等。

⑦水利钢结构

我国近年来大力发展基础建设,在建和拟建相当数量的水利枢纽,钢结构在水利工程中占有相当大的比重。

钢结构在水利工程中用于以下方面:钢闸门,用来关闭、开启或局部开启水工建筑物中过水孔口的活动结构;拦污栅,主要包括拦污栅栅叶和栅槽两部分,栅叶结构是由栅面和支承框架所组成的;升船机,是不同于船闸的船舶通航设施;压力管,是从水库、压力池或调压室向水轮机输送水流的水管。

⑧煤炭电力钢结构

发电厂中的钢结构主要用于以下方面:干煤棚,运煤系统皮带机支架(输煤栈桥)、火电厂主厂房、管道、烟风道及钢支架、烟气脱硫系统、粉煤灰料仓、输电塔,风力发电中的风力发电机、风叶支柱,垃圾发电厂中的焚烧炉,核电站中的压力容器、钢烟囱、水泵房、安全壳等。

⑨钎具和钎钢

钎具也可称为钻具,由钎头、钎杆、连接套、钎尾组成。它是钻凿、采掘、开挖用的工具,有近千个品种规格,用于矿山、隧道、涵洞、采石、城建等工程中。钎钢是制作钎具的原材料,也有近百个品种规格。钎具按照凿岩工作的方式又可分为冲击式钎具、旋转式钎具、刮削式钎具等。

随着经济建设的进一步发展,以及多处铁路、公路、水利水电、输气工程、市政基础工程的修建和开工,对钎钢、钎具产品提出了更高、更多、更新的要求。

⑩地下钢结构

地下钢结构主要用于桩基础、基坑支护等,如钢管桩、钢板桩等。

⑪货架和脚手架钢结构

超市中的货架和展览时用的临时设施多采用钢结构,一般而言,在建设施工中大量使用的脚手架也都采用钢结构。

⑫雕塑和小品钢结构

钢结构因其轻盈简洁的外观而备受景观师的青睐,不仅很多雕塑是以钢结构作为骨架,很多城市小品和标志性的建造也都是直接用钢结构完成的,如南海观音佛像及天津塘沽迎宾道标志性建筑等。

(2)按结构体系工作特点分类

①梁状结构。梁状结构是由受弯曲工作的梁组成的结构。

②刚架结构。刚架结构是由受压、弯曲工作的直梁和直柱组成的框形结构。

③拱架结构。拱架结构是由单向弯曲形构件组成的平面结构。

④桁架结构。桁架结构主要是由受拉或受压的杆件组成的结构。

⑤网架结构。网架结构是由受拉或受压的杆件组成的空间平板型网格结构。

⑥网壳结构。网壳结构主要是由受拉或受压的杆件组成的空间曲面形网格结构。

⑦预应力钢结构。预应力钢结构是由张力索(或链杆)和受压杆件组成的结构。

⑧悬索结构。悬索结构是以张拉索为主组成的结构。

⑨复合结构。复合结构是由上述八种类型中的两种或两种以上结构构件组成的新型结构。

2. 钢结构的发展

随着我国经济建设的迅速发展和钢产量的不断提高,钢结构的应用也会更加广阔。为了更有效地利用钢材和节约钢材,加强资源管理,提高资源的利用率,钢结构的发展要考虑下列几个方面。

(1)提高材料强度,减少材料用量

钢结构的发展,从所用的材料来看,先是铸铁、锻铁,后是钢材,近些年出现了合金钢,所以钢结构可能要改称为金属结构。合金钢是冶炼时在碳素钢里加入少量的合金元素(合金元素总含量一般为 1%～2%,最多不超过 5%),得到强度高,抗蚀、耐磨和耐低温,综合机械性能好的钢材。除工程上常用的 Q235 钢(3 号钢)外,屈服点为 345 N/mm^2 的 Q345 钢(16 锰钢)、屈服点为 390 N/mm^2 的 Q390 钢(15 锰钒钢)和 Q420 钢均已列为《钢结构设计标准》(GB 50017—2017)推荐使用。Q390 钢(15 锰钒钢)是在冶炼 Q345 钢(16 锰钢)的基础上加入少量的钒铁合金制成的,是我国低合金结构钢中综合性能比较好的材料,其经济效果比 Q235 钢(A3 钢)节约材料 15%～20%。今后,钢结构在各建筑领域的应用将更加广泛,所以提高材料强度,减少材料用量,是钢产业上一个非常重要的课题。

(2)优化结构形式,科学利用材料

不断创新、优化合理的结构形式,是节约钢材和充分利用其他建筑材料的有效途径,如在混凝土柱中加入十字钢板,可以提高混凝土柱的抗剪强度;再如在钢管内浇注混凝土作为受压构件,不仅混凝土受到钢管的约束而提高抗压强度,同时由于管内混凝土的填充也提高了钢管抗压的稳定性,使其具有良好的塑性和韧性,与纯钢柱相比节约钢材 30%～50%,大大降低工程造价。在屋架中也可以采用钢混结构形式,以充分利用各种材料的特性,节约钢材。此外,对索膜钢结构、钢结构住宅、幕墙钢结构、悬索结构、网架结构和超高层结构的进一步研究与应用,可设计出更多的结构形式。

(3)推广科学的连接方式,提高结点强度

从钢结构连接方式的发展看,生铁和熟铁时代采用销钉连接;19 世纪初采用铆钉连接;20 世纪初出现了焊接连接;现在发展了高强度螺栓连接。

结点是钢结构中的一个薄弱环节,推广科学的连接方式,提高结点强度,也是钢结构发展中一项很重要的工作。一方面要继续研究改进焊接工艺,提高焊接质量,采用二氧化碳气体保护焊、电渣焊,研究与高强度结构相匹配的高质量焊接材料等;另一方面继续推广高强度螺栓的连接方式,这种连接能够在板与板之间产生很大的摩擦阻力,并且具有较好的塑性和韧性,也避免了焊接中产生的焊接应力和焊接变形的缺点,同时具有组装速度快、承受动荷载性能好的优点。

(4)探索新的设计理论,充分发挥材料的性能

钢结构在设计计算上一直采用容许应力法,此种方法计算简便、易掌握,计算结果也能够满足正常的安全使用要求。但此方法的最大缺点是容许应力不能保证各构件具有比较一致的可靠程度,不能同时达到最大承载力。原因是通常将一个空间结构简化成若干平面结构(如梁、柱、桁架、刚架)进行计算,没有考虑结构的整体性,其计算结果不能准确反映结构的实际工作状况。现在在钢结构的计算上采用一次二阶矩概率为基础的概率极限状态设计法,这一方法是《建筑结构可靠度设计统一标准》(GB 50068—2018)颁布实施的方法,也是现行《钢结构设计标准》(GB 50017—2017)所采用的方法。这个方法的特点是不用经验的安全系数,而是用根据各种不定性分析所得的失效概率(或可靠指标)去度量结构的可靠性。但此方法还有待于研究,因为它所计算的可靠度只是构件或某一截面的可靠度,而不是整体结构的可靠度,同时也不适用于疲劳计算的反复荷载和动荷载作用下的结构。

(5)提高结构水平,推广多型钢材

钢结构制造工业的机械化水平还需要进一步加强。要提高构件的制造精度、严格尺寸要求、减小组装应力,根据力学原理设计出多种结构形式;同时要提高钢材的质量,生产推广H形、正方形和矩形等多型钢材,以适应各种结构的需求。近年来轻型钢结构已广泛应用于仓库、办公室、工业厂房、展览馆和体育场馆中。

 项目小结

(1)钢结构与其他材料的结构相比,具有如下特点:①建筑钢材强度高,塑性和韧性好;②钢结构的质量轻;③材质均匀,符合力学计算的假定;④工业化程度高,工期短;⑤密封性好;⑥抗震性能好;⑦耐热性较好。

钢结构的下列缺点有时会影响钢结构的应用:①耐腐蚀性差;②耐火性差;③钢结构在低温条件下可能发生脆性断裂。

(2)钢结构的分类。①按应用领域分类:a. 民用建筑钢结构;b. 一般工业钢结构;c. 桥梁钢结构;d. 密闭压力容器钢结构;e. 塔桅钢结构;f. 船舶海洋钢结构;g. 水利钢结构;h. 煤炭电力钢结构;i. 钎具和钎钢;j. 地下钢结构;k. 雕塑和小品钢结构;l. 货架和脚手架钢结构。②按结构体系工作特点分类:a. 梁状结构;b. 刚架结构;c. 拱架结构;d. 桁架结构;e. 网架结构;f. 网壳结构;g. 预应力钢结构;h. 悬索结构;i. 复合结构。

(3)钢结构的发展需考虑的因素:①提高材料强度,减少材料用量;②优化结构形式,科学利用材料;③推广科学的连接方式,提高结点强度;④探索新的设计理论,充分发挥材料的性能;⑤提高结构水平,推广多型钢材。

 复习思考题

1. 试述钢结构工程的特点。

2. 结合钢结构的特点,你认为应怎样选择其合理应用范围?

3. 你对我国钢结构今后的发展有什么看法?

项目 10　钢结构材料

项目描述

本项目讲述了钢结构对材料的要求、影响钢材性能的因素,以及钢结构材料的分类和钢材的选用等。

学习目标

1. 能力目标
(1)具备掌握钢结构对材料的要求的能力。
(2)具备掌握钢的种类和钢材规格的能力。
2. 知识目标
(1)掌握钢结构对材料的要求。
(2)掌握影响钢材力学性能的因素。
(3)掌握钢材的种类和钢材规格。
3. 素质目标
通过对钢结构材料的学习,使学生在现场能够进行辨别和分类,培养学生积极思考、解决问题的能力。

任务 10.1　掌握钢结构对材料的要求

10.1.1　任务目标

1. 能力目标
具备掌握钢结构对材料要求的能力。
2. 知识目标
(1)掌握钢结构的钢材必须具备的性能要求。
(2)掌握钢材的破坏形式。
3. 素质目标
培养学生积极思考、理论联系实际的能力,以及分析问题、解决问题的能力。

10.1.2　相关配套知识

钢结构的原材料是钢,而钢的种类较多,其力学性能有很大的差异,钢结构在使用过程中常常需要在不同的环境和条件下承受各种荷载,所以对钢材的材料性能提出了要求。我国《钢结构设计标准》(GB 50017—2017)中就具体规定：承重结构采用的钢材应具有抗拉强度、伸长率、屈服强度和硫、磷含量的合格保障，对焊接结构还应具有碳含量的合格保证。焊接承重结构以及重要的非焊接承重结构采用的钢材还应具有冷弯试验的合格保证。

1. 钢结构对材料的要求

用于钢结构的钢材必须具备下列条件：

(1)具有较高的强度。钢材的屈服点是衡量钢结构承载能力的指标，屈服点越高承载能力越强，同时用材较少，减轻结构自重，降低工程造价。钢材的抗拉强度是衡量钢材经过较大塑性变形后的抗拉能力，钢材内部组织结构优劣的一个主要指标，抗拉强度越高结构的安全保障越高。

(2)具有较高的塑性和韧性以及良好的冷弯性。塑性是指结构在荷载的作用下具有足够的应变能力，去掉荷载马上恢复原位，不至于发生突然性的脆性破坏；韧性是指结构在反复振动荷载的作用下表现出较强的反复应变能力，不至于发生折断破坏。冷弯性是指钢材在冷加工产生塑性变形时，对产生裂缝的抵抗能力。

(3)具有较好的可焊性。可焊性是指在一定的材料、工艺和结构条件下，钢材经过焊接后能够获得良好的焊接接头的性能。焊接后焊缝金属及其附近的热影响区金属不产生裂缝，并且它们的机械性能不低于母材的机械性能。

(4)具有较好的耐久性。耐久性包括耐腐蚀性、耐老化性、耐长期高温性、耐疲劳性。①耐腐蚀性：钢材耐腐蚀性较差，必须采取防护措施，新建结构需要油漆刷涂，已建结构需要定期维修。②耐老化性：随着时间的增长，钢材的力学性能有所改变，出现所谓"时效"现象，使钢材变脆，应根据使用要求选材。③耐长期高温性，即在长期高温条件下工作的钢材，其破坏强度比静力拉伸试验的强度低得多，应另行测定"持久强度"。④耐疲劳性：钢结构或构件在长期连续的交变荷载或重复荷载作用下，往往会发生破坏，此现象称为"疲劳现象"。

2. 钢材的破坏形式

钢材有两种性质完全不同的破坏形式，即塑性破坏和脆性破坏。钢结构所用的钢材在正常使用的条件下，虽然有较高的塑性和韧性，但在某些条件下，仍然存在发生脆性破坏的可能性。

塑性破坏也称延性破坏，其特征是在构件应力达到抗拉极限强度后，构件会产生明显的变形并断裂。破坏后的端口呈纤维状，色泽发暗。由于塑性破坏前总有较大的塑性变形发生，且变形持续时间较长，容易被发现和抢修加固，因此不至于发生严重后果。

脆性破坏在破坏前无明显塑性变形，或根本就没有塑性变形，而突然发生断裂。破坏后的断口平直，呈有光泽的晶粒状。由于破坏前没有任何预兆，破坏速度又极快，无法及时察觉和采取补救措施，具有较大的危险性，因此在钢结构的设计、施工和使用的过程中，要特别注意这种破坏的发生。

任务 10.2　掌握影响钢材性能的因素

10.2.1　任务目标

1. 能力目标

具备掌握影响钢材性能的因素的能力。

2. 知识目标

(1)掌握化学成分对钢材性能的影响。

(2)掌握成材过程对钢材性能的影响。

(3)掌握钢材硬化、残余应力、应力集中、温度等因素对钢材性能的影响。

3. 素质目标

培养学生积极思考、乐于实践,理论联系实际的能力。

10.2.2　相关配套知识

钢结构所用的材料一般情况具备强度高、塑性和韧性较好的特点。但是在实际运行中有很多因素直接影响着材料的力学性能,使结构达不到预期的工作目的,甚至发生脆性断裂。这些因素主要有钢材的化学成分、钢的冶炼和轧制工艺、钢材的时效硬化、复杂应力、应力集中及低温等。

1. 化学成分的影响

钢材的主要组成元素是铁(Fe)和少量的碳(C),此外尚含有微量的锰(Mn)、硅(Si)等元素,还有在冶炼中留下的微量有害元素硫(S)、磷(P)、氮(N)、氧(O)等。在低合金钢中通常加入少量的(低于 5%)合金元素,如钒(V)、钛(Ti)、硼(B)、铜(Cu)、铬(Cr)等。在碳素钢中铁(Fe)的含量一般占 99%,其他元素只占有 1%,这些微量元素虽然含量较少,但对于钢材的力学性能有很大的影响。在选用钢材时要特别注意其化学成分的组成与含量。

2. 成材过程中的影响

(1)冶炼

目前我国结构用钢主要是用平炉和氧气顶吹转炉冶炼制成的。平炉钢质量好,但冶炼时间长,成本高。氧气顶吹转炉钢与平炉钢质量相当而成本则较低。按脱氧方法,钢又可分为沸腾钢(代号为 F)、半镇静钢(代号为 b)、镇静钢(代号为 Z)和特殊镇静钢(代号为 TZ),镇静钢和特殊镇静钢的代号可以省去。镇静钢脱氧充分,沸腾钢脱氧较差,半镇静钢介于镇静钢和沸腾钢之间。一般采用镇静钢。在建筑钢结构中,主要使用氧气顶吹转炉生产的钢材。氧气顶吹转炉具有投资少、生产率高、原料适应性大等特点,已成为主流炼钢方法。冶炼过程中通过控制钢的化学成分与含量,可生产出不同钢种、钢号的钢材。

(2)浇铸(注)

把熔炼好的钢水浇铸成钢锭或钢坯有两种方法,一种是浇入铸模做成钢锭,另一种是浇入连续浇铸机做成钢坯。前者是传统的方法,所得钢锭需要经过初轧才成为钢坯。后者是近年来迅速发展的新技术,浇铸和脱氧同时进行。因铸锭过程中脱氧程度不同,可分别生成镇静钢、半镇静钢以及沸腾钢。镇静钢因浇铸时加入强脱氧剂(如硅,有时还加铝或钛),因而氧气杂质少且晶粒较细,偏析等缺陷不严重,钢材性能比沸腾钢好。使用过去传统的浇铸方法产出的镇静钢会存在缩孔,成材率较低的现象,而使用连续浇铸的方法不会产生缩孔,并且化学成分分布比较均匀,只有轻微的偏析现象。因此,连续浇铸技术既能提高产量又能降低成本。

钢在冶炼和浇铸的过程中不可避免地产生冶金缺陷。常见的冶金缺陷有偏析、非金属杂质、气孔及裂纹等。偏析是指金属结晶后化学成分分布不均匀;非金属杂质是指钢中含有硫化物等杂质;气孔是指浇铸时有 FeO 与 C 作用所产生的 CO 气体因不能充分逸出而滞留在钢锭内形成的微小空洞。这些缺陷都将影响钢的力学性能。

(3)轧制

钢材的轧制能使金属的晶粒变细,也能使气泡、裂纹等焊合,因而改善了钢材的力学性能。薄板因轧制的次数多,其强度比厚板略高,浇铸时的非金属夹杂物在轧制后能造成钢材的分层,所以分层是钢材(尤其是厚板)的一种缺陷。设计时应尽量避免拉力垂直于板面的情况,以防止层间撕裂。

(4)热处理

一般钢材以热轧状态交货,某些高强度钢材则在轧制后经热处理才出厂。热处理的目的在于取得高强度的同时能够保持良好的塑性和韧性。

3. 钢材硬化的影响

钢材的硬化分冷作硬化和时效硬化。

(1)冷作硬化

钢材受拉超过流动阶段(下屈服点),产生冷作硬化现象,工程上常利用这一特点来制作预应力构件。钢材在冲、钻、刨、弯剪等冷加工过程中也产生很大的塑性变形,引起冷作硬化现象。冷作硬化虽然能提高钢材的弹性范围,但降低了钢材的塑性和韧性,增加了出现脆性破坏的可能性,此现象对钢结构来讲是有害的。钢结构的破坏往往出现在经过冷加工的位置。

(2)时效硬化

钢材随使用时间的延长逐渐变硬变脆的现象称时效硬化(老化)。表现为屈服点和极限强度提高,塑性和韧性降低,特别是冲击韧性急剧下降;其原因是:在高温时熔化于铁中的少量氮和碳,随着时间的延长逐渐从铁体中析出,形成自由的碳化物和氮化物,分布在晶粒的滑动面上,阻碍铁体之间的滑移,对铁体的塑性变形起着遏制作用。

由上述可知,时效硬化与冶炼工艺有着密切的关系。沸腾钢内含杂质较多,而且晶粒粗而不均匀,最容易发生时效硬化,镇静钢次之,用铝、钛脱氧的钢时效硬化现象不明显。另外在重复荷载和温度变化等情况下极易发生时效硬化。

4. 残余应力的影响

热轧型钢在冷却过程中,在截面突变处如尖角、边缘及薄细部位,率先冷却,其他部位渐次冷却,先冷却部位约束阻止后冷却部位的自由收缩,产生复杂的热轧残余应力分布。不同形状和尺寸规格的型钢残余应力分布不同。钢材经过气割或焊接后,由于不均匀的加热和冷却,也将引起残余应力。残余应力是一种自相平衡的应力,退火处理后可部分乃至全部消除。结构受荷后,残余应力与荷载作用下的应力叠加,将使构件某些部位提前屈服,降低构件的刚度和稳定性,降低抵抗冲击断裂和抗疲劳破坏的能力。

5. 应力集中的影响

当钢材的试件截面有突变(如空洞、缺口等)时,在轴力作用下截面应力分布并不均匀,突变处将产生局部高峰应力。这种截面应力分布极不均匀,而且是相当复杂的应力状态。

6. 温度的影响

钢材的性能受温度的影响十分明显,如图 10.1 给出了低碳钢在不同温度下的单调拉伸试验结果(高温性能)。由图中可以看出,在 150 ℃以内,钢材的强度、弹性模量和塑性均与常温相近,变化不大。但在 250 ℃左右,抗拉强度有局部性提高,伸长率和断面收缩率均降至最低,出现了所谓的"蓝脆"现象(钢材表面氧化膜呈蓝色)。显然钢材的热加工应避开这一温度区段。300 ℃以后,强度和弹性模量均开始显著下降,塑性显著上升,达到 600 ℃时,强度几乎为零,塑性急剧上升,钢材处于热塑性状态。

由图 10.1 可以看出,钢材具有一定的抗热性能,但不耐火,一旦钢结构的温度达600 ℃以上时,会在瞬间因热塑而倒塌。因此受高温作用的钢结构,应根据不同情况采取防护措施:当结构可能受到炽热熔化金属的侵害时,应采用砖或耐热材料做成的隔热层加以保护;当结构表面长期受辐射热达

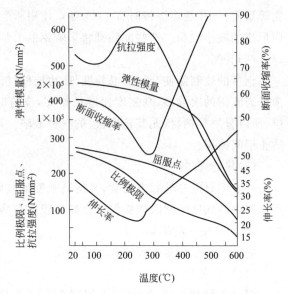

图 10.1　低碳钢在高温下的性能

150 ℃以上或在短时间内可能受到火焰作用时,应采取有效的防护措施(如加隔热层或水套等)。防火是钢结构设计中应考虑的一个重要问题,通常按国家有关的防火规范或标准,根据建筑物的防火等级对不同构件所要求的耐火极限进行设计,选择合适的防火保护层(包括防火涂料等的种类、涂层或防火层的厚度及质量要求等)。

当温度低于常温时,随着温度的降低,钢材的强度提高,而塑性和韧性降低,逐渐变脆,称为钢材的低温冷脆。钢材的冲击韧性对温度十分敏感,为了工程实用,根据大量的使用经验和试验资料的统计分析,我国有关标准对不同牌号和等级的钢材,规定了在不同温度下的冲击韧性指标,例如对 Q235 钢,除 A 级不要求外,其他各级钢均取 $C_v = 27$ J;对低合金高强度钢,除 A 级不要求外,E 级钢采用 $C_v = 27$ J,其他各级钢均取 $C_v = 34$ J。只要钢材在规定的温度下满足这些指标,那么就可按《钢结构设计规范》(GB 50017—2017)的有关规定,根据结构所处的工作温度,选择相应的钢材。

任务10.3　了解钢结构用钢材的分类及钢材的选用

10.3.1　任务目标

1. 能力目标

具备掌握钢结构用钢材的分类及钢材的选用的能力。

2. 知识目标

(1)掌握钢材的分类。

(2)掌握钢材的选择。

(3)掌握型钢的规格。

3. 素质目标

在现场会进行钢材的分类和选用,培养学生积极思考、乐于实践,理论联系实际的能力。

10.3.2　相关配套知识

1. 钢材的分类

(1)碳素结构钢

碳素结构钢的牌号(简称钢号)有 Q195、Q215、Q235、Q255 及 Q275;其中 Q215 包含有 Q215-A、Q215-B; Q235 包含有 Q235-A、Q235-B、Q235-C、Q235-D; Q255 包含有 Q255-A、Q255-B。

碳素结构钢的钢号由代表屈服点的字母 Q、屈服点数值(单位为 N/mm²)、质量等级符号(如 A、B、C、D)、脱氧方法符号(如 Z、F、b)四个部分组成。

从 Q195 到 Q275,是按强度由低到高排列的。Q195、Q215 的强度比较低,而 Q255 及 Q275 的含碳量都超出了低碳钢的范围,所以在碳素结构钢中建筑结构主要采用 Q235。

(2)低合金高强度结构钢

低合金高强度结构钢是在钢的冶炼过程中添加少量的几种合金元素(含碳量均不大于 0.02%,合金元素总量不大于 0.05%),使钢的强度明显提高,故称低合金高强度结构钢。《低合金高强度结构钢》(GB/T 1591—2018)规定,低合金高强度结构钢有 Q355、Q390、Q420、Q460 这五种,其符号的含义和碳素结构钢牌号的含义相同。钢的牌号由代表屈服强度"屈"字的汉语拼音首字母 Q、规定的最小上屈服强度值、交货状态代号、质量等级符号(B、C、D、E、F)四个部分组成,例如 Q355ND,即表示钢的屈服强度最小上屈服强度值为 355 MPa,交货状态为正火或正火轧制,质量等级为 D 级。

(3)优质碳素结构钢

优质碳素结构钢以热处理或热处理(正火、淬火、回火)状态交货,用作压力加工用钢和切削加工用钢。由于价格较高,钢结构中使用较少,仅用经热处理的优质碳素结构钢冷拔高强度钢丝或制作高强螺栓、自攻螺钉等。

2. 钢材的选择

(1)选择原则

钢材的选择在钢结构设计中是一项很重要的工作,不仅要合理选用钢种、钢号、炉种和浇注方法,而且要根据结构特点,对某些机械性能指标和化学元素的极限含量提出要求。钢材选择的目的是:既要使结构安全可靠地满足使用要求,又要尽力节约钢材,降低造价。

选择钢材时考虑的因素有:

①结构的类型及重要性。对重型工业建筑结构、大跨度结构、高层或超高层的民用建筑结构或构筑物等重要结构,应考虑选用质量好的钢材,对一般工业与民用建筑结构,可按工作性质分别选用普通质量的钢材。另外,按《建筑结构可靠度设计统一标准》规定的安全等级,把建筑物分为一级(重要的)、二级(一般的)和三级(次要的)。安全等级不同,要求的钢材质量也应不同。例如水工钢闸门是按水利工程的大小和闸门的工作性质而区分其类型和重要性的。与中小型工程的检修闸门相比,显然大型工程的工作闸门就较为重要,因此,应根据不同的情况,有区别地选用钢材,并对钢材提出不同的具体要求。

②结构所承受荷载特性。荷载可分为静态荷载和动态荷载两种。直接承受动荷载的结构和强烈地震区的结构,应选用综合性能好的钢材。如重级工作制吊车梁、深孔工作闸门、海洋钻井与采油工作平台等,需采用质量较高的 Q235 平炉镇静钢或低合金钢,并要求具有常温或

低温冲击韧性的附加保证。对于一般承受静荷载结构,如屋架和检修闸门等,可选用一般质量价格较低的 Q235 沸腾钢。

③结构的连接方法。钢结构的连接方法有焊接和非焊接两种。由于在焊接过程中,会产生焊接变形、焊接应力及其他焊接缺陷,如咬肉、气孔、裂纹、夹渣等,有导致结构产生裂缝或脆性断裂的危险。因此,焊接构件对钢材的含碳量、机械性能和焊接性能要求应严格一些。例如,在化学成分方面,焊接结构必须严格控制碳、硫、磷的极限含量,而非焊接结构的含碳量可降低要求。

④结构所处的温度和环境。区别结构是在低温($-20\ ℃\sim-50\ ℃$)还是在常温(高于$-20\ ℃$)情况下工作也是非常重要的。钢材处于低温时容易冷脆,因此在低温条件下工作的结构,尤其是焊接结构,应选用具有良好抗低温脆断性的镇静钢。此外,露天结构的钢材容易产生时效,有害介质作用的钢材容易腐蚀、疲劳和断裂,也应加以区别的选择不同的材质。另外,水工钢结构大多数是浸没于水下或处于水上下循环状态,易腐蚀,宜选用抗蚀性较好的钢材,如 16 锰钢。

⑤钢材厚度。薄钢材辊轧次数多,轧制的压缩比大,厚度大的钢材压缩比小;所以厚度大的钢材不但强度较小,而且塑性、冲击韧性和焊接性能也较差。因此厚度大的焊接结构,应采用材质较好的钢材。

(2)钢材选择的建议

对钢材质量的要求,一般地说,承重结构的钢材应保证抗拉强度、屈服点、伸长率和硫、磷的极限含量,对焊接结构尚应保证碳的极限含量(由于 Q235-A 钢的碳含量不作为交货条件,故一般不用于焊接结构)。焊接承重结构以及重要的非焊接承重结构的钢材应具有冷弯试验的合格保证。对于需要验算疲劳强度以及主要的受拉或受弯的焊接结构的钢材,应具有常温冲击韧性的合格保证。当结构工作温度等于或低于 0 ℃但高于$-20\ ℃$时,Q235 钢和 Q345 钢应具有 0 ℃冲击韧性的合格保证;Q390 钢和 Q420 钢应具有$-20\ ℃$冲击韧性的合格保证。当结构工作温度等于或低于$-20\ ℃$时,对 Q235 钢和 Q345 钢应具有$-20\ ℃$冲击韧性的合格保证;对 Q390 钢和 Q420 钢应具有$-40\ ℃$冲击韧性的合格保证。

这里特别指出,Q235 沸腾钢不宜用于下列情况:

①焊接结构。重级工作制吊车梁或类似结构;工作温度小于$-20\ ℃$时的轻、中级工作制吊车梁或类似结构;大型工程的工作闸门、部分开启的工作闸门;低于$-30\ ℃$的承重结构。

②非焊接结构。工作温度小于$-20\ ℃$时的重级工作制吊车梁或类似结构。Q345 钢是普通低合金钢,它的强度高,屈服点比 Q235 钢高 46% 以上,具有自重轻、抗腐性能好、节约材料等特点。因此,设计大跨度、重要结构时可优先考虑,如大跨度的钢闸门和升船机的承船厢等水下活动结构。对于处于低温区($-20\ ℃$以下)的大跨度重要焊接结构或承受动荷载的结构用 Q345,效果会更好。

3. 型钢的规格

钢结构构件一般宜直接选用型钢,这样可减少制造工作量、降低造价。型钢尺寸不够合适或构件很大时则用钢板制作。构件间或直接连接或附以连接钢板进行连接。所以,钢结构中的元件是型钢及钢板。型钢有热轧及冷成型两种(图 10.2 及图 10.3),现分别介绍如下。

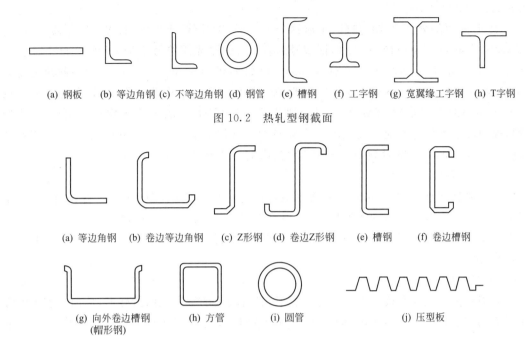

(a) 钢板　(b) 等边角钢　(c) 不等边角钢　(d) 钢管　(e) 槽钢　(f) 工字钢　(g) 宽翼缘工字钢　(h) T字钢

图 10.2　热轧型钢截面

(a) 等边角钢　(b) 卷边等边角钢　(c) Z形钢　(d) 卷边Z形钢　(e) 槽钢　(f) 卷边槽钢

(g) 向外卷边槽钢　　　(h) 方管　　　(i) 圆管　　　　　(j) 压型板
(帽形钢)

图 10.3　冷弯型钢的截面形式

（1）热轧钢板

钢板分薄钢板（$t \leq 4$ mm）、厚钢板（$t > 4$ mm）、特厚钢板（$t > 60$ mm）和扁钢（及带钢，厚度 4～60 mm，宽度 12～200 mm，长度 3～9 m）。普通钢结构中主要用热轧厚钢板制作梁、柱等构件的腹板和翼缘。薄钢板用于制作冷弯薄壁型钢或轻型结构中的较小零件。钢板的规格以钢板符号"—"和宽度×厚度×长度或宽度×厚度（单位为 mm）表示，如 — 450×8×3100，— 200×8。

（2）热轧型钢

热轧型钢的截面尺寸合理，于受力有利，相互连接较方便，是钢结构中常用的主要钢材，其截面类型如图 10.2 所示。在专业书籍中都列有各种型号型钢的截面特性（包括高度、翼缘宽度、腹板厚度、翼缘平均厚度、截面面积、截面惯性矩、截面抵抗矩、回转半径和面积矩等）。热轧型钢截面分为两个主要平面，惯性矩较大的形心轴为强轴，较小的为弱轴。

①角钢：有等边和不等边两种。等边角钢（也叫等肢角钢）以边宽和厚度表示，如∟100 mm×10 mm 为肢宽 100 mm、厚 10 mm 的等边角钢。不等边角钢（也叫不等肢角钢）则以两边宽度和厚度表示，如∟100 mm×80 mm×8 mm 等。我国目前生产的等边角钢，其肢宽为 20～200 mm，不等边角钢的肢宽为 25 mm×16 mm～200 mm×125 mm。

②槽钢：槽钢有热轧普通槽钢与热轧轻型槽钢两种。前者的表示法如[30a，指槽钢外廓高度为 30 cm，且腹板厚度为最薄的一种；后者的表示方法如[25Q，表示外廓高度为 25 cm，Q 是汉语拼音"轻"的拼音字首。同样号数时，轻型者由于腹板薄及翼缘宽而薄，因而截面积小但回转半径大，能节约钢材，减少自重。不过轻型系列的实际产品较少。

③工字钢：工字钢有两个尺寸系列，即普通型和轻型。工字钢外轮廓高度的厘米数即为型号，普通型工字钢当型号较大时又可根据腹板厚度分为 a、b、c 三种。a 类腹板最薄、翼缘最窄，c 类腹板最厚、翼缘最宽。轻型工字钢由于壁厚小故不再按厚度划分。两种工字钢的表示

方法如 I32c、I32Q 等。

④ H 形钢和剖分 T 形钢：热轧 H 形钢分为三类，宽翼缘 H 形钢（HW）、中翼缘 H 形钢（HM）和窄翼缘 H 形钢（HN）。H 形钢型号的表示方法是先用符号 HW、HM 和 HN 表示 H 形钢的类别，后面加"高度(mm)×宽度(mm)"，例如 HW 300 mm×300 mm，即为截面高度为 300 mm，翼缘宽度为 300 mm 的宽翼缘 H 形钢。剖分 T 形钢也分为三类，宽翼缘剖分 T 形钢（TW）、中翼缘剖分 T 形钢（TM）和窄翼缘剖分 T 形钢（TN）。剖分 T 形钢系由对应的 H 型钢沿腹板中部对等剖分而成。其表示方法与 H 型钢类同，如 TN 225 mm×200 mm 即表示截面高度为 225 mm，翼缘宽度为 200 mm 的窄翼缘剖分 T 形钢。

(3)冷弯薄壁型钢

冷弯薄壁型钢是用 2～6 mm 厚的薄钢板经冷弯或模压制成（图 10.3）。在国外，冷弯型钢所用钢板的厚度有加大范围的趋势，如美国可用到 1 英寸(25.4 mm)厚。

冷弯薄壁型钢的常用型号及截面几何特性见《冷弯薄壁型钢结构技术规范》（GB 50018—2002）的附录。

(4)压型钢板

压型钢板由热轧薄钢板经冷压或冷轧成形，具有较大的宽度及曲折外形，从而增加了惯性矩和刚度，是近年来开始使用的薄壁型材，所用钢板厚度为 0.4～2 mm，可用作轻型屋面构件等。

项目小结

(1)钢结构所用钢材必须具备的条件：①具有较高的强度；②具有较高的塑性和韧性以及良好的冷弯性；③具有较好的可焊性；④具有较好的耐久性。

(2)影响钢材力学性能的因素有：化学成分、成材过程、钢材硬化、残余应力、应力集中、温度。

(3)选择钢材时需考虑的因素有：①结构的类型及重要性；②结构所承受荷载特性；③结构的连接方法；④结构所处的温度和环境；⑤钢材厚度。

复习思考题

1. 钢结构的钢材必须具备哪些条件？
2. 在钢结构设计中，衡量钢材力学性能好坏的三项重要指标及其作用是什么？
3. 什么叫塑性破坏？什么叫脆性破坏？设计时，为什么要防止脆性破坏的产生？
4. 影响钢材性能的因素主要有哪些？
5. 选择所使用的钢材时遵循的原则是什么？
6. 钢材在高温下的力学性能如何，为何钢材不耐火？
7. 轧制钢材常用形式有哪些？它们的表示符号及意义是什么？

项目 11　钢结构的连接

 项目描述

  本项目介绍了钢结构连接的主要方式、特性、构造及焊接应力与焊接变形,叙述了焊接连接中角焊缝、对接焊缝及螺栓连接中普通螺栓、高强度螺栓连接的受力特性及其设计和计算,并给出了相应的计算公式。

 学习目标

  1. 能力目标

  (1)具备掌握角焊缝、对接焊缝、普通螺栓和高强度螺栓连接的受力特性的能力。

  (2)具备掌握钢结构对材料的要求的能力。

  2. 知识目标

  (1)了解钢结构连接的主要方式、特性、构造及焊接应力与焊接变形。

  (2)掌握角焊缝、对接焊缝、普通螺栓和高强度螺栓连接的受力特性。

  (3)掌握钢结构对材料的要求。

  3. 素质目标

  通过对钢结构连接的学习,使学生认识到,不同的连接形式和连接方法有不同的优缺点,引导学生积极思考,提高学生综合运用的能力。

任务 11.1　了解钢结构连接方法

11.1.1　任务目标

  1. 能力目标

  熟练掌握钢结构的连接方法。

  2. 知识目标

  掌握钢结构连接的形式和方法。

  3. 素质目标

  培养学生积极思考、理论联系实际的能力以及分析问题、解决问题的能力。

11.1.2　相关配套知识

  钢结构是由钢板、型钢通过必要的连接组成构件,再通过一定的安装连接而形成的整体结构。连接往往是传力的关键部位,连接构造不合理,将使结构的计算简图与真实情况相差甚远;连接强度不足,将使连接破坏,导致整个结构迅速破坏,因此连接在钢结构中占有重要地位。连接方式直接影响结构的构造、制造工艺和工程造价;连接质量直接影响结构的安全和使用寿命。好的连接应当符合安全可靠、节约钢材、构造简单和施工方便的原则。

　　钢结构的连接按被连接件之间的相对位置可分为三种基本形式。当被连接件在同一平面内时称为平接,又称对接连接[图 11.1(a)];当被连接件相互交搭时称为搭接连接[图 11.1(b)];当被连接件互相垂直时称为垂直连接[图 11.1(c)、(d)]。图 11.1(c)又称为 T 形连接,图 11.1(d)又称为角接。

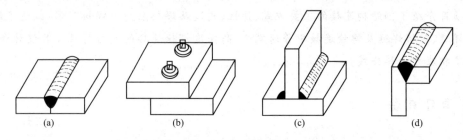

图 11.1　连接的形式

　　钢结构中所用的连接方法有:焊缝连接、铆钉连接和螺栓连接,如图 11.2 所示。最早出现的连接方法是螺栓连接,目前则以焊缝连接为主,高强度螺栓连接近年来发展迅速,使用越来越多,而铆钉连接已很少采用。

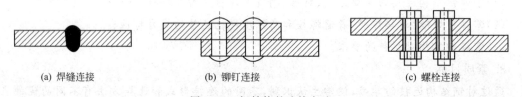

(a) 焊缝连接　　　　　　(b) 铆钉连接　　　　　　　(c) 螺栓连接

图 11.2　钢结构的连接方法

　　焊缝连接是现代钢结构最主要的连接方式,它的优点是任何形状的结构都可用焊缝连接,构造简单。焊缝连接一般不需拼接材料,省钢省工,而且能实现自动化操作,生产效率较高。目前土木工程中焊接结构占绝对优势。但是,焊缝质量易受材料,操作的影响,因此对钢材性能要求较高。高强度钢更要有严格的焊接程序,焊缝质量要通过多种途径的检验来保证。

　　铆钉连接需要先在构件上开孔,铆孔比铆钉直径大 1 mm,铆钉加热至 900 ℃～1 000 ℃时,用铆钉枪打铆。铆钉连接刚度大,传力可靠,韧性和塑性较好,质量易于检查,对经常受动力荷载作用,荷载较大和跨度较大的结构,可采用铆接结构。但是,由于铆钉连接对施工技术的要求高,劳动强度大,施工条件恶劣,施工速度慢,已逐步被高强螺栓连接取代。

　　螺栓连接分普通螺栓连接和高强度螺栓连接两种。其中普通螺栓分 C 级螺栓和 A、B 级螺栓两种:C 级螺栓习称粗制螺栓,直径与孔径相差 1.0～1.5 mm,便于安装,但螺杆与钢板孔壁不够紧密,螺栓不宜受剪;A、B 级螺栓习称精制螺栓,其栓杆与栓孔的加工都有严格要求,受力性能较 C 级螺栓为好,但费用较高。

　　高强度螺栓分高强度螺栓摩擦型连接、高强度螺栓承压型连接两种,均用强度较高的钢材制作,安装时通过特制的扳手,以较大的扭矩上紧螺母,使螺杆产生很大的预应力,预应力把被连接的部件夹紧,使部件的接触面间产生很大的摩擦力,外力可通过摩擦力来传递。当仅考虑以部件接触面间的摩擦力传递外力时称为高强度螺栓摩擦型连接;同时考虑依靠螺杆和螺孔之间的承压来传递外力时称为高强度螺栓承压型连接。

除上述常用连接外,在薄钢结构中还经常采用射钉、自攻螺钉和焊钉等连接方式。

任务11.2 熟悉焊缝类型及其连接形式

11.2.1 任务目标

1. 能力目标

熟练掌握焊缝的连接方法。

2. 知识目标

(1)了解钢结构连接的主要方式、特性、构造及焊接应力与焊接变形。

(2)掌握角焊缝、对接焊缝、普通螺栓和高强度螺栓连接的受力特性。

(3)掌握钢结构对材料的要求。

3. 素质目标

培养学生积极思考、理论联系实际的能力以及分析问题、解决问题的能力。

11.2.2 相关配套知识

相互分离的主体金属,借助于原子或分子的结合和扩散而连接成一个整体的工艺过程称为焊接。因此,被焊接的主体金属不仅在宏观上建立了永久性联系而且在微观上也建立了组织之间的内在联系。焊接连接不削弱截面,用料经济,接头紧凑,刚性较好,构造简单,加工方便,可以采用自动化操作,是现代钢结构最主要的连接方法。但是,由于焊缝附近高温相互作用而形成热影响区,主体金属的金相组织和机械性能发生变化,材质变脆,产生焊接的残余应力和残余变形,对结构的工作性能往往有不利影响,可能使结构发生脆性破坏;又由于焊接结构有较大的刚性,一旦局部发生裂纹便容易扩展到整体,尤其在低温下易发生脆断。因此,在设计和制作焊接结构时,应对焊接结构的脆断问题给予足够的重视。

1. 钢结构焊接方法

钢结构的焊接方法最常用的有三种:电弧焊、电阻焊和气焊。

(1)电弧焊

电弧焊是利用通电后焊条和焊件之间产生的强大电弧提供热源,熔化焊条,使其滴落在焊件上被电弧吹成的小凹槽的熔池中,并与焊件熔化部分结成焊缝,将两焊件连接成一整体。电弧焊的焊缝质量比较可靠,是最常用的一种焊接方法。

电弧焊分为手工电弧焊(图 11.3)和自动或半自动电弧焊(图 11.4)。

图 11.3 是手工电弧焊施焊的原理示意图,这是最常用的一种焊接方法,一般采用涂有药皮的焊条。施焊前,用导线将主体金属和电焊机的另一端点接到主体金属上,在暂时"短路"后,立即使焊条端稍稍离开主体金属,使两极间产生电子放射和气体电离而形成电弧,电弧提供热源,使焊条中的焊丝熔化,滴落在主体金属上被电弧力吹成的熔池中。由焊条药皮形成的

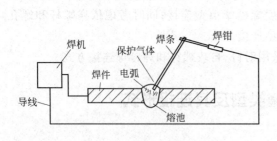

图 11.3　手工电弧焊

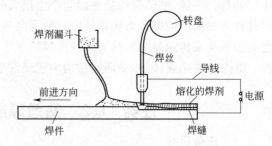

图 11.4　自动或半自动电弧焊

熔渣和气体覆盖熔池,防止空气中的氧、氮等有害气体与熔化的液体金属接触,避免形成脆性易裂化合物。焊缝金属冷却后就将主体金属连成整体。

手工电弧焊焊条应与焊件的金属强度相适应。对 Q235 的钢焊件宜用 E43 型焊条(E4300～E4328);对 Q345 的钢焊件宜用 E50 型焊条(E5000～E5518);对 Q390 钢和 Q420 钢宜用 E55型焊条(E5500～E5518)。焊条型号中,字母 E 表示焊条,前两位数字为熔敷金属的最小抗拉强度,第三和第四数字表示适用焊接位置、电流以及药皮类型等。当不同钢种的钢材连接时,宜采用与低强度钢材相适应的焊条。

自动或半自动电弧焊采用没有涂层的焊丝,将焊丝插入从漏斗中流出的覆盖在被焊金属上面的焊剂中,通电后由于电弧作用熔化焊剂,熔化后的焊剂浮在熔化金属表面保护熔化金属,使之不与外界空气接触。焊接进行时,焊接设备或焊体自行移动,焊剂不断由漏斗漏下,绕在转盘上的焊丝也不断地自动熔化和下降以进行焊接。焊剂应与焊丝配套:对 Q235 的焊件,可采用 H08、H08A、H08MnA 等焊丝配合高锰、高硅型焊剂;对 Q345 和 Q390 焊件,可采用 H08A、H08E 焊丝配合高锰型焊剂,也可采用 H08Mn、H08MnA 焊丝配合中锰型焊剂或高锰型焊剂,或采用 H10Mn2 配合无锰型或低锰型焊剂。自动焊的焊缝质量均匀,塑性好,冲击韧性高,抗腐蚀性强。半自动焊除焊接设备或焊体需由人工操作前进外,其余与自动焊相同。自动或半自动埋弧焊所用焊丝和焊剂还应与主体金属强度相适应,即要求焊缝与主体金属等强度。

(2)电阻焊

电阻焊利用电流通过焊件接触点表面产生的热量来熔化金属,再通过压力使其焊合。薄壁型钢的焊接常采用电阻焊(图 11.5)。电阻焊适用于板叠厚度不超过 12 mm 的焊接。

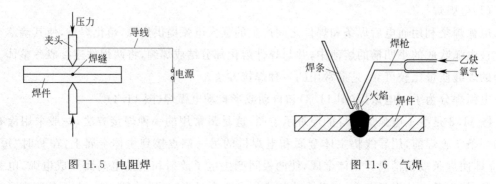

图 11.5　电阻焊　　　　　　　　　　　　　　　图 11.6　气焊

(3)气焊

气焊是利用乙炔在氧气中燃烧而形成的火焰来熔化焊条,形成焊缝(图 11.6)。气焊用于薄钢板或小型结构中。

2.焊缝连接形式及焊缝形式

(1)焊缝连接形式

焊缝连接形式按被连接钢材的相互位置可以分为对接、塔接、T形连接和角部连接四种(图 11.7)。

(a) 对接连接　　(b) 搭接连接　　(c) T形连接　　(d) 角部连接之一　　(e) 角部连接之二

图 11.7　焊缝连接的形式

(2)焊缝的形式

对接焊缝一般焊透全厚度,但有时也可不焊透全厚度(图 11.8)。

对接焊缝按所受力的方向可分为正对接焊缝图[图 11.9(a)]和斜对接焊缝图[图 11.9(b)]。角焊缝[图 11.9(c)]可分为正面角焊缝、侧面角焊缝和斜焊缝。

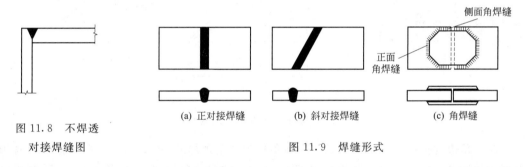

图 11.8　不焊透
对接焊缝图

(a) 正对接焊缝　　(b) 斜对接焊缝　　(c) 角焊缝

图 11.9　焊缝形式

焊缝沿长度方向的布置可分为连续角焊缝和间断角焊缝两种(图 11.10)。连续角焊缝的受力性能良好,为主要的角焊缝形式。间断角焊缝容易引起应力集中现象,重要结构应避免采用,但可用于一些次要的构件或次要的焊接连接中。一般在受压构件中应满足 $l \leqslant 15t$;在受拉构件中应满足 $l \leqslant 30t$,t 为较薄焊件的厚度。

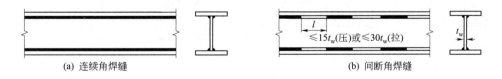

(a) 连续角焊缝　　　　　　　　　　(b) 间断角焊缝

图 11.10　连续角焊缝和间断焊缝示意图

焊缝按施焊位置可分为平焊、横焊、仰焊及立焊等几种(图 11.11)。

平焊焊接的工作最方便,质量也最好,应尽量采用。立焊和横焊的质量及生产效率比平焊差一些;仰焊的操作条件最差,焊缝质量不易保证,因此应尽量避免采用。有时因构造需要,在一条焊缝中有俯焊、仰焊和立焊(或横焊),称它为全方位焊接。

焊缝的焊接位置是由连接构造决定的,在设计焊接结构时要尽量采用便于俯焊的焊接

构造。要避免焊缝立体交叉和在一处集中大量
焊缝,同时焊缝的布置应尽量地对称于构件的
形心。

3. 角焊缝的形式和构造

(1)角焊缝的形式

角焊缝按其与作用力的关系可分为正面角焊
缝、侧面角焊缝和斜焊缝。正面角焊缝的焊缝与
作用力垂直;侧面角焊缝的焊缝长度方向与作用
力平行;斜焊缝的焊缝长度方向与作用力方向斜
交。角焊缝按其截面形式可分为直角角焊缝和斜
角角焊缝。

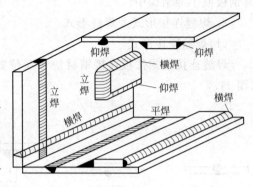

图 11.11　焊缝施焊位置

直角角焊缝通常做成表面微凸的等腰直角三角形截面,如图 11.12(a)所示。在直接承受
动力荷载的结构中,正面角焊缝的截面常采用如图 11.12(b)所示的形式,侧面角焊缝的截面
则做成凹面式,如图 11.12(c)所示。

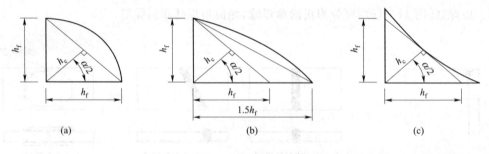

图 11.12　直角角焊缝截面

两焊角边的夹角 $\alpha > 90°$ 或 $\alpha < 90°$ 的焊角称为斜角角焊缝(图 11.13)。斜角角焊缝常用于
钢漏斗和钢管结构中。对于夹角 $\alpha > 135°$ 或 $\alpha < 60°$ 的斜角角焊缝,除钢管结构外,不宜用做受
力焊缝。

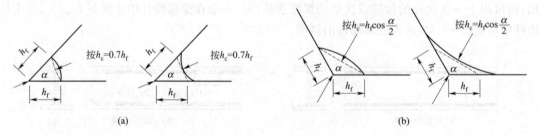

图 11.13　斜角角焊缝截面

(2)角焊缝的构造要求

①最小焊角尺寸

角焊缝的焊角尺寸不能过小,否则焊接时产生的热量较小,而焊件厚度较大,致使施焊时
冷却速度过快,产生淬硬组织,导致母材开裂。《钢结构设计标准》规定:

$$h_f = 1.5\sqrt{t_2}$$

(11.1)

式中　t_2——较厚焊件厚度(mm)。

　　焊角尺寸取毫米的整数,小数点以后都进为 1。自动焊熔深较大,故所取最小焊脚尺寸可减小 1 mm;对 T 形连接的单面角焊缝,应增加 1 mm;当焊件厚度小于或等于 4 mm 时,则取与焊件厚度相同。

　　②最大焊脚尺寸

　　为了避免焊缝收缩时产生较大的焊接残余应力和残余变形,且热影响区扩大,容易产生热脆,较薄焊件容易烧穿。《钢结构设计标准》规定,除钢管结构外,角焊缝的焊角尺寸如图 11.14(a)所示,应满足:

$$h_f \leqslant 1.5\sqrt{t_1} \qquad\qquad (11.2)$$

式中　t_1——较薄焊件厚度(mm)。

　　板件边缘的角焊缝如图 11.14(b)所示,当板件厚度 $t > 6$ mm 时,根据焊工的施焊经验,不易焊满全厚度,故取 $h_f \leqslant t - (1\sim2)$ mm;当 $t \leqslant 6$ mm 时,通常采用小焊条施焊,易焊满全厚度,故取 $h_f \leqslant t$。如果另一板件厚度 $t' \leqslant t$ 时,还应满足 $h_f \leqslant t'$ 的要求。

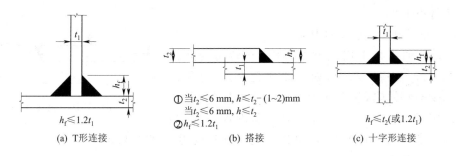

图 11.14　最大焊角尺寸

　　③角焊缝的最小计算长度

　　角焊缝的焊角尺寸大而长度较小时,焊件的局部加热严重,焊缝起灭弧所引起的缺陷相距太近,加之焊缝中可能产生的其他缺陷(气孔、非金属夹杂等)使焊缝不够可靠。对搭接连接的侧面角焊缝而言,如果焊缝长度过小,由于力线弯折大,也会造成严重的应力集中。因此,为了使焊缝能够具有一定的承载能力,根据使用经验,侧面角焊缝或正面角焊缝的计算长度不得小于 $8h_f$ 和 40 mm。

　　④侧面角焊缝的最大计算长度

　　侧面角焊缝在弹性阶段沿长度方向受力不均匀,两端大而中间小。焊缝越长,应力集中越明显。在静力荷载作用下,如果焊缝长度适宜,当焊缝两端处的应力达到屈服强度后,继续加载,应力会渐趋均匀。但是,如果焊缝长度超过某一限值时,有可能首先在焊缝的两端破坏,故一般规定侧面角焊缝的计算长度 $l_w \leqslant 60h_f$。当实际长度大于上述限值时,其超过部分在计算中不予考虑。若内力沿侧面角焊缝全长分布,例如焊接梁翼缘板与腹板的连接焊缝,计算长度可不受上述限制。

　　⑤搭接连接的构造要求

　　当板件端部仅有两条侧面角焊缝连接时(图 11.15),试验结果表明,连接的承载力与 B/l_w 有关。B 为两侧焊缝的距离,l_w 为侧焊缝的计算长度。当 $B/l_w > 1$ 时,连接的承载力随着 B/l_w 的增大而明显下降。这主要是由于应力传递的过分弯折使构件中应力造成分布不均匀。

为使连接强度不致过分降低，应使每条侧焊缝的计算长度不小于两侧焊缝之间的距离，即 $B/l_w < 1$。两侧面角焊缝之间的距离 B 也不宜大于 $16t(t>12\ \text{mm})$ 或 $190\ \text{mm}(t<12\ \text{mm})$，$t$ 为较薄焊件的厚度，以免因焊缝横向收缩，而引起板件向外发生较大拱曲。

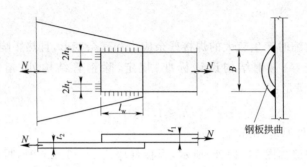

图 11.15　焊接长度及两侧焊缝间距

在搭接连接中，当仅采用正面角焊缝（图 11.16）时，其搭接长度不得小于焊件较小厚度的 5 倍，也不得小于 25 mm。

⑥减小角焊缝应力集中的措施

杆件端部的搭接采用三面围焊时，在转角处截面发生突变，会产生应力集中，如在此处起灭弧，可能出现弧坑或咬肉等缺陷，从而加大应力集中的影响，故所有围焊的转角处必须连续施焊。对于非围焊情况，当

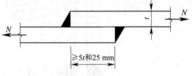

图 11.16　搭接连接

角焊缝的端部在构件转角处时，可连续地实施长度为 h_f 的绕角焊。

4. 对接焊缝的构造

对接焊缝的焊件常需做成坡口，故又叫坡口焊缝。坡口形式与焊件的厚度有关。当焊件厚度很小（手工焊 6 mm，自动埋弧焊 10 mm）时，可用直边缝。对于一般厚度的焊件可采用具有斜坡口的单边 V 形或 V 形焊缝。斜坡口和根部间隙 c 共同组成一个焊条能够运转的施焊空间，使焊缝易于焊透；钝边 p 有托住熔化金属的作用。对于较厚的焊件（$t>20\ \text{mm}$），则采用 U 形、K 形和 X 形坡口（图 11.17）。

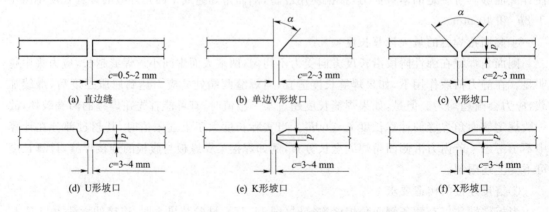

(a) 直边缝　　(b) 单边V形坡口　　(c) V形坡口

(d) U形坡口　　(e) K形坡口　　(f) X形坡口

图 11.17　对接焊缝的坡口形式

其中 V 形焊缝和 U 形焊缝为单面施焊，但在焊缝根部还需补焊。没有条件补焊时，

要事先在根部加垫板(图 11.18)。当焊件可随意翻转施焊时,使用 K 形焊缝和 X 形焊缝较好。

(a) 直边缝　　　　　　　(b) 单边V形坡口　　　　　　　(c) 双边V形坡口

图 11.18　根部加垫块

对接焊缝用料经济,传力平顺均匀,没有明显的应力集中,承受动力荷载作用时采用对接焊缝最为有利。但对接焊缝的焊件边缘需要进行剖口加工,焊件长度必须精确,施焊时焊件要保持一定的间隙。对接焊缝的起点和终点时,常因不能熔透而出现凹形的焊口,在受力后易出现裂缝及应力集中,为此,施焊时常采用引弧板(图 11.19)。但采用引弧板很麻烦,一般在工厂焊接时可采用引弧板,而在工地焊接时,除了受动力荷载的结构外,一般不用引弧板,而是在计算时扣除焊缝两端板厚的长度。

在对接焊缝的拼接中,当焊件的宽度不同或厚度相差 4 mm 以上时,应分别在宽度或厚度方向从一侧或两侧做成坡度不大于1∶2.5 的斜角(图 11.20),以使截面过渡和缓,减小应力集中。

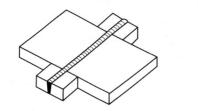
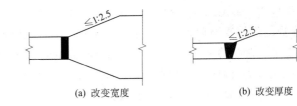

(a) 改变宽度　　　　　　　(b) 改变厚度

图 11.19　对接焊缝的引弧板　　　图 11.20　不同厚度及宽度的钢板连接

5. 焊接应力和焊接变形

(1) 焊接应力的分类和产生原因

钢结构在焊接过程中,局部区域受到高温作用,焊接中心处可达 1 600 ℃以上。不均匀的加热和冷却,使构件产生焊接变形。同时,高温部分钢材在高温时的体积膨胀以及在冷却时的体积收缩均受到周围低温部分钢材的约束而不能自由变形,从而产生焊接应力。焊接应力根据应力方向与钢板长度方向以及钢板表面的关系可分为纵向应力、横向应力和厚度方向应力。其中纵向应力是沿焊缝长度方向的应力,横向应力是垂直于焊缝长度方向且平行于构件表面的应力,厚度方向应力则是垂直于焊缝长度方向且垂直于构件表面的应力。

①纵向焊接应力

焊接结构中焊缝沿焊缝长度方向收缩时产生纵向焊接应力。例如在两块钢板上施焊时,钢板上产生不均匀的温度场,从而产生了不均匀的膨胀。焊缝附近高温处的钢材膨胀最大,稍远区域温度稍低,膨胀较小。膨胀大的区域受到周围膨胀小的区域的限制,产生了热塑性压缩。冷却时的过程与加热时刚好相反,即焊缝区钢材的收缩受到两侧钢材的限制。相互约束作用的结果是焊缝中央部分产生纵向拉力,两侧则产生纵向压力,这就是纵向收缩引起的纵向应力,如图 11.21(a)所示。

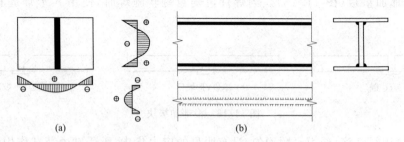

图 11.21　焊接纵向收缩引起的纵应力

又如三块钢板拼成的工字钢[图 11.21(b)]，腹板与翼缘用焊缝顶接，翼缘与腹板连接处因焊缝收缩受到两边钢板的阻碍而产生纵向拉应力，两边因中间收缩而产生压应力，因而形成中部焊缝区受拉而两边钢板受压的纵向应力。腹板纵向应力分布则相反，由于腹板与翼缘焊缝收缩受到腹板中间钢板的阻碍而受拉，腹板中间受压，因而形成中间钢板受压而两边焊缝区受拉的纵向应力。

②横向焊接应力

焊缝的横向(垂直焊缝长度方向)焊接应力包括两部分：其一是由于焊缝纵向收缩，使两块钢板趋向于形成反方向的弯曲变形，而实际上焊缝将两块板连成整体，从而在两块板的中间产生横向拉应力，两端则产生压应力[图 11.22(b)]；其二是由于焊缝在施焊过程中冷却时间的不同，先焊的焊缝凝固后具有一定强度，阻止后焊的焊缝进行横向自由膨胀，使之发生横向塑性压缩变形。随后冷却焊缝的收缩受到已凝固的焊缝限制而产生横向拉应力，而先焊部分则产生横向压应力，因应力自相平衡，更远处的焊缝则受拉应力[图 11.22(c)]。这两种横向应力叠加成最后的横向应力[图 11.22(d)]。

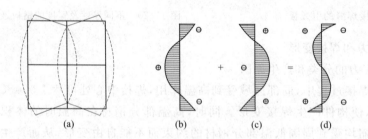

图 11.22　焊缝的横向焊接应力

③厚度方向的焊接应力

较厚钢板焊接时，焊缝与钢板和空气的接触面散热较快而先冷却结硬，厚度中部的冷却比表面的冷却缓慢因而使收缩受到阻碍，形成中间焊缝受拉，四周受压的状态。因而焊缝在厚度方向出现应力 σ_c(图 11.23)。当钢板厚度<25 mm 时，厚度方向的应力不大；但板厚≥50 mm 时，厚度方向应力较大，可达 50 N/mm² 左右。

(2)焊接变形

在焊接过程中，由于不均匀加热和冷却，焊接区在纵向和横向收缩时，势必导致构件产生局部鼓曲、弯曲、歪曲和扭转等。焊接变形包括纵向收缩、横向收缩、弯曲变形、角变形、波浪变形和扭曲变形等(图 11.24)，通常是几种变形的组合。任一焊接变形超过规定时，必须进行校正，以免影响构件在正常使用条件下的承载能力。

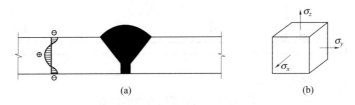

图 11.23　厚度方向的焊接应力

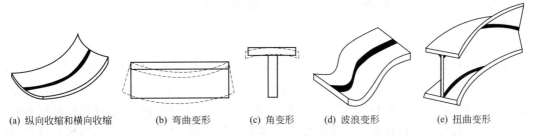

(a) 纵向收缩和横向收缩　　(b) 弯曲变形　(c) 角变形　(d) 波浪变形　(e) 扭曲变形

图 11.24　焊接变形

(3)减少焊接应力和焊接变形的措施

构件产生过大的焊接应力和焊接变形多是构造不当或焊接工艺欠妥造成的,而焊接应力和焊接变形的存在将造成构件局部应力集中以及使构件处于复杂应力状态,影响材料的工作性能,故应从设计和焊接工艺两方面采取措施。

①采取适当的焊接次序和方向。例如钢板对接时采用分段焊[图 11.25(a)],厚度方向采用分层焊[图 11.25(b)],钢板分块采用拼焊[图 11.25(d)],工字形顶接时采用对角跳焊等[图 11.25(c)]。

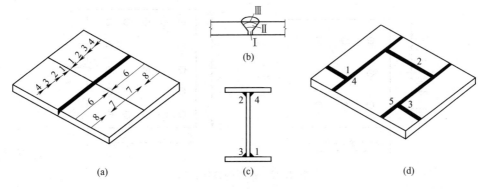

图 11.25　合理的焊接次序

②尽可能采用对称焊缝。连接过渡尽可能平滑,避免出现截面突变,并在保证安全的前提下,避免焊缝厚度过大。

③避免焊缝过分集中或多方向焊缝相交于一点。

④施焊前使构件有一个和焊接变形相反的预变形。例如在顶接中将翼缘板预弯,焊接后产生的焊接变形可与预变形抵消[图 11.26(a)]。在平接中使接缝处预变形[图 11.26(b)],焊接后产生的焊接变形也可与之抵消。这种方法可以减少焊接后的变形量,但不会根除焊接应力。

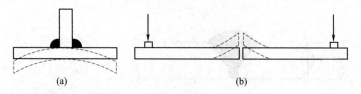

图 11.26　减少焊接变形的措施

⑤对于小尺寸的杆件,可在焊前预热,或焊后回火加热到 600 ℃左右,然后缓慢冷却,可消除焊接应力。焊接后对焊件进行锤击,也可减少焊接应力与焊接变形。此外也可采用机械法校正来消除焊接变形。

6.普通螺栓连接的构造

普通螺栓分为 A、B 级和 C 级。A、B 级普通螺栓习称精制螺栓,其材料性能属于 8.8 级,一般由优质碳素钢中的 45 号钢和 35 号钢制成,其孔径和杆径相等。C 级普通螺栓习称粗制螺栓,性能等级属于 4.6 级和 4.8 级,一般由普通碳素钢 Q235-BF 钢制成,其制作精度和螺栓的允许偏差、孔壁表面粗糙度等要求都比 A、B 级普通螺栓低。C 级普通螺栓的螺杆直径较螺孔直径小 1.0～1.5 mm,受剪时工作性能较差,在螺栓群中各螺栓所受剪力也不均匀,因此适用于承受拉力的连接中。

(1)螺栓的排列和构造要求

螺栓在构件上的排列应简单、统一、整齐而紧凑,通常分为并列式和错列式两种形式。并列式(图 11.27)比较简单整齐,所用连接板尺寸小,但由于螺栓孔的存在,对构件截面的削弱较大。错列式可以减小螺栓孔对截面的削弱,但孔的排列不如并列紧凑,连接板尺寸较大。

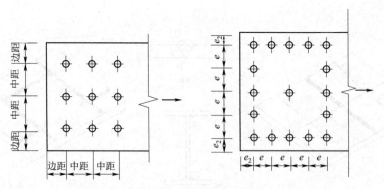

图 11.27　钢板的螺栓排列

螺栓在构件上的排列应符合最小距离要求,以便用扳手拧紧螺母时有一定的空间,并避免受力时钢板在孔之间以及孔与板端、板边之间发生剪断或截面过分削弱等现象。

螺栓在构件上的排列也应符合最大距离要求,以避免受压时被连接的板件间发生张口、鼓出或被连接的构件因接触面不够紧密,潮气进入缝隙而产生腐蚀等现象。

根据上述要求,钢板上螺栓的排列规定见表 11.1。型钢上的螺栓排列除应满足表 11.1 的最大和最小距离外,还应充分考虑拧紧螺栓时的净空要求。在角钢、普通工字钢和槽钢截面上排列螺栓的线距应满足图 11.28 及表 11.2～表 11.4 的要求。在 H 形钢截面上排列螺栓的线距,如图 11.28(d)所示,腹板上的 c 值可参照普通工字钢;翼缘上的 e 值或 e_1、e_2 值可根据其外伸宽度参照角钢。

表 11.1 螺栓或铆钉的最大、最小容许距离

名 称	位置和方向			最大容许距离 (取两者的较小值)	最小容许距离
中心线距	外排(垂直或顺内力方向)			$8d_0$ 或 $12t$	$3d_0$
	中间排	垂直内力方向		$16d_0$ 或 $24t$	
		顺内力方向	压力	$12d_0$ 或 $18t$	
			拉力	$16d_0$ 或 $24t$	
	沿对角线方向			—	
中心至构件 边缘距离	顺内力方向			$4d_0$ 或 $8t$	$2d_0$
	垂直内力方向	剪切边或手工气割边			$1.5d_0$
		轧制边自动精密 或锯割边	高强度螺栓		
			其他螺栓或铆钉		$1.2d_0$

注:(1)d_0 为螺栓孔或铆钉孔直径,t 为外层较薄板件的厚度;

(2)钢板边缘与刚性构件(如角钢、槽钢等)相连的螺栓或铆钉的最大间距,可按中间排的数值采用。

表 11.2 角钢上螺栓或铆钉线距表(mm)

单行排列	角钢肢宽	40	45	50	56	63	70	75	80	90	100	110	125
	线距 e	25	25	30	30	35	40	40	45	50	55	60	70
	钉孔最大直径	11.5	13.5	13.5	15.5	17.5	20	22	22	24	24	26	26
双行错排	角钢肢宽	125		140		160		180		200			
	e_1	55		60		70		70		80			
	e_2	90		100		120		140		160			
	钉孔最大直径	24		24		26		26		26			
双行排列	角钢肢宽	160			180			200					
	e_1	60			40			80					
	e_2	130			140			160					
	钉孔最大直径	24			24			26					

表 11.3 工字钢和槽钢腹板上的螺栓线距表(mm)

工字钢型号	12	14	16	18	20	22	25	28	32	36	40	45	50	56	63
线距 c_{min}	40	45	45	45	50	50	55	60	60	65	70	75	75	75	75
槽钢型号	12	14	16	18	20	22	25	28	32	36	40	—	—	—	—
线距 c_{min}	40	45	50	50	55	55	55	60	65	70	75	—	—	—	—

表 11.4 工字钢和槽钢翼缘上的螺栓线距表(mm)

工字钢型号	12	14	16	18	20	22	25	28	32	36	40	45	50	56	63
线距 a_{min}	40	40	50	55	60	65	65	70	75	80	80	85	90	95	95
槽钢型号	12	14	16	18	20	22	25	28	32	36	40	—	—	—	—
线距 a_{min}	30	35	35	40	40	45	45	45	50	56	60	—	—	—	—

(2)普通螺栓的工作性能

普通螺栓按受力情况可以分为:①螺栓只承受剪力;②螺栓只承受拉力;③螺栓承受剪力和拉力的共同作用。

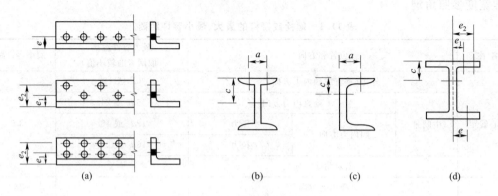

图 11.28　型钢的螺栓排列

7. 高强度螺栓连接的工作性能

(1)高强度螺栓连接的工作性能

高强度螺栓的杆身、螺帽和垫圈都要用抗拉强度很高的钢材制作。螺杆一般采用 45 号钢或 40 号硼钢制成,螺母和垫圈用 45 号钢制成,且都要经过热处理以提高其强度。现在工程中已逐渐采用 20 锰钛硼钢作为高强度螺栓的专用钢。

高强度螺栓的预拉力是通过扭紧螺母实现的。一般采用扭矩法和扭剪法。扭矩法是采用可直接显示扭矩的特制扳手,根据事先测定的扭矩和螺栓拉力之间的关系施加扭矩,使之达到预定拉力。扭剪法是采用扭剪型高强度螺栓,该螺栓端部设有梅花头,拧紧螺母时,靠拧断螺栓梅花头切口处截面来控制预拉力值。

高强度螺栓有摩擦型和承压型两种。在外力作用下,螺栓承受剪力或拉力。

(2)高强度螺栓抗剪连接的工作性能

①高强度螺栓摩擦型连接。高强度螺栓安装时将螺栓拧紧,使螺杆产生很大的预拉力,而被连接板件间则产生很大的预压力。连接受力后,接触面产生的摩擦力阻止板件的相互滑移,以达到传递外力的目的。高强度螺栓摩擦型连接与普通螺栓连接的重要区别,就是完全不靠螺杆的抗剪和孔壁的承压来传力,而是靠钢板间接触面的摩擦力传力。

摩擦型连接的承载力取决于构件接触面的摩擦力,而此摩擦力的大小与螺栓所受预拉力和摩擦面的抗滑系数以及连接的传力摩擦面数有关。

②高强度螺栓承压型连接。高强度螺栓承压型连接的传力特征是剪力超过摩擦力时,构件之间发生相对滑移,螺杆杆身与孔壁接触,使螺杆受剪和孔壁受压,破坏形式与普通螺栓相同。

图 11.29 所示为单个螺栓受剪时的工作曲线,由于承压型连接允许接触面滑动并以连接达到破坏的极限状态作为设计准则,接触面的摩擦力只起延缓滑动的作用,因此该连接的最大抗剪承载力应取曲线的最高点,即"3"点。连接达到极限承载力时,由于螺杆伸长,预拉力几乎全部消失,故高强度螺栓承压型连接的计算方法与普通螺栓连接相同,只是计算时,应采用承压型连接高强度螺栓的强度设计值。特别地,当剪切面在螺纹处时,承压型连接高强度螺栓的抗剪

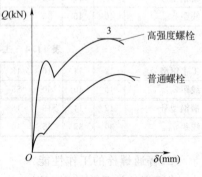

图 11.29　单个螺栓受剪
时的工作曲线

承载力应按螺纹处的有效截面计算。而对于普通螺栓，其抗剪强度设计值是根据连接的试验数据统计而定的，试验时不分剪切面是否在螺纹处，故计算抗剪强度设计值时用公称直径。

（3）高强度螺栓抗拉连接的工作性能

高强度螺栓连接由于预拉力作用，构件间在承受外力作用前已经有较大的挤压力，高强度螺栓受到外拉力作用时，首先要抵消这种挤压力，在克服挤压力之前，螺杆的预拉力基本不变。

如图 11.30（a）所示，设高强度螺栓在外力作用之前，螺杆受预拉力 P，钢板接触面上产生挤压力 C，而挤压力 C 与预拉力 P 相平衡。

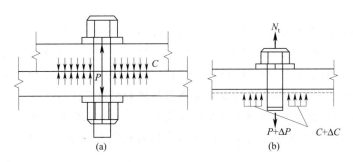

图 11.30　高强度螺栓受拉

当对螺栓施加外拉力 N_t 时，则栓杆在钢板间的压力未完全消失前被拉长，此时螺杆中拉力增量为 ΔP，同时把压紧的板件拉松，使压力 C 减少 ΔC，如图 11.30（b）所示，由平衡条件得

$$P + \Delta P = (C - \Delta C) + N_t$$

（4）高强度螺栓同时承受剪力和外拉力连接的工作性能

① 高强度螺栓摩擦型连接。当螺栓所受外拉力 $N_t \leqslant P$ 时，虽然螺杆中预拉力 P 基本不变，但板间压力将减少到 $P - N_t$。这时接触面的抗滑移系数 μ 也有所降低，而且 μ 值随 N_t 的增大而减小。现行《钢结构设计标准》(GB 50017—2017) 用 N_t 乘 1.125 的系数来考虑 μ 值降低的不利影响，故一个摩擦型连接高强度螺栓有拉力作用时的抗剪承载力设计值为

$$N_v^b = 0.9 n_f \mu (P - 1.125 \times R_x N_t) = 0.9 n_f \mu (P - 1.25 N_t)$$

式中　R_x——抗力分项系数，取 1.111。

② 高强度螺栓承压型连接。同时承受剪力和拉力的高强度螺栓承压型连接的计算方法与普通螺栓相同。由于在切应力单独作用下，高强度螺栓对板间产生强大压紧力，当板间的摩擦力被克服，螺杆与孔壁接触时，板件孔前区将形成三向应力场，所以承压型连接高强度螺栓的承压强度比普通螺栓高很多，两者相差约 50%。当承压型连接高强度螺栓受有杆轴拉力时，板间的压紧力随外拉力的增加而减小，因而其承压强度设计值也随之降低。为了计算简单，我国现行《钢结构设计标准》(GB 50017—2017) 规定，只要有外拉力存在，就应将承压强度除以 1.2 的系数予以降低，而不考虑承压强度设计值变化幅度随外拉力大小变化这一因素。因为所有高强度螺栓的外拉力一般均不大于 0.8P。此时，可认为整个板间始终处于紧密接触状态，采用统一除以 1.2 的做法来降低承压强度，一般都是安全的。

项目小结

(1)钢结构的连接按被连接件之间的相对位置可分为三种基本形式。当被连接件在同一平面内时称为平接,又称对接连接;当被连接件相互交搭时称为搭接连接;当被连接件互相垂直时称为垂直连接又称为 T 形连接。

(2)钢结构中所用的连接方法有:焊缝连接、铆钉连接和螺栓连接。

(3)钢结构的焊接方法最常用的有三种:电弧焊、电阻焊和气焊。

(4)焊缝连接形式按被连接钢材的相互位置可以分为对接、塔接、T 形连接和角部连接四种。

(5)对接焊缝按所受力的方向可分为正对接焊缝和斜对接焊缝。

(6)角焊缝按其与作用力的关系可分为正面角焊缝、侧面角焊缝和斜焊缝。正面角焊缝的焊缝与作用力垂直;侧面角焊缝的焊缝长度方向与作用力平行;斜焊缝的焊缝长度方向与作用力方向斜交。角焊缝按其截面形式可分为直角角焊缝和斜角角焊缝。

(7)不均匀的加热和冷却,使构件产生焊接变形。同时,高温部分钢材在高温时的体积膨胀以及在冷却时的体积收缩均受到周围低温部分钢材的约束而不能自由变形,从而产生焊接应力。

(8)普通螺栓按受力情况可以分为:①螺栓只承受剪力;②螺栓只承受拉力;③螺栓承受剪力和拉力的共同作用。

(9)高强度螺栓有摩擦型和承压型两种。在外力作用下,螺栓承受剪力或拉力。

 复习思考题

1. 焊缝连接有哪些基本形式? 有何优缺点?
2. 对接焊缝与角焊缝在施工、焊缝剖面形态有何区别?
3. 何为焊接应力、焊接变形? 其存在对结构有何影响? 有何工程措施?
4. 高强度螺栓连接与普通螺栓连接有何区别?
5. 高强度螺栓连接中摩擦型连接与承压型连接有何区别?

项目 12　钢结构的制造与防护

项目描述

　　钢结构建筑从设计到施工理论和技术都在日益成熟,了解钢结构制造的主要工序,可以使学生对钢结构的性能和应用有进一步的理解和掌握。钢结构容易锈蚀,应注意防护,防止承载能力和使用年限降低。通过本项目的学习,要求学生掌握钢结构的制造工序和注意事项、生锈机理和防护方法,能够进行钢结构的防护工作。

学习目标

　　1. 能力目标

　　熟练掌握钢结构的制造工序,能够进行钢结构的防护工作。

　　2. 知识目标

　　(1)掌握钢结构的制造工序和注意事项。

　　(2)掌握钢结构的生锈机理和防护方法。

　　3. 素质目标

　　通过对本项目的学习,使学生了解钢结构的制造与维护,培养学生良好的职业素养和认真负责的工作态度。

任务 12.1　熟悉钢结构制造的主要工序

12.1.1　任务目标

　　1. 能力目标

　　熟练掌握钢结构的制造工序。

　　2. 知识目标

　　掌握钢结构的制造工序和注意事项。

　　3. 素质目标

　　通过对制造工序的学习,培养学生认真严谨的工作态度。

12.1.2　相关配套知识

　　新中国成立前,我国的钢铁工业十分落后,钢产量很低,钢结构建筑几乎为零。20 世纪五六十年代随着对原有钢铁工厂的改建、扩建和改造,钢铁产量有了较大提高,为钢结构建筑的发展创造了条件;20 世纪 70 年代是钢结构的发展时期,但由于我国实行了限制使用钢材,大力发展钢筋混凝土结构的政策,钢结构建筑发展受到了影响;20 世纪 80 年代后,随着改革开放的不断深入,我国国民经济迅速增长,大大促进了钢结构工程的发展,我国的钢结构建筑从设计技术到施工均日益成熟,先后建成了一大批大跨度、超高层的钢结构工程。但是,钢结构工程造价和维护费较高。从费用构成来看,要降低钢结构工程的造价,首先应改进制作工艺和防护技术。

钢结构的构配件标准化率、装配化程度和对制作与安装的精度都较高;为了控制制作质量、缩短施工工期和降低生产成本,要求钢结构的构配件必须在专业化的制造厂内加工。不同制造厂的生产设备和制造方法不尽相同,但其主要的加工工序基本一致,现分别叙述如下。

1. 制作样板

样板是一种足尺型板或导板,一般用硬纸板、胶合板、铁皮等轻质价廉和不易产生伸缩变形的材料制成,在构配件制作中用来给制孔、切割、弯曲等定位。某节点板样板如图 12.1 所示。细长构件的样板为长条形,称为定位标杆或样杆。制作样板或样杆时应注意:

(1)按 1∶1 的足尺型比例制作,并保证构件所需精度;

(2)样板或样杆材料应不易变形,能多次重复使用;

(3)样板或样杆上应标注规格、定位尺寸、角度、所需数量和中心线等;

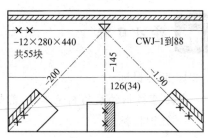

图 12.1　某屋架上弦节点板样板

(4)当构件数量较少,从经济上讲没有制作样板或样杆的必要时,可直接在钢材上划线定位。

2. 切割

样板或样杆制作好后,便可用在钢材上划线,得到所需的切割线和孔眼位置,这一过程叫作放样或号料。放样前,应认真检查材料的尺寸和平直度,如果弯曲、起拱等变形超过允许值,则应将其送去整平、校直后再放样。

钢材放完样后,便可进行切割下料。切割有剪切、锯切和气割三种。其中剪切一般用于切割板材,图 12.2 为剪切的原理图。当钢板较薄时,可用一般压力剪切机切割,较厚时须用强大的龙门剪切机切割。钢板的最大切割厚度主要由机床的功率决定。最优剪切厚度为 14～22 mm。钢板在剪切过程中,在切边两侧 2～3 mm 范围内将产生冷作硬化,这对直接承载有较大影响,因此,应将此部分金属刨掉后再用。

对于工程中的线材,如工字钢、角钢、槽钢、钢管等可用机械锯锯切。通常采用无齿圆盘磨擦锯或砂轮锯,锯切质量较好,但效率相对较低。

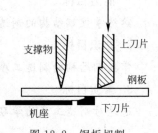

图 12.2　钢板切割机工作简图

气割是利用高速乙炔气流燃烧产生的高温使金属局部熔化的原理切割金属的。它使用灵活、方便、经济,效率较高,且能切割任何长度和厚度的钢板和型钢,也可切割出形状复杂的配件,因而在工程中应用广泛。

气割有手工气割、半自动气割、自动气割和数控多头自动气割等方法。其中,手工气割设备简单、灵活性较大,但气割边缘质量较差,一般只用于量少或形状复杂的构件切割;半自动和自动气割质量好、速度快,多用于量大或形状较规则的构件切割;数控多头自动气割由计算机纸带或电脑程序控制,不再制作样板,可实现放样、下料一次完成,并可多头同时作业,其效率较高,切割边缘质量也好,但设备较贵,一般仅用于较大型的生产。

3. 钢材的矫直、轧平

钢材在运输、装卸过程中,或热轧钢材在冷却过程中,可能出现局部的变形,主要表现为线材的弯曲和板材的起拱、翘曲等。为保证制作精度,减少构件初弯曲对承载力的影响,在构件放样前,应进行矫正。

钢材的变形矫正有手工、机械和热加工三种方法。手工桥正是以锤击的方法使金属粒子发生位移重新排列而达到矫正的目的,一般仅用于尺寸较小构件的局部变形的矫正;机械矫正法是利用机械施力给变形部位的作用,迫使钢材反向变形与原变形相抵,来达到矫直轧平的目的。机械矫正有拉力机、压力机和辊压机三种,分别用于不同材料的矫正,见表 12.1。热加工矫正是利用可燃气体(乙炔)与助燃气体(氧气)混合燃烧所释放出的热量使钢材变形部位升温(至 1 000 ℃左右),从而使钢材变形得到矫正。

表 12.1　机械矫正的分类及适用范围

类　别		示　意　图	适　用　范　围
拉伸机矫正		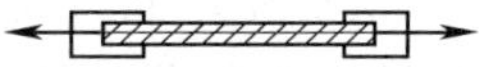	(1)薄板凹凸及翘曲的矫正; (2)型材扭曲的矫正; (3)管材、带材、线材的矫直
压力机矫正		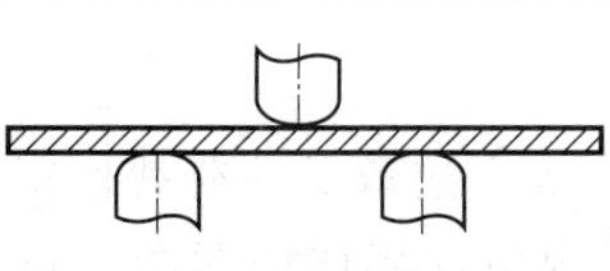	板材、型材、管材的局部矫正
辊式机矫正	正辊	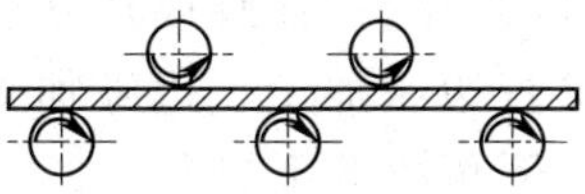	板材、型材、管材的矫正
		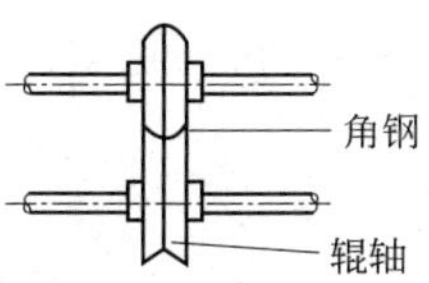 角钢 辊轴	角钢的矫正
	斜辊	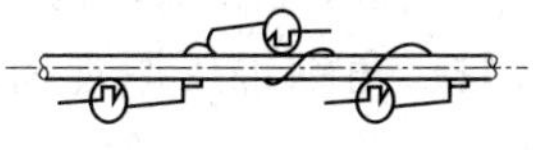	圆截面管材、板材的矫正

值得注意的是,如果冷矫正的弯曲半径过小,冷弯时钢材可能进入塑性状态,在其内部留下残余应力,影响构件的受力,因此绝不允许将变形过大的构件矫正后用于受力构件。常用型钢冷矫正时的最小半径及适用的最大挠曲值见表 12.2。

表 12.2　型钢冷矫正最小曲率半径及最大挠度

型材名称	扁　钢		角　钢		槽　钢		工　字　钢	
简图	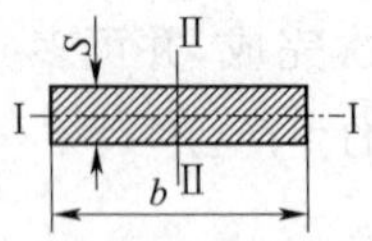		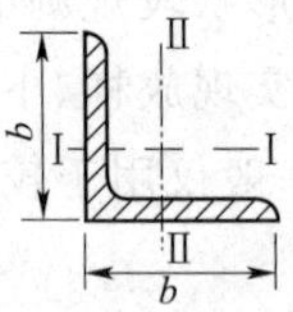		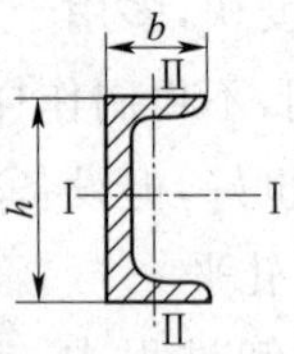		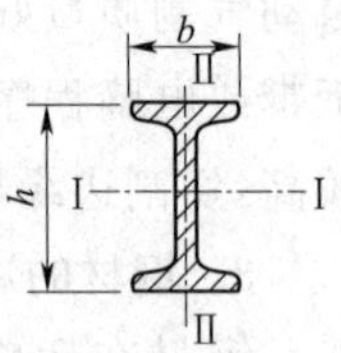	
中性轴	I - I	II - II	I - I	II - II	I - I	II - II	I - I	II - II
最小曲率半径	$50S$	$100b$	$90b$		$50h$	$90b$	$50h$	$50b$
最大挠度	$\dfrac{L^2}{400S}$	$\dfrac{L^2}{800b}$	$\dfrac{L^2}{720b}$		$\dfrac{L^2}{400h}$	$\dfrac{L^2}{720b}$	$\dfrac{L^2}{400h}$	$\dfrac{L^2}{400b}$

4. 制孔

钢结构的许多构件上都有各种形状和尺寸的孔洞,以便螺栓连接或穿各种管线。制孔有冲孔和钻孔两种方法。冲孔在冲孔机或冲床上进行,如图 12.3 所示,一次可冲一个(单头冲床)或多个(多头冲床)孔眼,生产速度较快,且能冲出多种形状的孔形。但在冲孔过程中,孔壁周边 2～3 mm 内硬化严重,冲孔质量也较差,对钢板厚度和冲孔直径也有一定限制(直径不大于厚度),因此,一般用于对制孔质量要求不高的情况,如普通螺栓孔眼等。钻孔在钻床或钻床组上进行,对钢材厚度和钢材直径没有限制,且孔壁不受损伤,一般用于钢材较厚或对孔眼质量、精度要求较高的情况,如高强螺栓孔眼等。

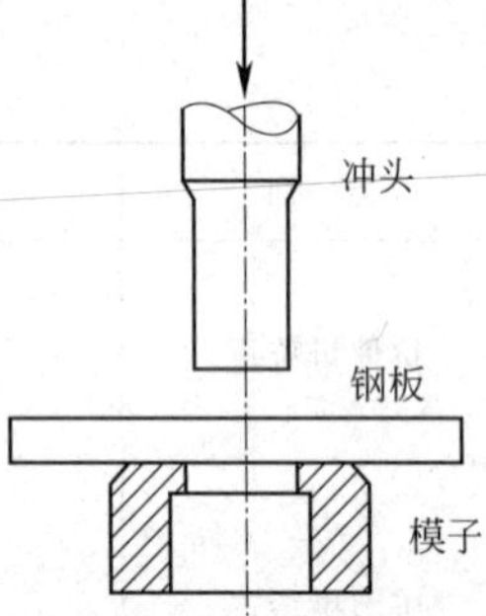

图 12.3　冲孔原理简图

5. 边缘加工

当钢板采用对接焊缝时,或在吊车梁等直接承受动荷载作用的钢梁翼缘缝采用 K 形焊缝时,或网架结构中焊接球的两个半球之间、钢管与球体之间的连接焊缝需坡口时,或柱头、柱脚或加劲肋需刨平顶紧时,以及制作过程中板边缘有严重冷作硬化时,均需进行边缘加工。边缘加工有刨边、铲边和切削等方法。刨边通常在刨边机、铣边机、滚边机、倒角机等上进行,加工质量较好,但速度慢,成本高,因此,非特别要求时不宜使用。对一般的边缘加工使用手持式角磨机即可。铲边常用风铲进行,但质量较差,工作噪声大,目前仅一些小厂使用。对钢管、网架半球等可采用切削方式加工边缘。

6. 弯曲

钢结构工程中,有些结构需由钢材弯曲制成,如储液(气)罐、网架节点球等。弯曲有冷弯和热弯两种。冷弯是在常温下直接将钢材弯曲成所需形状。构件弯曲一般在三芯或多芯弯辊压机上进行。图 12.4 和图 12.5 分别为钢板、角钢辊压原理简图。当需将钢板制成某截面形状的构件时,可采用模压机。冷弯加工设备简单,加工方便,成本较低,但弯曲的半径不能太小,否则在弯曲构件外侧表面可能产生裂纹,影响使用,甚至危及结构安全,因此,一般仅用于曲率半径大或尺寸较小时的构件弯曲。

热弯是将构件需弯曲部分加热到 1 000～1 100 ℃,然后放入模具内弯曲成型。热弯施工复杂,制作成本较高,一般仅用于工字钢、槽钢、大角钢等截面尺寸较大构件的弯曲成型。

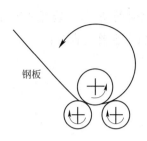

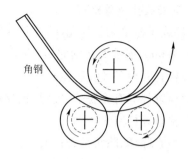

图 12.4　三芯钢板碾压机工作原理　　　　图 12.5　三芯角钢碾压机工作原理

7. 装配

在构件最后拼装前,必须再次检查各组装构件的外形尺寸、孔位、垂直度、平整度、弯曲构件的曲率等,符合要求后即可进行构件表面的除污、除锈工作,最后进行结构的试装配。

构件试装配时,应先将各零配件用夹具固定在支架(或模架)上,然后对照施工图进行检查,合格后即用螺栓或焊缝将其固定成型。

装配支架一般由型钢制成,个别也用硬质木材制成。支架必须牢固、不变形且便于夹具固定和施工。某屋架装配支架如图 12.6 所示。

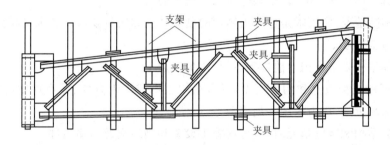

图 12.6　屋架装配支架

当零配件采用螺栓连接时,对次要的、非受力构件可用扳手或套筒将其拧紧;对重要受力构件或直接承受动力荷载的构件以及高强螺栓必须使用气压动力扳手,并采用双螺母或其他能防止螺母松动的有效措施,如将外露螺纹打毛或将螺母与栓杆焊死,以及加设弹簧垫圈等。

钢结构的焊接几乎都采用电弧焊。电弧焊分手工、半自动和自动焊三种。其中,手工焊方便灵活,但焊接质量不稳定、波动大,一般仅用于短焊缝、曲边形或其他不规则焊缝,以及工地安装焊等。半自动和自动焊缝质量好、速度快,多用于长而直的焊缝以及其他规则焊缝。

焊接时应注意:

(1)焊条(焊剂)的选择应与钢材的强度和化学成分、结构的受力特点相适应。如碳素钢应用 E43 系列,16Mn 钢应用 E50 系列,15MnV 钢应用 E55 系列;承受动荷载的构件对塑性、韧性和抗裂性要求高,宜用低氢型。

(2)焊接电流要适中,电流太小则熔深不够,难以焊透构件且气孔夹渣多;电流太大时易形成焊坑,导致疲劳破坏和应力集中。

(3)选择合理的焊接顺序和方法,减少残余应力和焊接变形,如分段退焊、分层焊、对角焊、分块拼焊等,尽量避免交叉焊、堆焊等。

8. 钻安装孔及总检查

构件或运输单元装配完后,应钻安装螺孔。为便于安装时的调整,安装螺孔径可比螺杆直径大 1~2 mm,安装螺孔钻完后,应对照施工图进行全面检查,主要内容有:

(1)检查几何尺寸及孔位;

(2)检查焊缝有无脱落、虚焊,剔除焊渣,检查焊脚尺寸;

(3)检查螺杆有无松动;

(4)检查除锈、除污是否彻底。

检查合格后,应进行构件的油漆。在油漆时应注意以下各点:

(1)在安装焊缝处留 30~50 mm 的范围暂不油漆;

(2)按设计要求,某些摩擦型高强螺栓连接处的构件接触面不油漆;

(3)要求喷涂防火涂料的构件,出厂前仅涂红丹防锈漆。

油漆结束后,应按施工图进行编号,然后装运上车,发往工地。

钢结构设计时除应全面考虑制造、运输和安装条件,使结构达到既安全可靠又经济合理以外,还应考虑以下问题:

(1)设计时在充分调查了解制造厂现有技术水平和施工设备的情况下,以不影响结构的受力和使用为前提,尽量减少刨边、铣端等需大型设备的工序。

(2)根据实际情况,实事求是地提出结构的制作精度和质量要求。要求过高会增加制作费用,同时增加施工难度。

(3)在保证结构安全使用的前提下,尽量避免热加工。

(4)应尽可能减少节点和构件类型,尽量采用型钢或加工方便、截面规则的构件,减少连接,对计算截面相近的,应力求统一规格型号,以便施工。

(5)在划分结构和运输单元时,应考虑施工设备和当地交通运输条件。

(6)尽量采用工厂制作,减少工地焊接,如必须进行工地焊接时,应考虑到工地施工实际,将焊缝设计强度适当降低或将设计荷载提高。

(7)在进行焊缝设计时,应力求避免易产生焊件变形的交叉焊或焊缝集中,同时应避免施工质量难以保证的仰焊或凹弧焊。

(8)尽量降低工人的劳动强度,力求避免在封闭截面或肢距较小的格构式构件的内部工作。

任务12.2   掌握钢结构防护知识

12.2.1   任务目标

1. 能力目标

能够进行钢结构的防护工作。

2. 知识目标

掌握钢结构的生锈机理和防护方法。

3. 素质目标

培养学生具有良好的职业素养和认真负责的工作态度。

12.2.2　相关配套知识

1. 概述

钢材是自重小、强度高的建筑材料,但如不注意防护,则会大大降低钢结构的承载能力和使用年限。钢结构构件的腐蚀主要是由于结构表面未加保护或保护不当而受到周围氧、氯和硫化物等的侵袭作用。根据现有调查资料,钢结构锈蚀的速度与其所处的周围环境有关。在空气中存在有害物质(如硫酸、盐酸等)的地区,钢结构就比较容易锈蚀。空气温度、湿度及有害气体的含量,结构物所处地区地势的高低等都对钢结构的腐蚀有影响,其中,又以空气湿度和有害气体浓度对钢材锈蚀影响最大。含污染物(雾状或微粒状的酸、碱等)的空气和水分共同作用于结构表面时,经电化学反应将会使钢结构构件受到严重的腐蚀。

国内外试验资料表明,表面无防护的钢材在大气中的锈蚀速度每年是不同的,第一年锈蚀速度约为第五年的两倍。同时在室内和室外或在不同空气中钢材的锈蚀速度亦不同,室外钢结构的锈蚀速度较快,约为室内锈蚀速度的四倍。在重工业区和化工工业区,钢结构锈蚀速度约为一般地区的两倍,而比空气清洁的田园、山区甚至高出十倍。

在同一地区、同一结构物中,易于积水、积灰的构件锈蚀速度快,而不易积水积灰的构件锈蚀速度就慢。

处于干燥或密闭环境的钢结构,几乎不会腐蚀。

钢结构生锈腐蚀后,就使杆件截面减少,降低结构的承载能力,影响钢结构的使用年限,特别是对轻型钢结构影响更大。因此在设计钢结构时,必须根据结构所处的周围环境,采取相应的防锈蚀的合理措施。

对于防锈要求较高的结构物,或重要的露天结构,尽可能选用含有适量合金元素的耐锈性较高的低合金钢材。

钢结构设计时,应采取合理的防护措施。但除有特殊要求者外,设计中不宜因考虑锈蚀而加大钢构件的截面及厚度。

(1)腐蚀机理

①钢铁的自然腐蚀原理

除了少数贵金属外,金属都是由其自然态的矿石,通过消耗能量的冶炼、电解等方法获得的。自然界中发现的铁都不是纯铁,铁是由铁矿石在高炉里或加热炉里提炼出来的。冶炼过程中还加入了煤炭或焦炭,并加热至很高的温度。在这个过程中,铁矿石吸收了大量的能量,这种能量一部分就贮藏在钢铁中。因此,任何一块钢铁都可以看做是一个充了电的蓄电池。这块钢铁以后就会以电的形式将贮存的能量释放出来。钢铁在能量释放过程中,某些成分被耗费了即钢铁产生了腐蚀,这样钢铁就回到了能够稳定存在的自然态。因此,金属随时都有恢复到自然化合态(矿石)、释放出能量的倾向。腐蚀的过程就是金属从热力学不稳定的原子态,转变成热力学稳定的离子态,即金属能量降低的过程,这就是金属自然腐蚀的原理。

②钢铁的电化学腐蚀

腐蚀可以分为化学腐蚀和电化学腐蚀。化学腐蚀是金属与腐蚀介质间发生化学作用而产生的腐蚀,比如钢铁在非电解质溶液和有机溶剂中发生的腐蚀。化学腐蚀的过程中没有电流的产生。

电化学腐蚀是金属和介质发生电化学反应而引起的腐蚀,在腐蚀过程中有隔离的阴极区和阳极区,电流可以通过金属在一定的距离内流动。钢铁的腐蚀绝大多数情况下是电化学腐蚀。在金属表面形成原电池是电化学腐蚀最为主要的条件。当两种不同的金属放在电解质溶液中,并以导线连接时,我们可以发现导线上有电流通过。这种装置我们称之为原电池。原电池放电产生电化学反应,在阳极进行的是氧化反应,在阴极进行的是还原反应。

从理论上说,单一金属在电解质溶液里只能形成双电层,不会产生腐蚀。实际上除了金、铂等呈现惰性的金属外,当其他金属单独放在电解质溶液中时,由于表面电化学性的不均匀,会产生许多极小的阴极和阳极,从而构成了无数的微电池,这样也会产生电化学腐蚀。

(2)防腐蚀方法

根据钢材的锈蚀机理,钢材的防腐蚀方法有以下四种:

①改变钢材的组成结构。即在钢材的冶炼过程中加入铜、铬、镍等合金元素以提高钢材的抗锈能力,此即不锈钢,但由于造价太高,难以在工程中大量应用,目前仅用于小型装饰性的工程。

②阴极保护法。即将构件与电源阴极相连,使构件失去的电子得到补充,钢材内部始终维持电位平衡而不致生锈。此种方法目前仅用于对地下或水下结构的保护。

③在构件表面用金属覆盖层保护。如电镀或热浸镀锌等方法,一般用于薄板材和小直径装饰性管材,如网架用钢管。

④在钢材表面喷涂非金属保护层。隔断钢材与空气的接触从而达到防锈的目的。此种方法施工方便,造价较低,因而在工程中广泛应用,但耐久性差,一般几年后须再次喷涂。

2. 非金属保护层

非金属保护一般采用在金属结构表面刷漆(涂料)的方法。漆分底漆和面漆两大类,由于底漆中粉料多,基料少,所以成膜粗糙,但附着力强,与面漆结合好;而面漆中粉料少,基料多,成膜后细腻有光泽。

(1)防锈底漆

底漆能在金属表面形成一层坚强的保护薄膜,可以减缓电化学反应,或阻止铁作为阳极参与电化学反应,从而保护钢结构免遭锈蚀,因而称为防锈漆。从其参与电化学反应的机理来划分,防锈底漆有如下三种类型:

①物理屏蔽作用的防锈漆。例如铁红底漆、云母氧化铁底漆、铝粉漆、含微细玻璃薄片的油漆等。这类防锈漆有良好的屏蔽作用,能阻挡水分等化学介质渗到钢材表面,因而减缓电化学反应的速度,延长发生锈蚀的时间。如与合适的面漆配套使用,保护期限可达到两三年,由于价格便宜,在工程中也广泛应用。

②依靠化学钝化作用的防锈漆。依靠化学钝化作用,使钢材表面生成一层钝化膜,如磷化膜或具有阻蚀性的铬合物。这种钢材表面的钝化膜或铬合物的标准电位较铁为正,从而能延缓钢材的锈蚀过程。这类防锈漆有红丹漆、铅酸钙漆、含铬酸盐颜料的油漆、含磷酸盐颜料的油漆等。这类防锈漆的保护期限为5~8年。值得注意的是,铅系和铬酸盐颜料的防锈漆毒性大,对环境的污染严重,因此在许多工业发达国家已禁止使用。

③电化学作用的防锈漆。当防锈膜的电位比铁更负时,钢结构中的铁成为阴极而得到保护。这类漆中含锌较多,因而称为富锌底漆。富锌底漆有环氧富锌底漆和无机富锌底漆两大

类。环氧富锌底漆指用环氧树脂作粘结材料的富锌底漆,对钢结构的保护可达 5～10 年。无机富锌底漆又分为溶剂基无机富锌底漆和水基无机富锌底漆两种。溶剂基无机富锌底漆对钢结构的保护期限为 10～15 年,如有合适的面漆配套保护期限可以达到 20 年。水基无机富锌底漆的保护寿命更长,但其施工工艺复杂,对施工环境的温度、湿度要求高,一般工程的施工环境都不具备这样的条件,因此现在仅用于要求较高的造船工业中。

(2)防锈面漆

面漆的功能有两点,其一是作为钢材防锈的第二道防线,增强防锈能力;其二是对建筑总体的美化作用。

建筑钢结构使用的面漆种类主要有醇酸漆、丙烯酸漆、氯化橡胶漆、聚氨酯漆、硅氧烷类漆。这些漆的装饰性能好,耐大气风化性强,施工工艺简单,因此,在工程中得到广泛应用。

(3)油漆的选择

目前市面上的油漆(涂料)种类很多,性能也各有差异,在选择时应从适应性、经济性和对施工条件的要求等方面考虑。

①适应性。根据钢结构所处的环境和腐蚀介质性质来选择合适的涂料。对酸性介质宜选用耐酸性能好的酚醛树脂类漆;对碱性介质宜选用耐碱性能好的环氧树脂类漆。此外还应考虑底漆和面漆的配套性能,即面漆与底漆是否有较强的粘结力。一般来说,同一漆种,同一漆膜干燥机理的底漆和面漆间的粘结力强。切忌不同干燥机理的底漆和面漆同时使用。

②经济性。经济性应体现在涂料的价格及施工费用是否与结构的使用和防护要求相适应上。一般来说,应选价格便宜、施工方便、防护效果好的涂料。

③施工条件。施工条件应从对构件表面的粗糙和清洁程度、操作方法和环境温湿度的要求方面考虑。有的涂料对构件表面的除锈要求高,有的干燥时要求特殊的温湿度环境,选择时应考虑这些要求。

3. 涂料施工

涂料施工主要有除锈和涂刷两大工序。

(1)除锈

除锈的目的是除去构件表面的油污和锈迹,使构件表面露出金属光泽,以增强涂料的附着力。除锈的方法有人工、喷砂和酸洗三种。

①人工除锈。即用刮刀、钢丝刷、砂纸、电动砂轮等简单工具,将构件表面的氧化层、锈迹、油污除去。这种方法操作简单,但工效低,除锈不彻底,一般不适宜于轻钢结构,其质量等级见表 12.3。

表 12.3 人工除锈质量分级

级 别	钢材除锈表面状态
St2	彻底用铲刀铲剖;用钢丝刷擦;用机械刷子擦和用砂轮研磨等。除去疏松的氧化皮、铁锈、污物,最后用清洁干燥的压缩空气或干净的刷子清理表面,此时表面应具有淡淡的金属光泽
St3	非常彻底地用铲刀铲剖;用钢丝刷或机械刷子和砂轮研磨。表面除锈要求与 St2 相同,但更为彻底。除去灰尘后,表面应有明显的金属光泽

②喷砂除锈。喷砂除锈是用石英砂、海砂或铁砂随高压气流冲击构件表面,以清除铁锈或油污等杂质。喷砂除锈效果好,除锈彻底,但工效低,工人劳动强度大,喷砂产生的粉尘影响工人的健康。喷砂除锈质量等级见表 12.4。

表 12.4　喷砂除锈的质量等级

级　别	钢材除锈表面状态
Sa1	轻度喷射除锈，应除去疏松的氧化物、铁锈和污物
Sa2	彻底地喷射除锈，应除去几乎所有的氧化皮、铁锈和污物，最后用清洁干燥的压缩空气或干净刷子清理表面，此时表面应稍呈灰色
Sa2$\frac{1}{2}$	非常彻底地喷射除锈，达到氧化皮、铁锈和污物仅剩轻微点状或条状痕迹的程度。除去灰尘后，表面应具有明显的金属光泽。最后用清洁干燥的压缩空气或干净的刷子清理表面
Sa3	喷射除锈到出白，应完全除去氧化皮、铁锈和污物，最后表面用清洁干燥的压缩空气或干净的刷子清理，表面应具有均匀的金属光泽

③酸洗和酸洗磷化处理。酸洗除锈是用酸性溶液与钢材表面的氧化物发生化学反应，使其溶解于酸液中。这种方法质量好，工效高，适用于小型和薄型钢构件；对于大型构件因需较大的酸洗槽用蒸汽加温反复冲洗设备，目前采用尚不多。

在酸洗后再进行磷化处理，可使钢材表面呈均匀的粗糙状态，增加漆膜与钢材的附着力。对于难以进行磷化处理的构件，酸洗后喷涂磷化底漆，也能达到同样效果。

防锈方法的选择应根据结构物性质和涂料的要求，并考虑劳动力和材料消耗等综合经济指标。

（2）涂料的施工

涂刷涂料宜在温度为 15～35 ℃时进行，当气温低于 5 ℃或高于 35 ℃时，一般不宜施工。此外，宜在天气晴朗、具有良好通风的室内进行涂刷，不应在雨、雪、雾、风沙大的天气或在烈日下的室外进行涂刷。涂料施工的方法通常有刷涂法和喷涂法两种。

①刷涂法。刷涂法是用漆刷将涂料均匀地涂刷在构件表面上，涂刷时应达到漆膜均匀，色泽一致，无皱皮、流坠，分色线清楚整齐等要求，是最常使用的施工方法之一。

②喷涂法。喷涂法是将涂料灌入高压空气喷枪内，利用喷枪将涂料喷涂在构件的表面上，这种方法效率高，速度快，施工方便，适用于大面积施工。

 项目小结

钢结构制造的主要工序：①制作样板；②切割；③钢材的矫直、轧平；④制孔；⑤边缘加工；⑥弯曲；⑦装配；⑧钻安装孔及总检查。

建筑钢结构的锈蚀主要是电化学腐蚀。

钢材的防腐蚀方法：改变钢材的组成结构；阴极保护法；在构件表面用金属覆盖层保护；在钢材表面喷涂非金属保护层。

 复习思考题

1. 钢结构制造主要有哪些工序？各自要求如何？
2. 钢材生锈的机理是什么？目前有哪些防锈方法？
3. 防锈底漆主要有哪几种？其效果如何？
4. 油漆的选择应考虑哪些因素？

项目 13 钢结构在桥梁中的应用

项目描述

本项目概括介绍国内钢桥建筑的发展概况,讲述钢板梁桥、钢桁梁桥、结合梁桥等常用钢桥的构造及主要特点,使学生在深入学习各任务后对钢桥种类、构造有深入的了解;本项目还介绍了钢桥的养护与维修。

学习目标

1. 能力目标
(1)具备辨析不同种类钢桥主要构造的能力。
(2)具备分析钢桥腐蚀原因及采取防范措施的能力。
2. 知识目标
(1)掌握不同种类钢桥的组成部分及用途。
(2)掌握不同种类钢桥各组成部分的构造要求。
(3)掌握钢桥构件的腐蚀形态。
(4)掌握钢桥的维修、保养。
3. 素质目标
通过学习使学生能掌握铁路、公路钢桥的基本知识,深入了解各种钢桥的区别和联系,同时具备针对不同钢桥腐蚀原因采取相应处理方法的能力。

任务 13.1 了解国内外钢桥概况

13.1.1 任务目标

1. 能力目标
使学生认识钢结构在桥梁中的应用。
2. 知识目标
掌握钢桥发展概况及钢桥形式。
3. 素质目标
培养学生积极思考以及综合运用的能力。

13.1.2 相关配套知识

近代钢桥之所以在跨度上一再突破,并且其制造和安装技术也大幅提高,都受益于钢材本身的性能。钢材是一种力学性能和工艺性能均很好的建筑材料;它不仅抗拉、抗压和抗剪强度高,又具有良好的塑性和韧性,易于切割、焊接、锻压、铸造和冷加工。因此,现代钢桥跨度大,其结构形式更趋于合理,能形成更多优美、实用的体系。

钢桥的主要优点是构件适合于工业化制造与标准设计,便于运输和安装,施工期限短,不受季节限制;钢桥如意外遭到破坏,可更换损坏构件,易修复。

钢桥的主要缺点是构件容易锈蚀,需定期检查、除锈、油漆,维护费用高;列车过桥时,钢桥发出的噪声大,而且随车速的提高更为明显。

钢桥的类型较多,按力学体系分有:简支梁、连续梁、悬臂梁、刚架、拱等单一体系,系杆拱连续梁、悬索桥、斜拉桥等组合体系;按构造分有:板式结构、箱形结构、桁梁结构、板桁组合结构及钢混凝土组合结构;按线路位置分有:上承式、下承式、半穿式;按荷载性质又分有:公路桥、铁路桥、公铁两用桥等。

西方钢桥技术开始于英国。1779 年英国建筑师与炼铁专家达比建成世界上第一座铸铁拱桥。1840 年美国惠普尔用铸铁和锻铁建成全铁桁梁,1861 年西门子和马丁推广用平炉炼钢,1874—1883 年美国首先用结构钢建成了依芝、布鲁克林和格拉斯哥 3 座大桥。

我国的钢桥发展虽然起步较晚,但本着自力更生,奋发图强的精神,不断克服重重困难,使我国桥梁的结构形式、设计理论、用料、工艺目前均已达到了国际先进水平。

以下四座大桥见证了中国钢桥的历史:

(1)1957 年 10 月,万里长江上第一座公铁两用钢铁大桥——武汉长江大桥(图 13.1)建成通车,"一桥飞架南北,天堑变通途",拉开了长江建桥的序幕。该桥从设计、施工到材料,都是由苏联提供的。

图 13.1　武汉长江大桥

(2)20 世纪 60 年代我国依靠自己力量建设的第一座长江大桥是南京长江大桥(图 13.2)。该桥也成为"自力更生"精神的代名词。

(3)1993 年建成的九江长江大桥(图 13.3),跨度,材料、技术、工艺以及焊接、制造、架设等多项技术均实现了历史性突破,达到当时国际先进水平。

图 13.2　南京长江大桥

图 13.3　九江长江大桥

(4)20 世纪末建成的芜湖长江大桥(图 13.4)为世界上第一座结合型钢桁梁低塔斜拉桥,将我国公铁两用大桥的制造水平又推进了一步。该桥的设计、制造、架设技术,均达到当今国内、国际的"顶级"水平。

图 13.4　芜湖长江大桥

上述 4 座长江大桥,均为公铁两用大桥,桥长从不足 1 000 m 发展到近 2 000 m;材料从 16 锰碳发展到 15 锰钒氮、14 锰铌;结构从铆接桁梁发展到拱桁梁、整体节点构造;主跨跨度从武汉长江大桥的 128 m,到南京长江大桥的 160 m,又到九江长江大桥的 216 m,直至芜湖长江大桥的 312 m。

任务 13.2　掌握各种形式的钢桥构造

13.2.1　任务目标

1. 能力目标
熟练掌握各类钢桥的体系特点、构造要点、工作性能和使用场合。

2. 知识目标
(1)掌握钢桥的体系。
(2)掌握各体系钢桥的细部构造。

3. 素质目标
通过对各类钢桥基本构造的学习,培养学生在工程基础知识中探索与拓展的能力。

13.2.2　相关配套知识

钢板梁桥的使用有着悠久的历史,它与桁架桥等相比,具有外形简单、制造和架设费用较低的特点,所以在铁路上广泛使用。

钢板梁是实腹的承重结构。过去钢梁制造采用铆接工艺时,结构形式和跨度都受到很多限制,近代由于焊接技术的提高使得钢板梁的制造工艺大大简化,结构形式也得到了发展,从单腹板为主梁的板梁,发展为箱形梁。箱形梁是实现长大、轻型以及经济化的最有前途的桥梁形式之一,如斜拉桥、斜腿刚构这些大跨度钢桥的基本体系大多都是箱形结构。

在钢板梁桥的设计中为了减小用钢量,应尽量减小腹板的厚度并变换梁的截面,使梁在各个部位所具有的抵抗弯矩和抵抗剪力的能力与荷载产生的弯矩和剪力沿梁长的变化相适应。变截面梁可以用翼缘板厚度的变化和腹板高度的变化来形成。

在我国铁路上,为了节省钢料和减少维修费用,对钢桥的使用作过一些限制。铁道部曾规定凡能采用圬工梁的桥,尽量不使用钢板梁,所以在新线铁路设计中采用钢板梁较少,而在旧线换梁上使用比较多。但从技术发展角度来看,我国铁路钢板梁的发展还是紧跟了世界发展的趋势,钢板梁已经从铆接发展为全焊和栓焊板梁。

全焊接板梁是指板梁的全部结构制造均在工厂焊接完成,主梁在工厂用自动焊做成工字形梁,两片工字形梁之间的联结系则用手工焊于主梁上,然后整孔梁出厂,工地不需再进行连接工作即可进行架设。我国目前的全焊板梁,主要是上承式板梁,跨度最大为 32 m。

栓焊板梁是指主梁桥面系和联结杆系分别在工厂焊成,然后运至工地,用高强度螺栓联结成整孔。它适用于不能整孔运输的情况。

在现有的铁路钢板梁标准设计中,上承式钢板梁跨度为 24 m 和 32 m 时,是全焊梁设计;跨度为 40 m 时是栓焊梁设计。

下承式栓焊钢板梁的标准设计跨度为 20 m、24 m、32 m、40 m 四种。

1. 钢板梁桥

(1)上承式板梁桥

上承式板梁桥(图 13.5、图 13.6)的主要承重结构是两片工字形截面的板梁,该板梁称为主梁。在它的上面铺设有桥面,明桥面如图 13.7 所示。活载及板梁桥的自重由这两片板梁承受,通过支座将力传至墩台。在两片主梁之间,有许多杆件联系着,使它成为一个稳定的空间结构。上面的杆件与主梁的上部翼缘组成一个水平桁架,称为上面水平纵向联结系,简称"上平纵联",下面的就简称"下平纵联"。在两主梁之间设有交叉杆,与上下横撑及主梁的加劲肋和一部分腹板组成一个横向平面结构,称为横向联结系,简称"横联",位于中间者称为"中间横联",位于主梁两端者称为"端横联"。

当跨度小于 40 m 时,钢板梁桥比钢桁梁桥经济,因此,小跨度的钢桥多为板梁桥。上承式板梁桥的构造较简单,钢料也较省,可以整孔装运、整孔架设,因此,它是用得最多的一种钢板梁桥。

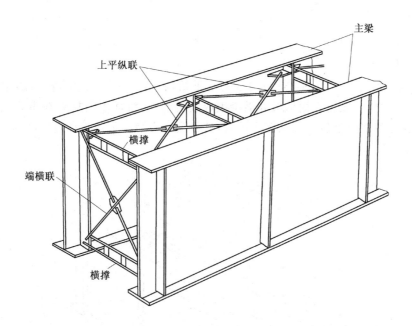

图 13.5 上承板梁部分透视图(下平纵联及中间横联未画出)

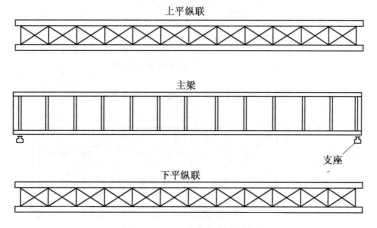

图 13.6 上承式板梁桥简图

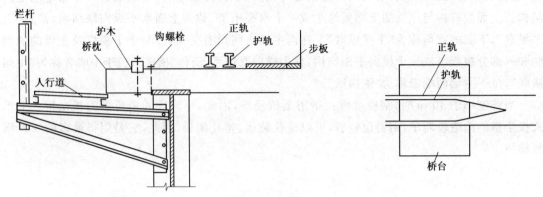

图 13.7　明桥面

(2)下承式板梁桥

下承式板梁桥(图 13.8、图 13.9)的主要承重结构,也是两片工字形截面的板梁,称为主梁。在两片主梁之间,设置有由纵梁和横梁组成的桥面系,桥面不是搁置在主梁上,而是搁置在纵梁上。由于纵梁高度较主梁高度小得多,这样就大大缩小了建筑高度(自轨底至梁底)。

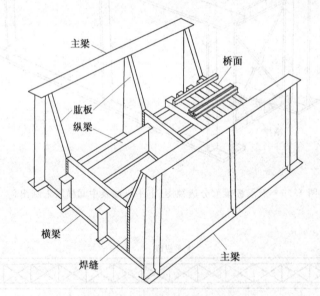

图 13.8　下承式板梁部分透视图

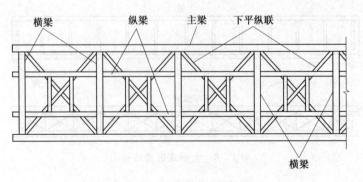

图 13.9　下承式板梁桥简图

由于桥面是布置在两片主梁之间,列车在两片主梁之间通过,这样就要求两片主梁之间的净空能满足桥梁净空的规定。桥梁净空的宽度为 4.88 m,因此下承式板梁桥标准设计中的两片主梁中心距为 5.4 m。

为了使下承式板梁桥成为一个空间稳定结构,在其主梁之下同样也设有下平纵联。由于要满足桥梁净空的要求,无法设置上平纵联,故在横梁与主梁之间,加设肬板,一方面肬板对主梁上翼缘起支撑作用,保证上翼缘的稳定;同时,肬板与横梁连成一块,可起横连的作用。

下承式板梁桥与上承式板梁桥相比,在结构方面增加了桥面系,因此用料较多,制造也费工。由于它的宽度大,无法整孔运送,因此,增添了装运与架设的工作量。所以,当铁路桥梁采用板梁桥时,应尽可能采用上承式而不采用下承式。但是,由于下承式板梁桥具有较小建筑高度的特点,在某些条件下仍有采用下承式板梁桥的必要,如跨线铁路桥,当桥上线路高程不宜提高而又要求桥下有一定的净空时,则可考虑采用下承式板梁桥。

(3)全焊上承式板梁桥的构造

① 主梁

主梁是工字形截面,由翼缘及腹板组成。跨度较小的板梁桥,其主梁常用等截面的板梁,翼缘只用一块钢板;跨度较大的板梁桥,为了使主梁截面承受弯矩的能力能大致符合弯矩图,以节省材料,主梁常做成变截面的,这时,翼缘如仍用一块钢板,则翼缘板可在宽度或厚度方面加以变化,靠梁端的翼缘板用较窄的或较厚的钢板。当翼缘需采用两块钢板时,跨中区段可用两块板,靠两端区段的翼缘则用一块板,外层钢板切断后,应将板端沿板宽度方向加工成不陡于 1∶4 的斜边,厚度方向加工成不陡于 1∶8 的斜坡,末端宽度不宜小于 20 mm,厚度定为焊脚高度加 2 mm。例如跨度 32 m 的上承板梁桥,由于跨中弯矩较大,主梁需要较厚的翼缘板,但目前常用的桥梁钢,一般厚度不超过 32 mm,难于满足要求。因此,在弯矩较大的跨中区段,需要用两块钢板(组成较厚的翼缘板),而梁端区段翼缘板则只用一块钢板。在截面变化处,为了使截面变化匀顺,以减少应力集中,沿厚度及宽度方向常做成斜坡。

为了保证主梁的腹板稳定,腹板的两侧常需设置竖向加劲肋,当腹板较高时,有时还需加水平加劲肋。

竖向加劲肋是采用一对板条用角焊缝对称地焊连于腹板的两侧,焊缝的两端至翼缘角焊缝的距离应不小于 80 mm;加劲肋与上翼缘相连的焊缝,其端头至翼缘角焊缝的距离应不小于 50 mm,以免焊缝相距太近而降低了该处的疲劳强度(图 13.10)。由于主梁上翼缘直接承受桥枕的压力,因此,加劲肋的上端常与上翼缘顶紧,以达到支承翼缘板的作用。在横联处,加劲肋还是横联的一个组成部分,受力较大,这时,加劲肋的上端可与上翼缘焊牢。加劲肋的下端无需与下翼缘顶紧,更不应与下翼缘焊连,这是由于手工焊缝对受拉翼缘板的疲劳强度影响甚大。加劲肋应用半自动焊与腹板相连,不应采用手工焊,以免降低焊接质量。端加劲肋不仅是端部横联的一部分;还要传递板梁桥的支承反力。因此,端

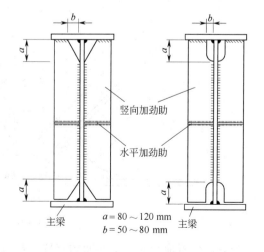

图 13.10　加劲肋布置

加劲肋上端应与上翼缘顶紧焊牢,下端应磨光顶紧并与下翼缘焊牢。

②　联结系

平纵联杆件端部的节点板,可与上翼缘焊连,但不应与受拉翼缘焊连,这是由于受拉翼缘的疲劳强度受焊接影响较大。通常,平纵联斜杆端的节点板与腹板焊连,而横撑则焊在加劲肋上(图 13.11),以免降低翼缘的疲劳强度。

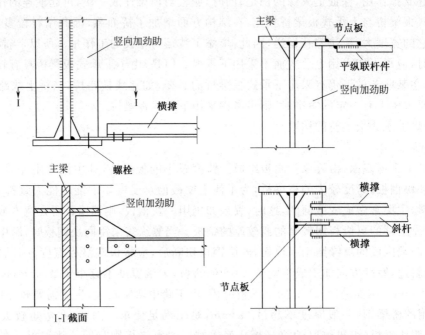

图 13.11　节点板上翼缘焊连

与腹板焊连的节点板,其另一边焊连于加劲肋上(图 13.12),节点板切去一块,这样使节点板边缘焊缝至加劲肋与腹板相连焊缝,保持一定距离。斜杆端头连接焊缝至节点板边缘的焊缝也应保持一定的距离。为了减少应力集中,节点板还应做成圆弧形,并在施焊完毕后用砂轮或风铲对焊缝表面进行加工,使表面平顺。

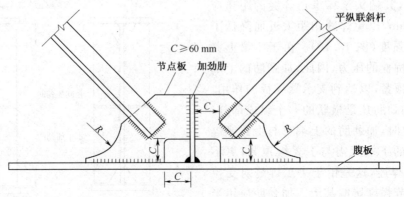

图 13.12　节点板连接

横联的位置应与竖向加劲肋的布置一起考虑,横联的间距不应大于 6 m。在架设及养护过程中,常需将梁端顶起,因此,梁端需架设顶梁。如果端横联的下横撑作顶梁用,则端横联的下横撑应适当加强。跨度小于 16 m 的上承式钢板梁,可不设下平纵联。

2. 下承式简支栓焊桁架桥

(1)下承式简支桁架桥各组成部分及其作用

栓焊简支钢桁梁从结构上来描述就是用各种杆件组合而成的桁架梁,杆件在工厂焊接,各杆件之间的连接用高强度螺栓在工地连接。

下承式栓焊简支钢桁梁由五个部分组成:主桁、桥面、桥面系、联结系和支座。下承式栓焊简支钢桁梁立体简图如图 13.13 所示。上承式钢桁梁的桥面系设在主桁上弦,主桁上、下弦长度相等。

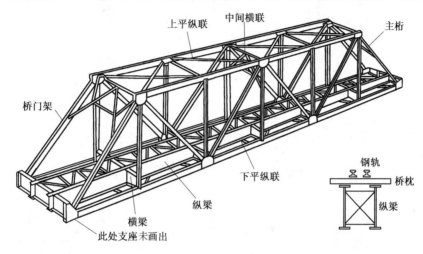

图 13.13　铁路下承式简支桁架桥组成

主桁是钢桁梁的主要承重结构,它由上弦杆、下弦杆、腹杆及节点组成。倾斜的腹杆称为斜杆,竖直的腹杆称为竖杆,杆件交汇的地方称为节点。

桥面主要由正轨、护轨、桥枕、护木、钩螺栓及人行道组成。护轨和护木的主要作用是当列车在桥上脱轨后,把车轮限制在正轨和护轨及正轨和护木之间行走,以防列车翻倒桥下。护木还可起固定桥枕位置的作用。

铁路钢桥明桥面如图 13.14 所示。钢桥明桥面已有 100 多年的历史,实践证明,这种桥面体系施工方便,安全可靠,但也存在一些弊端,主要是列车过桥时噪声大,枕木与纵梁接触处易锈蚀,且此处纵梁翼缘与腹板的连接焊缝易发生疲劳破坏等。为了改善这种状况,第二次世界大战后,首先在前西德,继而在日本、美国等国采用了正交异性板道砟桥面。这种钢桥面体系噪声小,整体刚度好,荷载分布能力强,桥面板可作为主梁的一部分参与共同受力,同时还有降低桥头引线高程,维修量少,综合投资省等优点,因此越来越受到各国桥梁界重视,图 13.15 为采用正交异性板道砟桥的下承式板梁桥横截面图。《铁路桥涵设计规范》(TB 10002—2017)规定:钢桥宜优先采用有砟桥面。

钢桁梁的桥面系是指纵梁、横梁及纵梁之间的联结系。

在两主桁弦杆之间加设若干水平布置的撑杆,并与主桁弦杆共同组成一个水平桁架,这个桁架就叫做水平纵向联结系,简称平纵联。在上弦平面的平纵联,称为上平纵联;在下弦平面的平纵联,称为下平纵联。

为了增加桥跨结构横向刚度,传递横向水平荷载,并使两主桁架受力均匀,在两主桁端斜杆上部加设若干撑杆,与主桁端斜杆组成桥门架;在两主桁竖杆的上部加设若干撑杆(称为楣杆),组成中间横联,其几何图示与桥门架相似。

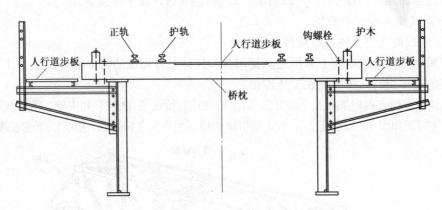

图 13.14　铁路钢桥明桥面

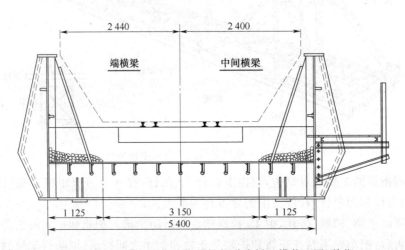

图 13.15　铁路下承式板梁桥正交异性板道砟桥面横截面图(单位:mm)

　　支座是连接上部钢梁与下部基础并传递荷载的构造。钢桁梁的支座一般为铰接式支座,采用上、下摆的结构形式,支座主要部件均用铸件,要求制造简单,养护方便。简支钢桁梁支座一端设活动支座,另一端设固定铰支座。活动支座可沿桥跨方向转动和移动;固定支座只能在沿桥跨方向转动,不能移动。

　　钢桁梁承受的竖向荷载通过桥面传给纵梁,由纵梁传给横梁,再由横梁传给主桁节点,通过主桁架的受力传给支座,再由支座传给墩台。钢桁梁承受的横向荷载一部分通过上平纵联与上弦杆组成的水平桁架的两端传递到桥门架,再经由桥门架传到支座和墩台;一部分通过下平纵联与下弦杆组成的水平桁架的两端直接传递到支座和墩台。

　　(2)主桁的几何图式

　　主桁是桁架桥的主要组成部分,它的图式选择是否合理,对桁架桥的设计质量常常起着重要作用。在拟定主桁图式时,应根据桥位当地具体情况(如地形、地质、水文、气象、运输条件等),选择一个较为经济合理的方案。它不仅能满足桥上运输及桥下净空的要求,而且还能节约钢材,便于制造、运输、安装和养护。位于城市的桥梁,还应适当考虑美观问题。

　　桁架形式与腹杆的形式有关,而腹杆形式的选择则以节约钢材,制造与安装方便和外形美观等条件来考虑。我国过去很长一段时间多采用机器样板钻制工地连接孔,因此要求在选择桁架的几何图式时,要按照机器样板的要求来选择。

在我国铁路下承式栓焊桁梁的标准设计中,中等跨度(48 m、64 m、80 m)的下承式桁架桥,其主桁的几何图式均采用平行弦三角形桁架,如图 13.16(a)所示。对于中等跨度的上承式桁架桥,其主桁图式多采用图 13.16(c)的图式,很少采用图 13.16(d)的图式。由于图式(d)的端竖杆要传递较大的支承反力,端竖杆用料较多,因此,图式(d)不宜作为上承式桁梁的主桁图式,但对于拆装式桁梁,为了适用多种跨度的需要,某些跨度也采用这种图式。

对于大跨度的下承式铁路桁架桥(跨度在 80~128 m),采用过上弦为折线形的主桁图式,如图 13.16(f)所示。由于这种图式的主桁高度变化符合主桁弯矩图,因此,具有这种图式的桁架桥,较平行弦要节省钢材 2%~3%;但由于它的杆件类型多,节点类型也多,因而增加了机器样板的数量,给工厂制造增加了困难。再由于上弦为折线形,如果采用伸臂安装法架梁,也会增加钢梁安装的困难;图式(f)构件类型较多,大大降低了构件的互换性,不利于制造、安装与修复。因此,这种图式在我国已很少用。现较多采用平弦尖头菱形图 13.16(h)和平弦三角形图 13.16(a)。

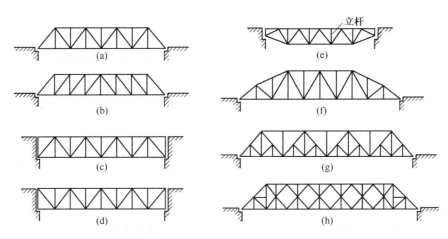

图 13.16　铁路钢桁梁几何图式

对于大跨度或特大跨度桁架桥,为了适应桥梁厂目前的设备条件,节间长度仍采用 8 m,在保持斜杆具有适当倾度的情况下,采用图 13.16(g)与图 13.16(h)可以增大桁高。图 13.16(g)称为再分式,图 13.16(h)称为米字形。新中国成立以来,我国修建的许多大跨度钢桁梁(跨度128~192 m),大多采用米字形腹杆体系的图式。

目前在钢梁制造上已经逐步采用程序控制钻孔,因而在桁式的选择和钉孔的布置上均可摆脱机器样板的约束。

(3)主桁的主要尺寸

主桁的主要尺寸是指主桁高度(简称桁高)、节间长度、斜杆倾度及两主桁的中心距离,这些尺寸的拟定和主桁杆件的截面形式及宽度,对桁架桥的技术经济指标起着重大的作用。

① 主桁高度

主桁高度较大时,弦杆受力较小,弦杆的用钢量可较省;但主桁高度增大带来腹杆增长,因而腹杆的用钢量将有所增加。对于一定跨度的桁架桥,相应有某一桁高对用钢量而言是较经济的,这个高度被称为经济高度。根据大量统计资料,铁路下承式简支桁架桥的桁梁经济高度一般约为跨长的 1/5~1/10。铁路桥梁的荷载较大,容许拱度较小,其高跨比宜取大些。

主桁高度的选择要在考虑经济高度的同时,满足刚度的要求,对于下承式桁架桥还必须满足桥梁净空的要求;我国的标准设计中采用的主桁高度,下承式桁架桥有单线 11 m[图 13.17(a)]和双线 16 m[图 13.17(b)]两种。

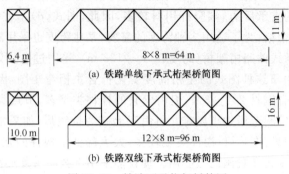

(a) 铁路单线下承式桁架桥简图

(b) 铁路双线下承式桁架桥简图

图 13.17　铁路下承桁架桥简图

② 节间长度

节间长度对桁架桥的用钢量有影响,节长小,则纵梁、横梁数量增多,但由于跨度或外力减小,故梁截面可减小,主桁腹杆也相应变短。因此,主桁的节间长度影响到桥面系的重量和弦杆的拼接数量,对桁高和斜杆倾角也有直接关系。一般下承式桁架桥节长可为 1.2～5.5 m,或为桁高的 0.8～1.2 倍。我国标准桁梁的设计节长为 8 m(图 13.17),标准设计的跨度都是 8 m 的倍数。

③ 斜杆倾度

斜杆倾度影响到节点构造。斜度设置不当,不仅会影响节点板的形状及尺寸,而且使斜杆位置难于布置在靠近节点中心处,以致削弱节点平面外刚度,增加了节点平面内的刚度。根据以往设计经验,斜杆轴线与竖直线的交角以 30°～50° 为宜。

④ 主桁中心距

主桁的中心距与桁架桥的横向刚度有关。为了保证桥梁的横向刚度,主桁的中心距不应小于计算跨度的 1/20。对于下承式桁架桥,主桁中心距还必须满足桥上净空的要求(单线铁路桥桥面上的净空宽度是 4.88 m)。对于上承式桁架桥来说,主桁中心距与桁架桥的横向倾覆的稳定性有关。

列车提速后,为增大桥梁横向刚度,减少横向振幅,标准设计的单线铁路下承式钢桁梁的主桁中心距由 5.75 m 改为 6.4 m,双线铁路下承式钢桁梁的主桁中心距由 9.75 m 改为 10.0 m。

(4)桥面系

钢桁梁的桥面系结构是指列车行驶部分的结构系统,由纵梁、横梁及纵梁之间的联结系组成。钢桥宜优先采用有砟桥面,当钢桥采用明桥面时,其明桥面的纵梁中心距不得小于 2 m。纵梁、横梁为用钢板焊接成的工字形梁,纵梁结构比较简单,联结系杆件一般采用角钢。

纵梁与横梁的连接及纵梁联结系的连接采用高强度螺栓。

由于桁梁的每个节间都设有横梁,所以纵梁必须在横梁处断开,纵梁长度与节间长度相同,纵梁与纵梁通过鱼形板或鱼形板加牛腿连接起来,这种结构形式传力较好,纵梁端与横梁用连接角钢连接。归纳起来在纵梁与纵梁的连接,纵梁与横梁的连接方面有下列几种常用的形式。

① 下承式钢桁梁的纵、横梁连接形式

a. 纵、横梁等高

单线铁路桁梁，常把纵、横梁做成一样高，使纵梁梁端连接构造简单一些。图 13.18 就是
等高的纵梁、横梁的连接构造，在纵梁腹板上设一对连接角钢与横梁腹板相连。在纵梁上、下翼缘上各设一块鱼形板与横梁及相邻的纵梁翼缘相连。这种构造较简单，传力也较好，目前被广泛采用。

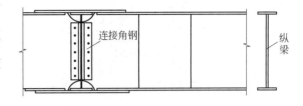

图 13.18　纵、横梁等高连接构造形式

b. 纵、横梁不等高

对于双线铁路或节间长度较大的钢
桁梁，其横梁受力较大，要求较大的梁高。若把纵、横梁做成一样高，则用钢量不经济。因此，纵、横梁常采用不等高的形式。纵、横梁不等高时的连接方式有下列几种：ⓐ纵梁与横梁上翼缘平齐，用鱼形板连接，纵梁下翼缘与横梁用牛腿连接，如图 13.19(a) 所示；ⓑ如要求线路的建筑高度较低，纵梁顶面不能与横梁顶面平齐，而只能低于横梁顶面时，可在横梁腹板上挖扁孔，让纵梁鱼形板从此孔中通过，以达到纵梁间的连接，如图 13.19(b) 所示。

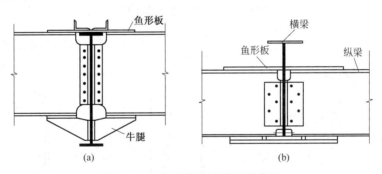

图 13.19　纵、横梁不等高连接构造

② 上承式钢桁梁的纵、横梁连接形式

上承式桁梁的纵、横梁连接一般都采用叠置式，即将纵梁放在横梁上翼缘之上。

③ 纵、横梁断开的连接形式

钢桁梁桥面系和弦杆在荷载作用下共同受力，为了减小横梁与弦杆的共同作用所产生的水平弯距，《铁路桥涵设计规范》(TB 10002—2017) 规定：在主桁跨度大于 80 m 时，必须把主桁中间的纵梁断开，设置活动纵梁。活动纵梁的结构如图 13.20(a) 所示。纵梁活动端通过一对特制的支座支承于短伸臂上，纵梁活动端可以纵向滑动，也可转动。为了避免行车时纵梁活动端上下跳动，特设一块铰板，把纵梁活动端连在短伸臂上。在安装架设钢梁时，应将短伸臂与活动纵梁临时连接成一整体，待钢梁安装时，再将临时连接拆除。

④ 横梁与主桁连接形式

在目前的标准设计中横梁梁端与主桁的连接采用图 13.21 的构造。中间横梁梁端是用一对连接角钢以螺栓与主桁相连。当横梁梁端的反力甚大时（例如顶梁），则梁端连接螺栓的数量需要较多，此时如梁端连接构造仍按图 13.21 布置，有时会感到连接角钢过短，螺栓难以布置，此时可在横梁端部加焊一块肋板，使连接角钢得以增长，如图 13.22 所示。

端横梁梁端除设有连接角钢外，还设有一块盖板，将横梁上翼缘与两块主桁节点板相连，以便承受梁端弯矩。

(5)联结系

① 平纵联的腹杆体系

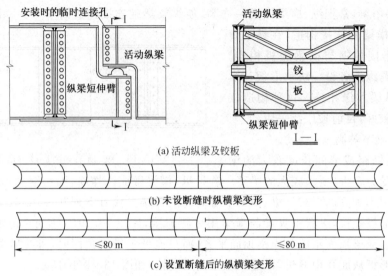

(a) 活动纵梁及铰板

(b) 未设断缝时纵横梁变形

(c) 设置断缝后的纵横梁变形

图 13.20 纵、横梁断开连接构造

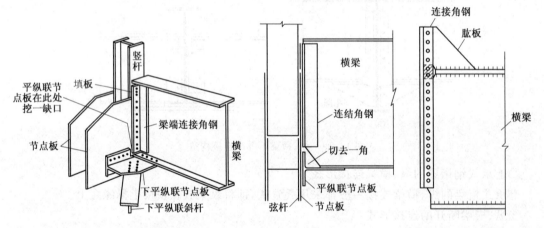

图 13.21 标准设计中主桁与横梁连接形式   图 13.22 横梁端连接形式

　　主桁架的平纵联由主桁弦杆及其间的腹杆组成。平纵联的腹杆体系很多,常见的有交叉式腹杆体系、菱形体系和有横撑的三角形腹杆体系等。菱形体系和有横撑的三角形腹杆体系,当弦杆变形时由于斜杆和横撑的作用会使弦杆受到侧向弯曲,所以这两种腹杆体系应用较少。而交叉形的腹杆体系,当弦杆伸长或缩短时,弦杆变形比较均匀,弦杆只受轴向力不会使弦杆受到侧向弯曲,因此,我国的桁架桥标准设计都采用交叉形的腹杆体系,如图 13.23 所示。

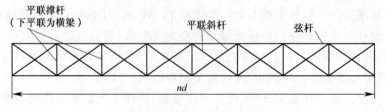

图 13.23 交叉形的腹杆体系

②横向联结系及桥门架

横向联结系及桥门架的作用在于:承受并传递横向力,加强桁架桥的整体性;桁架桥承受偏载时,分配荷载。

横向联结系随桁架高度的不同可以有各种不同的图式,如图 13.24 所示。我国单线铁路下承式钢桥常用图 13.24(b)中的第 2 种形式。

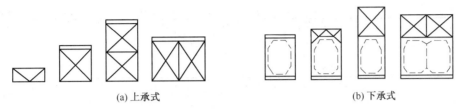

(a)上承式　　　　　　　　　　　　　　　　(b)下承式

图 13.24　桥门架与横联的几种图式

为保证桥跨的整体作用,中间横向联结系应至少每隔两个节间设置一个。中间横向联结系均竖直的设在立杆或吊杆上,一般设在上弦大节点处,在上弦小节点处设横撑即可。在栓焊梁标准设计中,跨中的各个节点处均设有横联,以增强桥跨结构的整体刚度。

桥门架的形式通常和横向联结系相同,为使上平纵联所受的风力有效地经由桥门架直接传给支座,下承式桁架桥的桥门架一般设置在端斜杆平面。

③制动联结系

列车在桥上行驶时因变速所引起的制动力或牵引力是一种纵向力,经由钢轨和桥枕传给纵梁,由纵梁传给横梁。此时横梁将因纵梁的推动而引起过大的水平挠曲,而横梁对水平挠曲的抵抗能力很弱,这将使横梁水平弯曲变形过大,如图 13.25 所示,甚至导致横梁破坏。

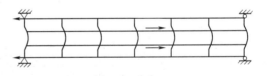

图 13.25　制动力引起的横联变形

为使这种纵向水平力传给主桁节点,然后通过主桁弦杆传至固定支座,以减少横梁所受的水平弯矩,需要设置制动联结系(或称制动撑架)。图 13.26 所示为单线铁路桁架桥在跨中的制动撑架。在纵横梁交点及平纵联斜杆交点间加设四根短斜杆即可形成制动撑架。由纵梁传来的制动力(或牵引力)将经由四根制动撑杆(附加的短斜杆)传至平纵联斜杆交点 O 及 O',而后经平纵联斜杆(共 8 根)传给主桁。我国单线铁路桁架桥常采用这种图式。图 13.27 所示为双线铁路制动撑架的一种几何图式。

应该指出,制动撑架一般宜设在跨中(或纵梁断开点与桥梁支点间的中部),这是因为横梁在弦杆变形时不发生弯曲,其相邻节间的纵梁与平纵联斜杆的纵向相对位移也较小。在该处设置制动撑架,可以减少制动撑架参与桥面系和弦杆的共同作用。因此《铁路桥涵设计规范》(TB 10002—2017)规定:跨度大于 48 m 的钢梁,应在跨度的中部设制动系。跨度大于 80 m 的简支梁,宜在跨间设置可使纵梁纵向移动的活动支承,其间距不应大于 80 m。当纵梁连续长度大于 48 m 时,还应在其中部设制动联结系。

(6)支座

钢桁梁的支座一般为铰接式支座,采用上、下摆的结构形式,支座主要部件均用铸件,要求制造简单,养护方便。

简支桁架梁支座一般一端设活动支座,另一端设固定支座。固定支座由上摆和下摆两部

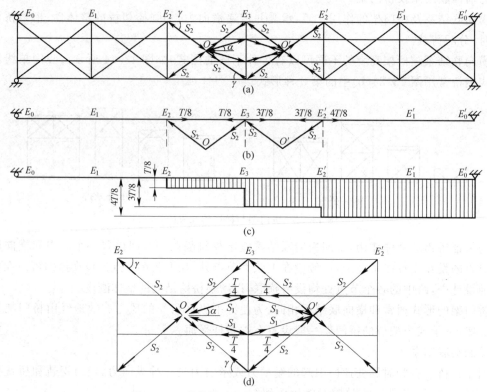

图 13.26　单线铁路钢桁架的制动撑架布置图

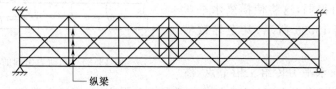

图 13.27　双线铁路钢桁架的制动撑架的布置图

分组成,如图 13.28 所示。固定支座只能在沿桥跨方向转动,不能移动。上摆的转动靠下摆摆头的弧形面实现,横桥方向不能转动,也不能移动。也可在上下摆间设一根圆轴,使之成为轴承型支座,以适应沿桥跨方向转动。

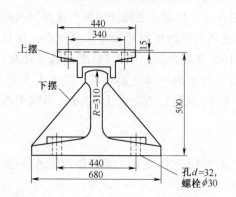

图 13.28　固定支座结构形式(单位:mm)

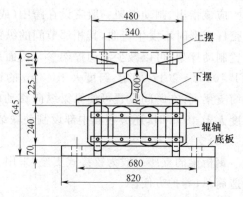

图 13.29　活动支座结构形式(单位:mm)

活动支座有摇轴支座和辊轴支座两种,辊轴支座的活动量较摇轴支座大,跨度 48 m 以上桁梁的活动支座需采用辊轴支座。辊轴支座由上摆、下摆、辊轴和底板组成,如图 13.29 所示。上摆结构一般都和固定支座者相同,其与钢梁的连接可采用同一设计,转动也是靠下摆摆头的弧形面实现,沿桥跨方向的移动靠辊轴的转动完成。

摇轴支座由上摆、摇轴及底板三部分组成,如图 13.30 所示,上摆及底板构造都比较简单,摇轴的上、下面需做成半径相等且共一圆心的两个弧形面。摇轴支座的上摆转动靠摇轴的上弧形面。有了摇轴,上摆与底板就可以沿桥跨方向作相对的纵向水平移动了。

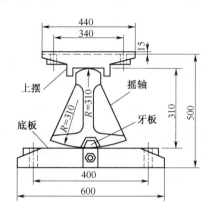

图 13.30　摇轴支座结构形式(单位:mm)

为使荷载反力均匀分布于支承垫石上,支座顺桥方向及横桥方向从铰平面起至支承垫石顶面,反力的传布角度均不宜大于 45°,同时活动支座底板厚度不宜小于 40 mm。

活动支座底板下支承面的有效尺寸计算,顺桥方向,摇轴支座不应大于底板厚度的 4 倍;辊轴支座不应大于两排最边辊轴中距加上板厚的 4 倍;横桥方向,任何支座其计算有效尺寸均不应大于底板顶面压力接触线长度加上板厚的 2 倍。

活动支座削边辊轴的宽度 b 与其直径 d 之比可采用 0.5,不得已时可采用 0.4。

铸钢制成的支座中,铸件各部分厚度不应小于30 mm。

辊轴活动支座应设置防护装置,并保证辊轴的活动不受阻碍。

3. 连续桁架桥

(1)连续桁架桥特点

①连续桁架梁是超静定结构,有支点负弯矩的影响,与同跨度的简支梁相比,控制的杆内力要小一些,所以大跨度的钢梁采用连续梁也可达到节省钢材的目的。根据标准设计的资料,跨度大于 100 m 的连续钢桁梁比简支梁可节省钢材 4% ~ 7%,跨度为 2 × 64 m 或 3 × 64 m 时,节省钢材虽不多,但却较简支梁便于架设。

②连续钢桁梁安装架设方便,不论用悬臂法或拖拉法架设都不需要过多地对桁梁进行加固,也可以节省钢材。

③连续桁梁局部遭到破坏后,其余部分不易坠毁,修复也比较容易。

④采用连续桁梁时必须考虑地质条件,若地质不良时,地基可能发生沉陷,桁架的杆件力会发生变化,因而连续桁梁最好设在岩层或经过处理的地基上。

(2)连续桁架桥的几何图式

连续桁梁一般在跨度 100 m 以下时常采用三角形桁式,如图 13.31 所示,这种桁架梁属于外部超静定结构,计算比较简便。若建筑受到限制或要设计更大跨度桁桥时,则采用再分式桁式连续桁架桥(图 13.32 和图 13.33)。

图 13.31　三角形桁式连续桁架桥

图 13.32　三角形再分式桁式连续桁架桥之一

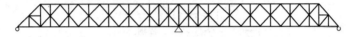

图 13.33　三角形再分式桁式连续桁架桥之二

连续桁梁的孔跨数,一般常用的有两孔或三孔,连续梁的孔跨数并不是越多越好,超过三跨的连续梁,对节省钢材的意义不大。如果梁长太长,则温度伸缩引起的水平位移也加大,在梁端结构的处理上加大了难度。温度应力和制动力的增大给固定支座的设计和桥墩的设计都会带来一定的影响。

两跨连续桁梁通常采用两相等的跨度,三跨连续梁可采用边跨与中孔不相等的跨度,但边跨与中跨跨长的比例,要保证端支点不会产生负反力。一般边跨的长度等于中跨长的 0.6~0.8 时,边跨弯矩和中跨弯矩就大致相近,跨度比例也比较协调、美观,但跨度小于 100 m 的连续梁采用不等跨时,则钢材节约有限。所以,若非桥位需要,一般都采用等跨布置。

连续梁的竖向、横向刚度都较简支梁有利,如连续桁梁的桁高仅需跨长的 1/7~1/8,而简支桁梁则为 1/5.5~1/6.5。在我国铁路钢桥的标准设计中,为使制造的标准化程度较高,连续桁梁的桁高、节间长度、主桁中心距一般还都采用与简支桁梁相同的模式。

(3)连续桁架桥的主要尺寸

我国设计的连续桁架桥,主桁的节间长度一般均采用同简支桁架桥相同的长度,取 8 m。考虑到大跨度连续桁架桥的杆件截面大,若仍用 8 m 的节长,则因节点刚性所产生的次应力将较高(次应力的大小和杆件截面高度与杆件长度的比值有密切关系),而且,由于主桁的高度较大,为了维持适当的斜杆倾角,也有必要采用较大的节间长度。因此,对于大跨度的连续桁架桥,如钢厂供料无问题,可考虑采用大于 8 m 的节长。

连续桁架桥主桁杆件截面的形式与简支桁架桥基本相同,有 H 形截面和箱形截面。

(4)连续桁架桥的构造特点

①桥门架、纵梁断开及制动撑架的布置

在下承式连续桁架桥中,除设置端桥门架外,还应在中间支点处设置中间桥门架,这样,作用在上平纵联的横向水平力,不仅通过端桥门架,也通过中间桥门架传递到墩台上去。由于在中间支点处增设了桥门架,为上平纵联提供了中间支承,从而使它成为一个连续的平面桁架,加强了横向刚度。

中间桥门架的结构图式,与本项目所述的下承式桁架桥的横向联结系相似,中间桥门架用主桁杆件作为它的腿杆,并在腿杆上部增设楣杆。中间桥门架的布置有两种方法:一种是利用竖杆作为腿杆,在支点处形成一个竖直的中间桥门架,如图 13.34 所示。另一种是利用支点处左右两斜杆作为腿杆,而在支点处形成左右两个倾斜的中间桥门架,如图 13.35 所示。前者构造较简单,便于制造与架设,但为此必须增大支点处竖杆的截面,例如图 13.34 所示 3×80 m 的铁路单线下承式连续桁梁,全桥所有主桁竖杆均为 2 块 260 mm×12 mm 及 1 块 436 mm×10 mm 组成的 H 形截面杆件,若中间桥门架布置在支点处的竖杆上,则此处竖杆将成为桥门架的腿杆,使原有竖杆截面不能承受因"桥门架效应"而产生的附加力,需将其增大为 2 块 500 mm×24 mm 及 1 块 412 mm×12 mm 组成的 H 形截面。后者布置的中间桥门架,即利用中间支点两侧的主桁斜杆作为腿杆所形成的桥门架,由于在主荷载作用下两斜杆受力甚大,用主荷载设计所得的截面常较大,通常无需因设置桥门架而增大其截面,从传递上平纵联的水平支承反力来说,这种布置方法较好。

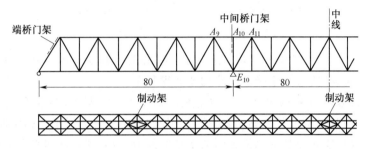

图 13.34　3×80 m 连续桁架桥(单位:m)

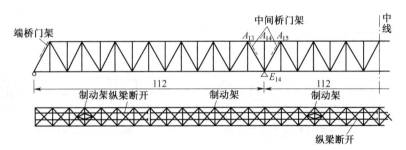

图 13.35　3×112 m 连续桁架桥(单位:m)

前面讲过,简支桁梁的跨度大于 80m 时,应将纵梁断开。对于下承式连续桁梁来说,在恒载及活载作用下,同一跨内的下弦杆有的受拉,有的受压,其纵向变形量小于同跨长的简支桁梁,因此,跨度稍大于 80 m 的连续桁梁,也可不设纵梁断开。

纵梁不断开的连续桁梁,其制动撑架设在跨中,如图 13.35 所示,当纵梁需断开时,则断开点设在跨中,而制动撑架则设置在支点与纵梁断开点间的中部。

②支座的布置

连续桁架梁的支点中只有一个支点设置固定支座,而作用在梁上的制动力却较同跨度的简支桁梁大几倍。制动力的绝大部分是通过固定支座传递到墩、台上去的,因此,最好将固定支座布置在高度较低而基础较好的墩、台之上,以使墩、台及基础的用料得到节省。

从下部结构的受力来看,将固定支座布置在端支点的桥台处常是有利的,但从上部结构来看,这样的布置却带来下列几点缺陷:

a. 将固定支座设在端支承节点,使端节点的弦杆和斜杆受力不利。由于连续桁架梁制动力大,它对支承节点所产生的弯矩 $M = Th$ 也大。当桁梁为三角形腹杆体系时,若固定支座设在中间支承节点,则此附加弯矩可由 5 根杆件分担,若设在端支承节点,则只有 2 根杆件分担,如图 13.36 所示,因此,端下弦杆及端斜杆将承受很大的弯矩。

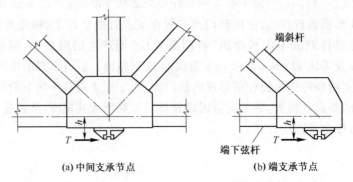

(a) 中间支承节点　　　　　　　(b) 端支承节点

图 13.36　中间支承节点和端支承节点

　　b. 将固定支座设在端支承节点,使桁梁另一端由于活载及温度变化产生的总伸缩量较大,当伸缩量很大时,将使梁端连接及线路构造变得复杂。

　　c. 将固定支座设在端节点对支座受力不利。如图 13.37 所示,当前面三跨均有活载,而第四跨无活载,若列车在桥上紧急制动,则端支点处的固定支座此时承受的竖向压力较小而纵向水平力较大。故支座底面与支承垫石间的水平摩擦力小,大部分纵向水平力将由锚栓承受。水平力过大时,锚栓将产生弯曲变形,如图 13.38 所示。

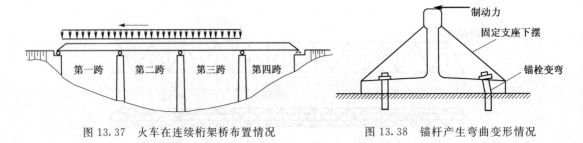

图 13.37　火车在连续桁架桥布置情况　　　　　图 13.38　锚杆产生弯曲变形情况

　　③主桁中间支承节点的构造

　　图 13.39 为 3×80 m 单线铁路下承式连续桁梁中间支点处主桁节点实例的示意图,节点板的下缘磨光,与平纵联节点板顶紧。在平纵联节点板之下,设有座板Ⅱ,直接支承在支座的上摆顶面上。支座反力通过座板Ⅱ传到节点板上,再通过节点板与各杆件的内力平衡。在主荷载作用下,支座反力相当大。为了加强传递支座反力的板束刚度,在节点中央处的弦杆内需加设横隔板。

　　为了安装和维修时顶、落梁的需要,中间支点处的主桁节点应考虑设置千斤顶的需要。千斤顶顶梁位置布置在座板Ⅰ下和中间支点主桁节点的横梁下,横梁设置两个顶梁位置,因此中间支承节点的顶梁位置共有 6 处,且对称布置,如图 13.40 所示。

　　④桁梁活动端与桥台及相邻桥跨的连接

　　桁梁活动端的伸缩是由于活载及温度变化使弦杆变形产生的,伸缩量的大小主要与桁梁最大温差有关,由活载产生的伸缩量只占其中一小部分。

　　相邻两梁端之间或梁端与桥台挡砟墙之间的伸缩量,与温度跨度的长度成正比。所谓温度跨度系指相邻两联桁梁固定支座的间距或与桥台毗邻的桁梁的固定支座至桥台挡砟墙的距离,如图 13.41 所示。

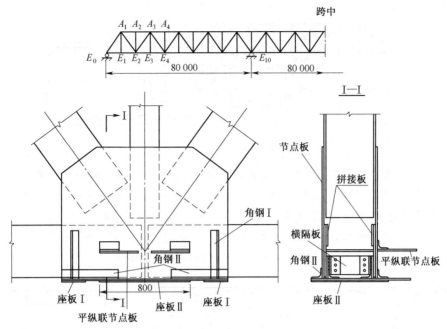

图 13.39　3×80 m 单线铁路下承式连续桁架梁中间支点主桁节点示意图(单位:mm)

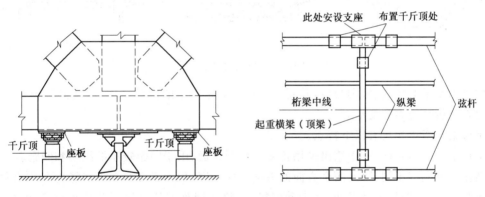

图 13.40　中间节点顶梁位置示意图

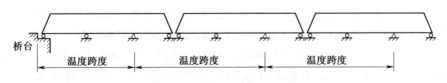

图 13.41　连续桁架桥温度跨度示意图

　　连续桁架桥的温度跨度往往较大,相邻两梁端之间或梁端与桥台挡砟墙之间需留有较大的净距,以使桁梁活动端伸缩无阻。若此净距过大,使桥枕净距超过钢轨所能跨越的最大净距时,则此处应加设滑梁,如图 13.42 所示。

　　当相邻两桁架梁的梁端的最大净距超过 300 m 时,也应设滑梁。

　　4. 钢箱梁桥

　　(1)钢箱梁的特点

　　箱梁桥是薄壁闭合截面主梁的桥,图 13.43 所示为各种截面形式的箱梁桥,图(a)为单室

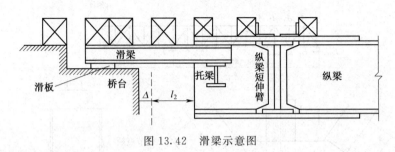

图 13.42　滑梁示意图

箱梁桥,用于桥宽较小的场合;图(b)为并列箱梁桥,当桥宽较大时可采用多箱梁桥;图(c)适用于荷载不大、桥面较宽的场合,此时可将工字钢与箱梁并用;图(d)是倒梯形箱梁桥,用于桥墩墩顶面积不大的场合;图(e)为单箱多室箱梁桥,适用于荷载较大,桥面较宽的场合;图(f)为双腹板箱梁桥,箱梁宽度较小,适用于荷载较小、桥面很宽的场合。其中图(a)和图(b)用于钢筋混凝土桥面板的结合钢箱梁;图(c)～图(f)用于钢桥面板的钢箱梁。

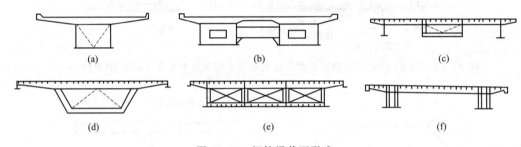

图 13.43　钢箱梁截面形式

　　构成钢箱梁的顶、底板和腹极,其宽厚比较大,是典型的薄壁结构,因此必须依据薄壁结构理论来分析其应力和变形。

　　箱形梁与桁梁相比有以下特点:

　　①重量轻、材料省。由于箱梁采用正交异性板桥面(由于间距较小的纵肋和间距较大的横肋加劲作用的刚度不同,因此两个方向的力学性能不同,称为正交异性板),能更有效地发挥钢材的承载能力,薄钢板可做梁肋、顶板和底极,箱梁比同跨度的桁梁可节约钢材 20% 左右,而且跨度越大越节省;由于上部结构的重量减轻,桥梁下部结构的造价一般可降低 5%～15%。

　　②抗弯和抗扭刚度大。这是因闭口薄壁截面本身的特性所决定的。等截面时,闭口截面形式比其他截面形式可提供更大的抗弯和抗扭刚度,因此,更适合曲线桥。

　　③安装和养护方便。箱梁可在工厂制成大型安装单元,从而减少工地连接的工作量,适合纵向拖拉利顶推的施工方法;箱形截面构造简单,养护时油漆方便,由于其内部形成一闭合空间,抗腐蚀性提高。

　　④适合连续梁的形式。箱形截面梁可提供抵抗支座负弯矩的截面模量。

　　⑤梁高低,加劲构件与横隔板均设在梁的内部,外形简洁,轻巧美观。

　　(2)钢箱梁的构造

　　箱形截面梁主要由顶板、底板、腹板与加劲构件(包括横肋、纵肋和垂直加劲肋)组成,其构造如图 13.44 所示。其中顶板又作桥面,可分为钢桥面板和钢筋混凝土桥面板两种。为减轻箱梁的自重,往往采用正交异性钢桥面板。钢桥面板若仅考虑强度,则其厚度只需 6mm 左右,但薄钢板的刚度过小,在活载(轮轴)作用下自身的变形过大,因此一般设计时,桥面板厚度不小于

10 mm;在钢桥面的下面有一定数量的加劲构件(如加劲肋)来保证箱梁的强度和稳定性。

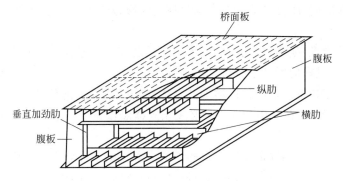

图 13.44　钢箱梁的构造简图

加劲纵肋的截面形式可分为开口截面和闭口截面,如图 13.45 所示。

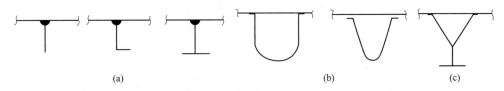

图 13.45　加劲纵肋截面形式图

①开口截面:有平钢板、止头钢板、偏头钢板、不等边角钢和倒 T 形,如图 13.45(a)所示。

②闭口截面:有 U 形和 V 形,如图 13.45(b)所示,还有 Y 形,如图 13.45(c)所示。闭口截面纵肋因其内部封闭,不易生锈,板厚可用到 6mm。

闭口截面箱梁较开口截面梁的抗扭刚度大。纵肋主要起加劲作用,其间距与钢桥面板的厚度相关,一般取 300mm 左右,可参考有关规范。

横肋的间距即纵肋的跨径。纵、横肋交叉部位一般在横肋上设切口,构造如图 13.46 所示。

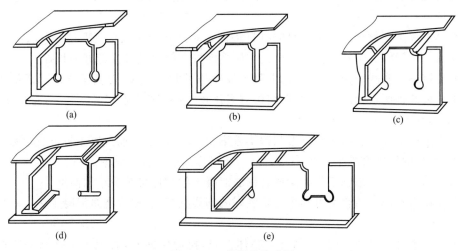

图 13.46　纵横肋构造图

钢箱梁腹板与钢板梁腹极类似,但钢箱梁腹板的加劲肋设在内侧。腹板沿梁长度方向需设焊接或栓接的竖向接头;沿高度方向,若尺寸过大,还需设水平接头。腹板的厚度按强度要求时并不需太厚,但为保证其局部稳定性,需在其内侧另设水平加劲肋和竖向加劲肋。水平加劲肋的数量与腹板的高、厚度有关。在支承处横肋与腹板连接处应设竖向加劲肋,如图 13.44 所示。

底板一般也需设纵、横肋,如图 13.44 所示。纵肋间距可较顶板纵肋间距大,横肋与顶板横肋位置相同,以组成横向联结系,增加横向刚度。

箱梁需设置一定数量的横隔板以增加其整体作用。横隔板的位置和尺寸由计算而定,一般其间距可达 10~15 m,在跨中和支承处必须设置横隔板。

5. 结合梁桥

钢与混凝土结合梁是钢筋混凝土组合构件的一种。钢—混凝土结合构件是将钢材和混凝土(包括钢筋混凝土)组合,并通过可靠措施使之形成整体受力的构件。

钢与混凝土结合梁,是将钢梁和钢筋混凝土板以抗剪连接件连接起来形成整体而共同工作的受弯构件,也称之为联合梁。抗剪连接件是钢筋混凝土板与钢梁共同工作的基础,一般沿钢筋混凝土与钢梁的界面设置,如图 13.47 所示。

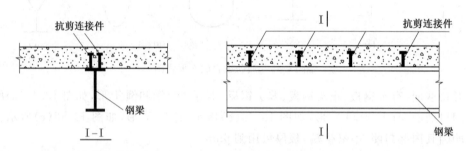

图 13.47　抗剪连接件设置

(1)钢—混凝土结合梁特点

钢—混凝土结合梁能按照各组成部件所处的受力位置和特点,较大限度地发挥钢与混凝土各自材料的特性,不但满足了结构的功能要求,而且也有较好的经济效益。概括起来,结合梁有以下特点:

①充分发挥了钢材和混凝土各自的材料特性。尤其对于简支梁,钢—混凝土结合梁截面的上缘受压、下缘受拉,正好发挥了混凝土受压性能好和钢材受拉性能好的长处。

②节省钢材。实践表明,由于钢筋混凝土板参与了共同工作,提高了梁的承载能力,减少了钢梁上翼板的截面,结合梁方案与钢结构方案比较,可节省钢材 20%~40%,每平米造价可降低 10%~30%。

③增大了梁的刚度。结合梁方案和钢梁方案相比较,由于钢筋混凝土板可有效参加工作,截面刚度大,梁的挠度可减小 1/3~1/2,另外,还可提高梁的自振频率。

④减少结构高度。结合梁与钢梁或者钢筋混凝土梁相比可减少结构高度。

⑤节约模板费用。结合梁可利用已安装好的钢梁支模板,然后浇筑混凝土板,节约了模板的费用。

⑥抗震性能好,噪声小。由于结合梁整体性强,抗剪性能好,表现出了良好的抗振性能。结合梁在活载作用下比全钢梁桥的噪声小,在城市中采用结合梁桥更合适。

⑦钢梁制作过程中需要增加焊接连接件的工序。有的连接件需要专门的焊接工艺的连接件,在钢梁吊装就位后还需进行现场校正。

(2)钢—混凝土结合梁发展概况

结合梁大约出现于 19 世纪末到 20 世纪初,当时主要考虑防火的要求,在钢梁外面包裹混凝土,而未考虑两者的组合工作效应。20 世纪 40 年代到 60 年代,人们对结合梁有了深入、细致、全面的研究和应用。在 20 世纪 60 年代以前,结合梁基本上按弹性理论进行分析,20 世纪 60 年代则逐步转为按塑性理论分析。从 20 世纪 70 年代开始,组合结构快速发展,在一定的领域内能够代替钢结构及钢筋混凝土结构。结合梁的发展吸引了不少学者与工程技术人员,早在 1960 年美国钢结构协会及钢筋混凝土协会就联合组成了 AISCACI 结合梁联合委员会开展工作。最值得注意的是,在国际土木工程师协会联合委员会主持下,于 1971 年成立了由欧洲国际混凝土协会(CEB)、欧洲钢结构协会(ECSS)、国际预应力联合会(FIP)以及国际桥梁与结构工程协会(IABSE)共同组成的组合结构委员会,并于 1981 年制定了组合结构规范,为组合结构的发展及应用作了肯定的总结,并指出了新的努力方向。

钢—混凝土结合梁在我国的应用从建国初期就开始了。1956 年铁道部编制了结合梁的标准图,跨度有 28 m、32 m、36 m、40 m、44 m 等,并成功地用于一些铁路及公路桥中。20 世纪 50 年代修建的武汉长江大桥的上层公路桥就采用了结合梁。近年来,上海的南浦大桥和杨浦大桥也成功使用了钢—混凝土结合梁。结合梁的大量采用还促进了相关的科学研究工作,从最初的单跨简支钢—混凝土结合梁已发展到二跨和三跨连续梁。结合梁桥中采用最多的是简支梁桥结构形式,因为简支梁的上缘受压、下缘受拉,最符合结合梁材料分布的合理原则,即梁上翼缘应是适宜受压的混凝土板,下缘是利于受拉的钢梁。近年来,随着结合梁技术的不断发展,其使用范围已扩展到连续梁桥、拱桥和斜拉桥等多种复杂体系。结合梁中的钢梁部分也由早先单一的钢板梁拓宽到钢箱梁、钢槽形梁和钢桁梁,结合梁的截面形式也由工字形发展到箱形、倒梯形甚至三角形。此外,与结合梁共同工作的钢筋混凝土板的位置也不限于只设在梁的上缘,而是可根据截面正、负弯矩的需要设在上下缘。预应力混凝土箱梁的腹板可采用槽形波纹钢板或桁架式钢腹杆组成复合式结合梁,以进一步减轻桥梁自重,与此同时,采用体外预应力索来改善结合梁的受力,也是一种发展方向。图 13.48~图 13.50 所示为结合梁桥实例。

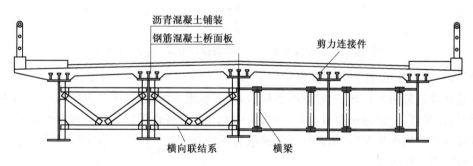

图 13.48　工字形截面结合梁

(3)结合梁截面设计的一般规定

①钢筋混凝土翼板(及板托)所用混凝土,当采用现浇板时其强度等级应不低于 C20;采用预制板时,不宜低于 C30。其强度设计值及弹性模量分别按《混凝土结构设计规范》(GB 50010—2010)中的规定取用。

②板内钢筋根据荷载大小可采用Ⅰ级或Ⅱ级钢筋或者《混凝土设计规范》中推荐的其他高强钢材。

③结合梁中钢梁的材质宜选用 Q235 或 Q355(16Mn),其质量应分别符合《碳素结构钢》

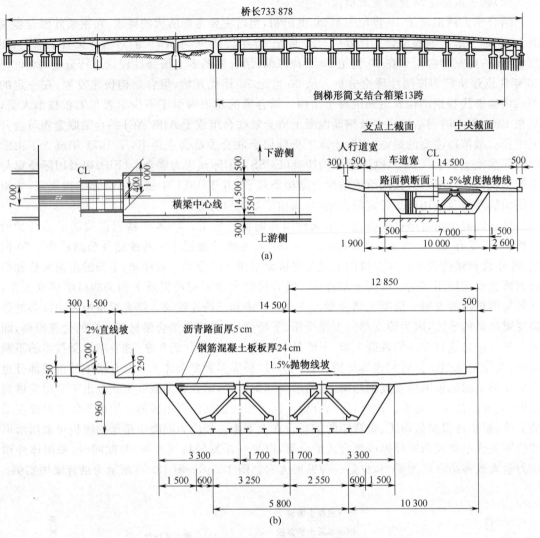

图 13.49　东海大桥箱形结合梁斜拉桥方案一(单位:mm)

(GB/T 700—2006)和《低合金高强度结构钢》(GB/T 1591—2018)的规定。

④连接件所采用的材料:弯起钢筋连接件,一般采用Ⅰ级钢筋,当受力较大时,可采用Ⅱ级钢筋;槽钢连接件,一般为小型号槽钢,钢材采用Q235;焊钉连接件材料宜选用普通碳素钢,其材质性能应符合国家标准《电弧螺柱焊用圆柱头焊钉》(GB/T 10433—2002),其抗拉强度设计值(f_s)可采用200 N/mm²。

(4)结合梁的构造

①截面形式

钢—混凝土结合梁常用的截面形式如图13.51所示。对于承受较小荷载的结合梁,钢梁一般采用轧制的工字钢[图13.51(a)];荷载稍大时,可在轧制工字钢下缘板加焊一块钢板[图13.51(b)];承受较大荷载的结合梁,可采用焊接工字形钢板梁[图13.51(c)、(d)]。对于焊接工字形钢板梁截面,在满足布置抗剪连接件的要求下,应采用上(翼板)窄下(翼板)宽的形式。

由图13.51所示,结合梁分无承托结合梁和有承托结合梁两种。钢筋混凝土板直接放置在钢梁上时,称为无承托结合梁;通过承托与钢板梁连接时[图13.51(d)],称为承托结合梁。

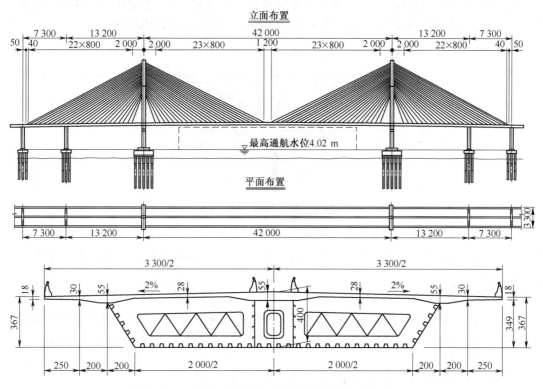

图 13.50　东海大桥箱形结合梁斜拉桥方案二(单位:cm)

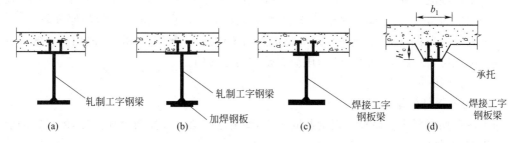

图 13.51　结合梁的截面形式

承托结合梁根据混凝土承托高度,又分为浅承托结合梁和深承托结合梁。当混凝土承托的高度不大于 $1.5t$(t 为混凝土板的厚度),其宽度不小于 1.5 倍承托厚度时,称为浅承托结合梁;否则,称为深承托结合梁。一般情况下,混凝土承托两侧斜坡不宜大于 $45°$。

② 混凝土板和板托

a. 结合梁的混凝土板厚度,一般采用 100 mm、120 mm、140 mm、160 mm;对于承受荷载特别大的平台结构,其厚度可采用 180 mm、200 mm 或更大值。对采用压型钢板的组合楼板,压型钢板的凸肋顶面至钢筋混凝土板顶面的距离应不小于 50 mm。

b. 连续结合梁在中间支座负弯矩区的上部纵向钢筋,应伸入梁的反弯点,并留有足够的锚固长度或弯钩;下部纵向钢筋在支座处连续配置,不得中断。

c. 混凝土板托高度不应超过混凝土翼板厚度的 1.5 倍,板托顶面宽度不应小于板托高度的 1.5 倍。

d. 结合梁板托构造(图 13.52)外形尺寸应符合以下规定:板托边至连接件外侧的距离不得小于 40 mm;板托外形轮廓应在由连接件根部起的 45°仰角线的界限以外。

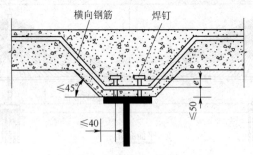

图 13.52　板托构造(单位:mm)

e. 板托中横向钢筋下部水平段至钢梁上翼缘的距离应小于 50 mm,焊钉和槽钢连接件抗掀起端底面高出横向钢筋下部水平段的距离 e 不得小于 30 mm,而横向钢筋间距不应大于 $4e$ 且不应大于 600 mm。

③钢梁

a. 在选择截面时,钢梁截面的高度应大于结合梁截面高度的 1/2.5。为保证钢梁的翼缘和腹板的局部稳定,当结合梁分别按弹性方法及塑性方法设计时,其截面尺寸应分别符合《钢结构设计规范》的要求。

b. 钢梁上翼缘的宽度不得小于 120 mm,一般不小于 150 mm。

④受压混凝土板的计算宽度

对于钢筋混凝土翼板过宽的结合梁,受弯时沿翼板宽度方向压应力分布是不均匀的,在钢梁竖轴处压应力最大,离开钢梁竖轴的压应力将逐渐减少。此外,如果翼板的厚度较小,远离钢梁竖轴的部分翼板,还会因翼板局部失稳而退出工作。为了便于计算,一般用翼板的计算宽度代替实际宽度,在计算宽度内,认为压应力是均匀分布的。

(5)剪力连接件

① 剪力连接件的结构形式

为了使钢筋混凝土桥面板与钢梁共同工作,两者之间必须设置剪力连接件,使得钢筋混凝土桥面板与钢梁之间不产生相对错动。

剪力连接件分为刚性、柔性和焊钉三种形式。刚性剪力连接件一般采用角钢或槽钢。柔性剪力连接件采用斜钢筋或螺旋钢筋,焊钉为焊接于钢梁翼板的大头螺钉。

如图 13.53 所示,图(a)～图(c)为早期使用的剪力连接件,其中环形斜钢筋的作用是防止钢筋混凝土桥面板从钢梁脱离,这种结构为刚性剪力连接件。图(d)～图(e)为柔性剪力连接件,在运营荷载作用下也可以传递剪力,但刚度较小。图(f)所示的槽钢或角钢结构形式的剪力连接件,其刚度介于刚性和柔性剪力连接件之间,在美国应用较多。图(g)所示的焊钉结构形式,其刚度介于刚性和柔性剪力连接件之间。由于焊钉焊接技术成熟、施工简单、受力可靠,并且混凝土的应力集中较小,焊钉结构形式在日本被作为标准设计采用,在我国也最为常用。

②剪力连接件的构造要求

连接件除满足受力要求外,在构造上应符合以下要求。

a. 焊钉的构造要求

焊钉构造如图 13.54 所示。焊钉的最大间距不得超过混凝土板厚的 3 倍,并且不得大于

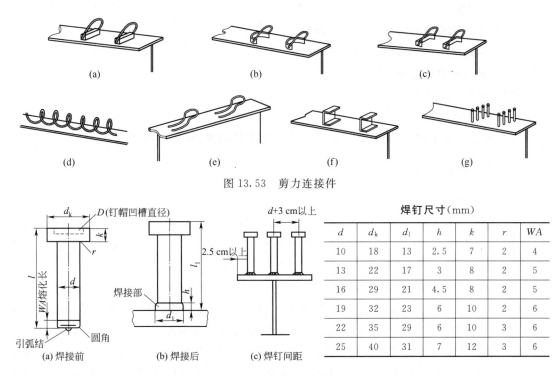

图 13.53　剪力连接件

图 13.54　焊钉构造

60 cm;焊钉顺桥轴方向的最小间距为 $5d$(d 为焊钉的直径)或 10 cm;焊钉顺横桥方向的最小间距为($d+3.0$)cm,焊钉到钢梁翼板边缘的最小净距离不得小于 2.5cm。

b. 刚性剪力连接件的构造要求

为防止连接件与桥面板脱开,可将刚性剪力连接件与桥面板钢筋焊在一起。连接件之间的净距,不得超过桥面板厚度的 8 倍,也不得小于连接件计算高度的 3.5 倍。结合梁的桥面板采用预制时,应符合下列要求:为刚性剪力连接件设置的预留孔,宜做成由下向上扩大的锥形;刚性剪力连接件与预留孔间的空隙,在承压一边不宜小于 5 cm,其余边不宜小于 3 cm;为防止钢梁上翼缘锈蚀,在钢梁与钢筋混凝土之间应铺设砂浆垫层;预留孔的角钢处,应设置与受力方向成 45°的抗剪构造钢筋;梁端构造钢筋在横桥方向的长度不小于主梁间距的 1/2,顺桥方向加强范围不小于主梁间距的 1/2。

c. 柔性剪力连接件的构造要求

柔性剪力连接件宜在结合梁截面上成对设置,钢筋弯折与钢梁纵向的夹角为 30°或 45°,并在末端做成锚钩。斜钢筋应采用双面侧焊缝与钢梁翼缘相连,焊缝长度不得小于钢筋直径的 4 倍(对Ⅰ级钢筋)或 5 倍(对Ⅱ级钢筋)。间距不得小于 0.7 倍桥面板的厚度,也不得大于 2 倍桥面板的厚度。连接件保护层厚度不应小于 2cm。

任务 13.3　掌握钢桥的养护与维修

13.3.1　任务目标

1. 能力目标

熟练掌握钢桥的维护保养方法。

2. 知识目标

(1)掌握钢桥构造的腐蚀环境和腐蚀形态。

(2)了解铁路钢桥不同部位的腐蚀特性。

(3)掌握钢桥的维修和养护。

(4)了解环境保护的内容。

3. 素质目标

培养学生积极思考、理论联系实际的能力以及分析问题、解决问题的能力。

13.3.2 相关配套知识

1. 桥梁的腐蚀环境

桥梁横跨各类大江、大河、山川、海湾,连接陆地和岛屿,地理位置千变万化,各处气候条件不同,腐蚀环境亦各不相同。如南方的湿热和酸雨,北方的寒冷和冰盐,沿海的盐雾等,都是造成钢桥腐蚀的主要因素,因此研究环境对钢桥的腐蚀对于钢桥保护至关重要。

(1)大气腐蚀

桥梁长期暴露在空气中,由于空气中的水分、氧气和腐蚀介质(如雨水中杂质、烟尘、表面沉积物等联合作用)的化学和电化学作用而引起的金属腐蚀现象称为大气腐蚀。

大气腐蚀环境有两种基本的划分方法。一是按照自然环境的气候特征来划分,另一种则按照环境的腐蚀特性来划分。现在的桥梁防腐设计,无论是铁路桥梁还是公路桥梁,参考的都是环境腐蚀特征。更接近于实际情况。

①自然大气环境分类

这种方法是根据地区的气温划分气候带,再依据地区的湿度来划分出气候区,两者综合起来划定该地区是某气候带某气候区。

气候带通常划分为热带、亚热带、湿带和寒带。气候区根据相对湿度和温度持续时间划分为湿和区、湿热区、湿区、亚干燥区和干燥区。

根据以上分类方法,可以将我国的气候环境分为 4 个气候带和 5 个气候区。

热带湿热区:雷州半岛、海南岛和台湾南部;

亚热带湿热区:秦岭以南、长江流域、四川、珠江流域、台湾北部和福建;

亚热带干燥区:新疆天山以南、戈壁沙漠;

温带湿和区:秦岭以北、内蒙南部、华北、东北南部;

寒带干燥区:内蒙北部、黑龙江省。

②腐蚀环境分类

根据大气腐蚀环境中污染物质,大气环境的类型大致可以分为农村大气、城市大气、工业大气、海洋大气和海洋工业大气。

③影响大气腐蚀的因素

大气环境中的腐蚀主要是金属表面电解液膜下的电化学腐蚀。这个过程的特点是氧气特别容易到达金属表面,金属腐蚀受到氧去极化过程的控制。大气腐蚀的影响因素主要取决于大气成分及空气中的污染物、相对湿度、温度和表面状态等。

(2)水腐蚀

大桥横跨江河湖海,桥梁的墩和梁等不可避免地会处于水的腐蚀环境之中。

①淡水腐蚀

淡水的含盐量少,一般呈中性,如江河湖泊水等。一般情况下,淡水的腐蚀性较弱。淡水中的腐蚀是氧去极化腐蚀,即吸氧腐蚀。水中有着足够的溶解氧,是金属腐蚀的最根本原因。淡水含盐量低,导电性差,电化学腐蚀的电阻比在海水中大。由于淡水的电阻大,淡水中的腐蚀主要以微电池腐蚀为主。但是随着工业排放物对淡水的污染,Cl^-、SO_4^{2-}、NO_3^-、ClO^-都会加剧腐蚀的进行,这些因素对淡水腐蚀的影响不可忽视。

②海水腐蚀

海水是一种含有多种盐类的电解质溶液,以 3%~3.5% 的氯化钠为主盐,pH 值为 8 左右,并溶有一定量的氧气。除了电位很负的镁及其合金外,大部分金属材料在海水中都发生氧去极化腐蚀。其主要特点是因海水中氯离子含量很大,大多数金属在海水中的阳极极化阻滞很小,腐蚀速度相当高;海浪、飞溅、流速等这些有利于供氧的环境条件,都会促进氧的阴极去极化反应,促进金属的腐蚀。海水导电率很大,所以不仅腐蚀微电池活性大,宏电池的活性也很大。海水中不同金属相接触时,很容易发生电偶腐蚀,即使两种金属相距数十米,只要存在电位差,并实现电联结,也可能发生电偶腐蚀。

③土壤腐蚀

大桥的支撑梁柱必然要立足于土壤之中,土壤对钢铁或混凝土的腐蚀直接影响着大桥的安全。土壤是由气相、液相和固相共同构成的复杂系统,其中还生存着很多土壤微生物。影响土壤腐蚀的因素很多,各因素又会相互作用,所以这是一个十分复杂的腐蚀问题。影响土壤腐蚀的几个重要因素有:电阻率、含氧量、盐分、含水量、pH 值、温度、微生物等。

2. 铁路钢桥的腐蚀特性

我国幅员辽阔,铁路钢桥所处的环境很不相同,涉及我国几乎所有的气候类型,如东北、华北、中原的钢桥分别处于寒冷、寒温、暖温、干燥的气候条件下;华东、华南的钢桥处于亚湿热、湿热、含有盐雾的海洋性的气候条件下;西北的钢桥处于风沙性的气候条件下;西南的钢桥处于湿热、酸雨性的气候条件下;新建的青藏线上的钢桥处于强紫外线的照射条件下等。

由于所处的外部环境不同,钢桥的腐蚀特性、腐蚀严重程度也不尽相同。另外,钢桥的不同部位所接触的腐蚀介质也不尽相同,腐蚀情况也有差异。

(1)钢铁腐蚀机理

钢铁的腐蚀在自然界中是不可避免的,如何防止钢桥腐蚀,延长钢桥的使用寿命,是桥梁建设中的重要任务。要想防止钢铁的腐蚀,就有必要先了解钢铁腐蚀的机理(可参阅 12.2 相关内容)。

(2)钢桥构件的腐蚀形态

桥梁钢结构的腐蚀形态有多种多样,可以分为均匀腐蚀和局部腐蚀。在局部腐蚀中,又可以细分为多种形态。

①均匀腐蚀

均匀腐蚀是指均匀地发生在整个金属表面上的腐蚀,并降低金属的各项性能。

②局部腐蚀

a. 点蚀

点蚀是局部性腐蚀,可以形成大大小小的孔眼,但绝大多数情况下是相对较小的孔隙。从表面上看,点蚀互相隔离或靠得很近,看上去呈粗糙表面。点蚀是大多数内部腐蚀形态的一种,即使是很少的金属腐蚀也会引起设备的报废。

b. 电偶腐蚀

电偶腐蚀也被称为双金属腐蚀。由多种金属组合而成的部位(如铝与铜、铁与锌、铜与铁等组合部位),在电解质水膜作用下,可形成腐蚀宏电池,加速其中负电位金属的腐蚀。影响电偶腐蚀的因素有环境、介质导电性、阴阳极的面积比等。在潮湿大气中也会发生电偶腐蚀,湿度越大或大气中含盐越多(如靠近海边),则电偶腐蚀越快。由大阴极和小阳极组成的电偶,阳极腐蚀电流密度愈大,腐蚀愈严重。电偶腐蚀首先取决于异种金属之间的电位差。这里的电位指的是两种金属分别在电解质溶液(腐蚀介质)中的实际电位,即该金属在溶液中的腐蚀电位。电位差越大,其他条件不变,则腐蚀可能越大。

为了防止电偶腐蚀,要尽量避免电位差悬殊的异种金属有电接触。避免形成大阴极和小阳极的不利面积比,面积小的部件宜用腐蚀电位较正的金属。电位差大的异种金属组装在一起时,中间一般要加绝缘片,绝缘片紧固不吸湿,避免形成缝隙腐蚀;设计时,选用容易更换的阳极部件,或将它加厚以延长寿命;可能时应加入缓蚀剂或涂漆以减轻介质的腐蚀,或加上第三块金属进行阴极保护等。

c. 缝隙腐蚀

缝隙腐蚀是一种严重的局部腐蚀,经常发生于金属表面缝隙中。桥梁结构非常复杂,金属孔隙、密封垫片表面、螺丝和铆钉下的缝隙内等,都会有溶液积留引起的缝隙腐蚀。

并不是一定要有缝隙才可以发生缝隙腐蚀,缝隙腐蚀也可能因在金属表面上所覆盖的泥沙、灰尘、脏物等而发生。几乎所有的腐蚀性介质,包括淡水,都能引起金属的缝隙腐蚀,而含氯离子的溶液通常是最敏感的介质。

防止缝隙腐蚀,主要是在结构设计中避免形成缝隙,避免造成容易产生表面沉积的条件,因此,对接焊比铆接或螺栓连接要好。容器设计上要避免死角和尖角,以便于排除流出液体。垫片要采用非吸湿性材料,以免吸水后造成腐蚀条件。此外也可采用电化学保护的方法来防止缝隙腐蚀,方法是外加电流。

d. 应力腐蚀

由残余或外加拉应力导致的应变和腐蚀联合作用所产生的金属材料破坏过程称为应力腐蚀,通常以 SCC(Stress-Crossion-Crack)表示。

金属应力腐蚀破裂只在对应力腐蚀敏感的合金上发生,纯金属极少产生。合金的化学成分、金相组织、热处理等均对合金的应力腐蚀破坏有很大影响。在一定的腐蚀条件下,处于应力状态的合金,包括残余应力、组织应力、焊接应力或工作应力等,均可以引起应力腐蚀。对于一定的合金来说,要在特定的环境中才会发生应力腐蚀,例如不锈钢在海水中,铜合金在氨水中,碳钢在硝酸溶液中。

防止应力腐蚀的主要方法是消除一切应力或施以压应力,设备加工或焊接后最好进行除应力退火,或进行喷砂处理造成表面压应力。改变介质的腐蚀性,使其完全不腐蚀(添加缓蚀剂),或者选用耐应力腐蚀的金属材料,使其不能构成材料—环境组合,也可防止应力腐蚀。

e. 疲劳腐蚀

钢铁在交变应力和腐蚀介质的共同作用下产生的腐蚀叫做疲劳腐蚀。它往往成群出现。高强度钢丝绳经常出现疲劳腐蚀。

　　1967 年 12 月,美国西弗吉尼亚州和俄亥俄州之间的俄亥俄大桥突然倒塌,该事故的发生就是由应力腐蚀和疲劳腐蚀产生的裂缝所引起的。

　　减少疲劳腐蚀的主要方法是选择在预定环境中抗腐蚀的材料,以及在材料表面镀锌、涂漆等以减轻疲劳腐蚀的作用。

　　(3)铁路钢桥不同部位的腐蚀特性

　　桥梁的结构形态不同,所以各部位的腐蚀特性也各有不同。

　　①铁路钢桥的桁梁结构

　　铁路钢桥的桁梁结构(上部结构)主要受到大气腐蚀,随着大气环境的不同,桥梁受到的腐蚀也不同。跨海大桥受到海洋性气体中氯离子的侵蚀,腐蚀环境最为恶劣;而处于工业区和城市的桥梁,由于大气环境很差,受到的腐蚀也很严重。铁路钢桥大多采用明桥面,列车垃圾及废水对铁路桥面的腐蚀产生最直接的影响。

　　桥梁的结构复杂,各部位的腐蚀情况也有很大的不同。铁路桥梁或公路铁路两用桥梁,多采用复杂的钢桁梁结构,腐蚀情况也多种多样。

　　铁路钢桥的腐蚀可以分为两个部位,即钢桥、钢轨以下和以上的部位,两者由于所处位置不同,腐蚀条件也有差异。

　　钢桥、钢轨以下的部位(如上承桁梁的下弦杆、纵梁和横梁等,上承板梁的所有部位等),其主要腐蚀物是客车上自由排放的各种污物和污水,这些腐蚀物通过轨道污染下面的钢结构;再者就是货车运行中飘落的各种粉尘,如煤粉尘、含酸或碱性货物的粉尘等。受腐蚀最严重的部位是桥枕下的纵梁上盖板顶面与上承板梁的上翼缘顶面。其次的腐蚀物是雨水和阳光紫外线。

　　钢桥、钢轨以上的部位(如下承桁梁的上弦杆、竖杆、斜杆和上平联等),其腐蚀因素主要是雨水的侵蚀和紫外线的照射等。在钢桥的上弦和下弦的箱形杆内部,主要的腐蚀介质是大气中的潮湿气体,阴暗潮湿是腐蚀的主要根源。

　　钢桥高强度螺栓的栓接点是不允许有上下贯穿的缝隙存在的,也就是说在板缝之间不能有流锈水的现象存在。因此栓节点的腐蚀主要是雨水产生的缝隙锈蚀,该部位必须使用高质量的涂料防护体系,防止缝隙腐蚀的产生。

　　纵梁上盖板顶面与上承板梁上翼缘顶面(放桥枕面)是全桥腐蚀最严重的地方,也是最难处理的地方,该处腐蚀主要是因为行车时桥枕震动对涂层的破坏,以及列车下落的各污染物对涂层的侵蚀,因而要求涂层有耐磨性。上桁梁表面由于积水积灰,腐蚀最厉害。铆钉、焊缝等处,由于漆膜有缺陷,是最易腐蚀的地方。

　　②钢箱梁

　　悬索桥和斜拉索桥的钢箱梁外表面,主要发生大气腐蚀。

　　箱梁的内部通风很差,湿气的聚集会引起涂层的起泡锈蚀等。1970 年建成的丹麦小贝尔特桥,首次采用了箱梁内部的空气干燥装置,起到了很好的防腐蚀作用。现在新建的大桥,几乎都采用了控制内部湿度的方法,腐蚀情况减轻很多。

　　③吊杆、系杆及缆索系统

　　桥梁的缆索系统主要指斜拉桥的斜拉索、悬索桥的主缆和吊索以及一些拱桥的吊索等。缆索系统处于高空之中,主要的腐蚀环境是大气腐蚀。在高纬度地区,还要考虑到积雪对缆索的影响。

　　缆索的材料是高强度冷拔碳素钢丝,强度多在 1 500 MPa 以上,延伸率≥4%。但是由于含碳量高(0.75%~0.85%),塑性较差,在没有防护措施时抗腐蚀性很差。缆索系统是在高应力状态下工作的,当受环境腐蚀时,将影响钢丝的强度。主缆几乎没有发生过事故,但是吊索,特别是斜拉索由于腐蚀介质和应力的相互作用,在桥梁史上出现了多次严重事故。

吊索、斜拉索扭绞成型后,会有孔隙沟槽等,即使灌浆也难免没有缝隙。悬索桥拉索和主梁、立柱、索夹和索鞍等的结合处,通常也是最易受腐蚀的地方。

④栓焊连接部位

高强螺栓连接部位应力比较集中,较钢梁大面积部位易积水和存留灰尘,更易产生缝隙腐蚀等局部腐蚀。

焊缝部位易出现缺陷,在焊接过程中产生的焊渣是由铁的氧化物和无机盐类(如氯化铵、氯化锌等)、松香等组成的多孔混杂体,极易吸收水汽和有害气体,产生腐蚀,该部位的腐蚀属焊缝腐蚀。

3. 钢桥的防腐措施

(1)涂料保护

可参阅任务 12.2 相关内容。

(2)电化学保护

可参阅任务 12.2 相关内容。

4. 桥梁的维修保养

桥梁是国民经济建设和人民生活中的重要基础设施,为了保证桥梁的畅通,必须加强现有桥梁的保养和维护工作。桥梁的维修涂装主要涉及日常的计划性维修保养,以及当涂层达到使用寿命终点时的全面重新涂装工作,而且还将涉及钢结构的检查、加固和更换工作。大型桥梁每 5 年或 10 年都要进行加固维修,小型钢桥只需要进行重涂防腐材料。

(1)桥梁的检测评估

在使用过程中,由于频繁承载,加上自然界的侵袭以及人为侵害等,桥梁会有损伤和局部破坏。随着使用年限增加,损伤程度和部位也就会越来越严重和越来越多。为了保证桥梁在设计使用寿命期内安全运营,延长其使用寿命,就要定期对桥梁进行检测评估。主要内容包括:承载能力评估、耐久性评估、使用性评估。其中,钢结构构件的使用现状以及涂层的维修保养是其重要事项和工作内容之一。

钢结构的穿孔、硬伤、硬弯、歪扭、裂纹等是检查的重点内容。重点检查部位有:承受拉力或反复应力的杆件与节点板连接处或构件接头处;纵梁和横梁的连接角钢;无盖板的上梁翼缘角钢;主梁间纵向联结处的单剪铆钉处;焊缝端部和附近基材;钢箱梁工地拼接大环形焊缝;系杆拱的系杆及其连接处;钢管拱的钢管焊缝,支承端的焊缝等。主要检查工作有:铆钉头是否锈蚀、松动;高强度螺栓是否完好,有无降低摩擦力的因素等;中承式和下承式拱桥的吊杆和锚头是否有锈蚀;焊缝或高强度螺栓有否裂缝、松动等。

从以上列举的一些检查内容来看,除了结构本身的状态外,其中很重要的内容就是锈蚀状况及其对于结构件的影响。对于钢结构涂层的检查,要特别注意容易积水、积灰和通风不良的部位。锈蚀严重的,要进行钢结构剩余厚度的检测。

(2)涂层老化的评价

外界的强烈影响,如温差、磨蚀、太阳曝晒、紫外线、风雨、潮气、烟雾、接触腐蚀、微生物影响和阴极保护等,都会造成涂层的老化或者产生缺陷。所以涂层的使用寿命通常都短于钢结构或其他设备的设计寿命。当旧有的涂层受到机械损伤等外力作用或涂层本身发生锈蚀、剥落、粉化、点蚀等时，都说明涂层需要维修了。

受防腐蚀体系的影响，涂层老化失效主要可以分为如下三种。

①有机涂层老化

有机涂层老化主要就是指涂膜的老化。化学物质的侵蚀或受外界使用环境（如紫外线、冷热、雨水等）的长期作用，以及腐蚀介质对涂层的溶胀扩散等都会导致涂膜受到破坏。

②金属涂层失效

金属涂层主要有热喷锌、热喷铝、热浸镀锌和无机富锌涂层等。它们都是利用锌或铝在使用过程中牺牲自身起到的阴极保护作用，来保护钢铁结构。

早期的有些桥梁钢结构，是单以金属涂层进行保护的。通常在大气环境中，金属涂层的腐蚀较为均匀，速率较低。在大气环境中，铝的耐蚀性能要比锌好，因为铝很容易在表面外层生成不溶于水的氧化膜，而且一旦氧化膜破坏，会马上重新生成。研究表明，在中等腐蚀性大气中，喷铝层要比热浸镀锌的耐蚀性能高 2 倍，在腐蚀性严重地区高出 4 倍。

富锌涂层由于锌粉含量高达 $80\%\sim90\%$，可以看做是某种程度上的金属涂层。一方面它对钢铁起着阴极保护作用，另一方面粘结剂（如环氧树脂等）的失效会使锌粉附着不良而失去作用。

③复合涂层失效

现代桥梁的防腐体系，是以金属喷涂层和有机涂层相结合的双重复合保护涂层。外层的有机涂层可以有效地阻挡住腐蚀因子对金属涂层和钢铁的侵蚀。复合涂层的失效，首先就是外层有机涂层的失效，大多数常见情况为粉化、剥落等。由于有机涂层的破损，腐蚀因子有机会渗入底面，再引起金属涂层的腐蚀，而腐蚀产物的生成和积累又会引起有机涂层的附着力下降等。

对有机涂层进行检查时，应根据相应的标准，进行目测和仪器测试，以此评定涂层的状态。

（3）桥梁维修保养

制定桥梁的维修涂装说明书比制定一个新建钢桥结构涂装说明书要复杂得多，必须要进行一些特定的测试，然后才能有目的、有针对性地制定所要维修项目的涂装方案。

除了钢桥所处环境外，还要考虑每一座桥的表面处理、涂料类型、维修历史记录、桥梁状态、桥梁结构的类型、特殊部件以及有关环境和工人保护的法规。环境和安全法规会影响涂料的选择，比如，喷砂会使废漆皮掉进河里而影响水质，这是不允许的。有关红丹漆的法规越来越严格，全部除去原有红丹漆涂层会使费用增加很多。

涂料的选用要根据试验室数据以及其他类似钢桥的使用情况选择。通常要考虑：涂层系统的使用寿命是多少？是否有必要全部除去旧涂层？如果仅用最小可能的表面处理，旧涂层会被新涂层咬底吗？如果使用特殊涂料，要使用特殊设备和技术吗？涂料易于施工吗？

（4）维修用涂料的选用

①氧化型涂料

醇酸树脂涂料是以往常用桥梁用防腐蚀涂料，与其相类似的还有亚麻油、醇酸树脂、酚醛树脂、环氧树酯等涂料，它们与空气中的氧气发生反应来聚合成膜。这种反应首先在表面进行，然后氧气透过表面到达深层与涂料与反应。在美国，1980 年以前，长油度醇酸红丹漆是规定的桥梁维修用涂料，这种涂料干燥慢，对于氧化皮和锈蚀十分包容，涂在上面十分有效，价格也低。这类涂料中的面漆，特别是醇酸磁漆的表面聚合度更为高，而且由于修补通常在磁漆表面进行,漆面更为光滑致密。对于这类涂料的重涂,最好是对表面进行轻度打磨拉毛,以利于新涂层的渗透咬合。

②物理干燥型涂料

物理干燥型涂料,在涂膜形成过程中,树脂没有发生化学变化,干燥过程只是溶剂从漆膜中挥发的过程,留下完全聚合的树脂和颜料。这种涂料是热塑性的,涂漆膜韧性好,遇热易软化。主要类型有氯化橡胶涂料、乙烯涂料、丙烯酸涂料、沥青涂料等。当使用同种涂料复涂时,涂料中的溶剂会溶化旧漆膜,而后与新漆膜完全融合在一起,因此附着力特别好。

③化学固化型涂料

化学固化型涂料,多数为双组分涂料,混合施工后,它们将通过分子间或分子内的交联固化成膜。完成固化后的漆膜,不会被溶剂影响而软化。主要类型有环氧涂料、酚醛环氧涂料、环氧煤沥青涂料和聚氨酯涂料等。由于环氧漆在阳光下会粉化,所以除去粉化层是最重要的。对于表面没有粉化的涂层,特别是聚氨酯涂料,表面硬度高,重涂时需进行表面的拉毛,然后涂漆,这样可以保证涂层间的附着力。

④无机锌涂料

无机硅酸锌涂料主要有水性和醇溶性两种,但是在漆膜完全固化后,性质上是一样的。无机硅酸锌涂料的维修有两种情况,一种是对单道无机硅酸锌涂料的维修,另一种是表面罩有中间漆和面漆的复合涂层维修。

单道无机硅酸锌涂层,由于长时间暴露,锌粉会与氧气、二氧化碳和水分经长时间进行反应,其生成物为氧化锌和碳酸锌,紧紧封闭住旧的锌层。因此在对旧的无机硅酸锌涂料进行维修时,需要除去氧化锌和碳酸锌,然后才能进行新漆的涂装。小面积的维修可以用砂纸轻轻打磨,大面积则需要扫砂处理。对于单道涂层,如果进行了全面扫砂,可以用无机硅酸锌涂料本身进行修补。

复合涂层的维修与其他有机涂层的维修差不多,先用动力工具打磨或局部喷砂除去锈蚀,然后将边缘部分打磨光顺,再进行涂装。

对于复合涂层,则不宜使用无机硅酸锌涂料来修补,因为作为无机涂料,在进行局部修补时,必然会与边缘的有机涂层有一定的搭接,而无机涂层对于有机涂层的附着力很差。所以最合适的修补底漆是环氧富锌漆,因为环氧树脂对底材有着良好的附着力,不会影响与周边涂层的附着力。

在湿气和寒冷天气选用湿固化聚氨酯涂料比较合适,但是它比一般的涂料要贵。这种涂料对锈蚀区,特别是桁梁端头,附着力特别好。对桁梁端头手工除锈,全部除去旧涂层后,涂装该涂料。有条件的话,高湿寒冷天气下可以考虑使用除湿机,工人就能在控制的湿度和温度条件下作业,并能在冬天施工。

(5)涂装时的注意要点

涂装时可用喷涂、刷涂或辊涂,复杂结构可以刷涂或辊涂,以避免喷漆造成过多的涂料浪费。刷涂和辊涂要进行多道施工才能达到规定膜厚。涂装时要注意以下几点:

①对于锐边和复杂结构,每道漆前需要进行条涂。

②中间漆必须是同一种颜色,且利于面漆有很好的遮盖效果。

③要避免污染物,污染物可能来自于施工过程中或固化干燥时,这将影响以后的涂层性能。

④涂装作业要符合规定的环境要求。低温固化时,如果受到高温影响,就可能会有溶剂性起泡或表面层结皮。大风会造成涂料浪费,表皮干燥。

⑤为取得涂层最佳效果应控制湿度在 85% 以下,底材温度高于露点温度 3 ℃以上。

⑥溶剂和稀释剂应根据产品手册进行选择。

⑦锌盐可以扫砂后用淡水冲洗;也可采用高压淡水与动力工具打磨。

⑧油脂污物等可以用合适的溶剂乳化剂吸收或除去。

（6）环境保护

桥梁维修涂装作业不同于新建桥梁可以在厂房内进行一部分工作,也不可能有充足的时间封闭路段,并且由于桥梁通常处在人口众多的城市水源上面,环境保护就显得非常重要。在美国,对桥梁维修涂装时的环境保护有着非常明确的法律法规,而我国目前在这一方面还没有做到这么完善,但是可以参考国外的经验,做到工程作业时对环境的充分保护。

①红丹漆的危害

铅在我们的环境中是很普通的元素,被用于很多的材料中,比如涂料、电池等。

20 个世纪 80 年代前,铅一直是涂料生产中的重要防锈颜料,很多钢铁桥梁都是用含铅量达 50% 以上的涂料进行涂装的。含铅量高的涂料都呈橘红色,而其他一些不同颜色的涂料也可能含有铅。如果铅被吸入或摄入,对人体是极其有害的。

涂漆中的打磨或相似工序可产生含铅灰尘,电焊切割等也可造成含铅烟雾,这些含铅灰尘（或烟雾）都会被人吸入呼吸系统。

工人在吃饭时没有洗去手上的铅尘,就会摄入铅。铅一旦进入血管,就可以到达肾部。肾的工作是在血液到达其他身体部位前对血液先进行净化,然而肾不能有效地除去铅,这样铅就会随着血液到达身体的其他部位,停留在骨骼和其他的器官里,比如肺、肾等。铅在骨骼里停留的时间最长,从身体内排出需要很长的时间。这就意味着从事桥梁维修涂装的工人,只要接触到了铅,就会受其害数月甚至数年。

铅接触后有两种表现:急性（短期）和慢性（长期）中毒。

急性中毒症状会在严重接触铅后就表现出来。接触过多的铅会有多种症状,包括胃痛、呕吐、腹泻和黑便等。严重的铅接触会导致神经系统受损,昏迷、呼吸急促甚至死亡。

慢性中毒症状表现为没有胃口、便秘、呕吐和胃痛等,也会表现为乏力、虚弱、体重下降、失眠、头痛、神经紧张、轻微颤抖、麻木、头昏眼花、忧虑以及过分活跃。

对铅中毒的工人进行医疗处置时首先是不让其继续接触铅,然后要由特殊药品部门来进行螯合物制剂治疗,这种特殊的螯合物制剂可以封闭住体内的铅,让铅随尿排出体外。不过这不会治愈因铅受损的组织,它只是限制了铅对人体的损害作用。

②围护系统

围护系统所用的材料包括脚手架、夹板、特定尺寸的木材、防水油布等。围护系统形状各异,但是尺寸都很巨大。安装围护设施的目的主要是收集灰尘和废料碎片。

桥梁维修涂装的工作区域要与周围环境区别开来。防水布的接缝要很好地搭接,不能有开孔。为了防止喷砂作业的负面压力,防水布应呈内凹状,并检查是否有外逸的灰尘,集灰器要在额定容量内工作,或者与通风设计相协调。

控制喷砂时产生的灰尘并非易事。对于含铅的固体类废料,在美国,法规明确地要求必须进行控制和处理,并有非常详细的说明,但是对于含铅的空气传播灰尘,则阐述得不够明确。然而,涉及含铅工作时,喷砂工作要求的围护设施是强制性的,因为法律规定要求对有害废弃物进行收集。

围护系统主要结构如下:

　　a. 支撑结构。围护可以从地上搭建,也可以从桥上吊架。考虑的关键问题是:支撑结构在风载荷作用下的完整性和废弃物的装载等问题。

　　b. 通风。若没有良好的通风,工人和检查员在开枪喷砂后几分钟就可能看不清东西了。通风也能减少铅尘的浓度,在喷漆前使工地更易于清洁。

　　c. 照明。不足的照明有安全隐患,也不可能进行良好的表面处理和涂装工作。

　　d. 废弃物处理。在桥梁涂装中,废弃物的处理也是一项非常重要的工作,要处理好所有的废弃物和灰尘。

　　通风是至关重要的,它可以减少内部空气中的灰尘浓度。在围护系统内,空气流通是避免灰尘积存的好办法。高浓度的灰尘对工人的健康不利,也削弱了工作的能见度。可以用一个风力计来检查空气的流通,或者用一支烟束来粗略估计一下气流。空气的流通取决于集尘器的功效、新鲜空气的抽入以及桥体结构对它的影响。

 项目小结

　　(1)在现有的铁路钢铁板梁标准设计中,上承式钢板梁跨度为 24 m、32 m,是全焊梁设计;跨度为 40 m 的是栓焊梁设计。下承式栓焊钢板梁的标准设计跨度为 20 m、24 m、32 m、40 m 四种。

　　(2)下承式栓焊简支钢桁梁由五个部分组成:主桁、桥面、桥面系、联结系和支座。

　　(3)连续桁架桥特点:

　　①连续桁架梁是超静定结构,有支点负弯矩的影响,与同跨度的简支梁相比,杆件内力要小一些,所以大跨度的钢梁采用连续梁也可达到节省钢材的目的。根据标准设计的资料,跨度大于 100 m 的连续钢桁梁比简支梁可节省钢材 4%～7%,跨度为 2×64 m 或 3×64 m 时,节省钢材虽不多,但却较简支梁便于架设。

　　②连续钢桁梁安装架设方便,不论用悬臂法或拖拉法架设都不需要过多地对桁梁进行加固,也可以节省钢材。

　　③连续桁梁若局部遭到破坏后,其余部分不易坠毁,修复也比较容易。

　　④采用连续桁梁时必须考虑地质条件,若地质不良时,地基可能发生沉陷,桁架的杆件力会发生变化,因而连续桁梁最好设在岩层或经过处理的地基上。

　　(4)钢与混凝土结合梁,是将钢梁和钢筋混凝土板以抗剪连接件连接起来形成整体而共同工作的受弯构件,也称之为联合梁。

　　(5)箱形截面梁主要由顶板、底板、腹板与加劲构件(包括横肋、纵肋和垂直加劲肋)组成;其中顶板又作桥面,分为钢桥面板和钢筋混凝土桥面板两种。

　　(6)钢桥构件的腐蚀形态有:均匀腐蚀、点蚀、电偶腐蚀、缝隙腐蚀、应力腐蚀、腐蚀疲劳。

　　(7)涂层老化失效主要可以分为以下三种:①有机涂层老化;②金属涂层失效;③复合涂层失效。

 复习思考题

　　1. 试说明上承式和下承式钢板桥的主要构造特点。

　　2. 什么是结合梁桥?简述其构造特点。

　　3. 下承式简支栓焊桁架桥中设计桁架各节点时有哪些注意事项?

4. 连续桁架桥一般由哪些部分组成?

5. 简述结合梁桥的受力特点、构造特点及使用范围。

6. 钢桥构件的腐蚀形态有哪些?

7. 简述钢桥的防腐措施。

8. 钢桥的重点检查部位有哪些?

9. 涂层老化失效分为几种,各是什么?

10. 钢桥维修保养一般采用哪几种形式的涂料?

参考文献

[1] 中国建筑科学研究院有限公司.建筑结构可靠性设计统一标准:GB 50068—2018[S].北京:中国建筑工业出版社,2019.

[2] 中华人民共和国住房和城乡建设部.混凝土结构设计规范(2015 年版):GB 50010—2010[S].北京:中国建筑工业出版社,2010.

[3] 周克荣,顾祥林,苏小卒.混凝土结构设计[M].上海:同济大学出版社,2001.

[4] 程文,康谷贻.混凝土结构[M].北京:中国建筑工业出版社,2002.

[5] 李乔.混凝土结构设计原理[M].北京:中国铁道出版社,2009.

[6] 于辉,崔岩.结构设计原理[M].北京:北京理工大学出版社,2009.

[7] 中交公路规划设计院有限公司.公路桥涵设计通用规范:JTG D60—2015[S].北京:人民交通出版社,2015.

[8] 中交公路规划设计院有限公司.公路钢筋混凝土及预应力混凝土桥涵设计规范:JTG 3362—2018[S].北京:人民交通出版社,2018.

[9] 叶见曙.结构设计原理[M].北京:人民交通出版社,1997.

[10] 赵学敏.钢筋混凝土及砖石结构[M].北京:人民交通出版社,1988.

[11] 贾艳敏,高力.结构设计原理[M].北京:人民交通出版社,2004.

[12] 于辉,崔岩.结构设计原理[M].北京:北京理工大学出版社,2009.

[13] 孙元桃.结构设计原理[M].北京:人民交通出版社,2010.

[14] 中华人民共和国住房和城乡建设部.钢结构设计标准:GB 50017—2017[S].北京:中国计划出版社,2003.

[15] 湖北省发展计划委员会.冷弯薄壁型钢结构技术规范:GB 50018—2002[S].北京:中国计划出版社,2002.

[16] 黄呈伟.钢结构基本原理[M].重庆:重庆大学出版社,2002.

[17] 沈祖炎,陈杨骥.钢结构基本原理[M].北京:中国建筑工业出版社,2005.

[18] 黄呈伟,孙玉萍.钢结构基本原理[M].重庆:重庆大学出版社,2002.

[19] 李顺秋.钢结构的制造与安装[M].北京:中国建筑工业出版社,2005.

[20] 徐君兰.钢桥[M].北京:人民交通出版社,2011.

[21] 铁道专业设计院.钢桥[M].北京:中国铁道出版社,2003.

[22] 安云岐,易春龙.钢桥梁腐蚀防护与施工[M].北京:人民交通出版社,2010.

[23] 任必年.公路桥梁腐蚀与防护[M].北京:人民交通出版社,2002.